中学受験

すらすら解ける魔法ワザ

理科・基本からはじめる超入門

実務教育出版

はじめに

本書の題名を、「基本からはじめる超入門」としました。

理科もほかの教科と同様に基本が大切だということは、皆様にご同意いただけると思います。ところが、理科については、「基本」の意味合いを勘違いされている方が非常に多く、それが理科嫌いの子どもを生みだしています。この「はじめに」をお借りして、理科の基本の意味合いをお話しさせていただきたいのです。

理科の基本は、現象の理由を楽しむ心を育てることです

「お月さまはなぜ形が変わっていくの？」
「秋にあんなに鳴いていたコオロギは、冬どうなってしまうの？」
こんな「なぜ？」をお子さんから投げかけられたことがあると思います。これが、理科学習のはじまりです。

地球が太陽のまわりを自分自身も自転しながら回り、月も地球のまわりを自転しながら回ることによって、太陽・地球・月の位置や角度が変化していきます。その結果、太陽に照らされている月の明るい部分の見え方が変化していくことを、宇宙の大きさに思いをはせながら驚きを持って理解する。

変温動物である昆虫が冬の寒さに命を落とす間際に、命をつなぐ卵を産卵するということを、生命の深遠さを感じ取りながら理解する。

これが、理科の学習なのです。

通常、「理科の基本」イコール「基本知識」ととらえられがちです。

確かに、基本となる知識の暗記は重要です。ところが、知識量を増やすだけではどうしても越えられない壁があることを知っておいていただきたいと思います。

小6の受験間際になって、「塾から渡されている暗記教材を何度も繰り返して覚えさせているのに、点数がとれない」というご相談がいくつも寄せられます。これも、壁の前で立ちすくんでいる状態です。

月の満ち欠けや昆虫の冬越しの理解の過程において、「あっ、なるほど、そういうことか！」と、快感に似た気持ちを味わったり、命の深遠さを前にちょっともの悲しい気持ちになったり、このような身体感覚をともなった理解をいくつも積み重ねていくことが、まさに理科学習の基本なのです。

言い換えれば、「理由や原因を知ることは、すごく楽しいことだ」と感じる心を育てることが、理科好きで理科が得意な子どもに育てるための入り口なのです。
近年の中学入試問題からは、重箱の隅をつつくような知識問題が姿を消し、「～となっている原因は何でしょう？」という問いが中心になっていることも申し添えておきます。

本書は、以下の４つに並々ならぬこだわりを持って作成しました。
①子どもの自発的な「なぜ」を引き出さなければならない
②楽しくなければならない
③わかりやすくなければならない
④学んだことが定着しなければならない

そのために、留意したことは次の４つです。
①「なぜ」という知的好奇心を喚起してもらうために、子どもにとって身近でわかりやすい例を、質問形式で提示すること
②語りかけるような文章にすることで、子どもが自ら読み進めることができるようにすること
③理解した知識が自然に定着するように、さらに踏み込んだわかりやすい解説があること
④入試本番への対応力をつけてもらうために、今の入試問題傾向に即した演習問題であること

本書は、小学４年生から受験間際の６年生まで使っていただけます。特に下記の方々にお薦めします。
①理科の学習方法が暗記以外にわからずに困っている方
②塾で習った多数の単元を、コンパクトに復習したい方
③リード文の長い理科の問題への対応力を至急つけたい方

本書を使っていただいて、わが子を「理科大好き」「理科が大得意」な子どもにするお役に立てることを祈っています。

2024年３月　西村則康

本書の5つの特長と使い方

1 本書は次のようなお子さんにおすすめ

① 塾に通っている、または5年生から塾に通う予定の4年生
② 塾で習った4年生の内容も含めて復習したい5年生・6年生
③ 中堅校～難関校受験の対策として、4～6年の基礎力をがっちり固めたい6年生

本書は中学受験で学習する理科の内容のうち、中堅校～難関校でよく出題されるレベルの内容、問題に絞って40の厳選したテーマを収録しています。受験対策として、また塾の模試の基礎点をアップする目的用としてお使いいただけます。

Chapter 2　季節と生き物

04　春の生き物　小4 小5 小6
05　夏の生き物　小4 小5 小6
06　秋の生き物　小4 小5 小6
07　冬の生き物　小4 小5 小6

Chapter 3　太陽・月・星

08　太陽の動き　小4 小5 小6
09　月の満ち欠け　小4 小5 小6
10　星と星座　小4 小5 小6
11　自転と公転　小4 小5 小6

Chapter 4　気体と燃焼

12　酸素と二酸化炭素　小4 小5 小6
13　気体の発生　小4 小5 小6
14　ものの燃焼　小4 小5 小6

よく出るテーマを
40に絞って収録
対象学年を明示

4年生から6年生までご利用いただける内容になっていますが、項目ごとに対象学年を明示していますので、予習／復習時の手引きとしてご活用ください。

2　まずは「ナゾ解き」でテーマへの興味を喚起

各単元では、テーマに関する身近な「ナゾ」が提示されます。
このナゾを解くことで、まずはテーマへの興味を喚起するつくりになっています。

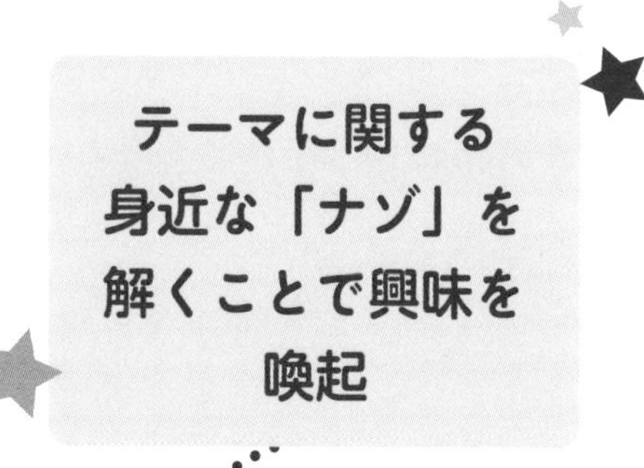

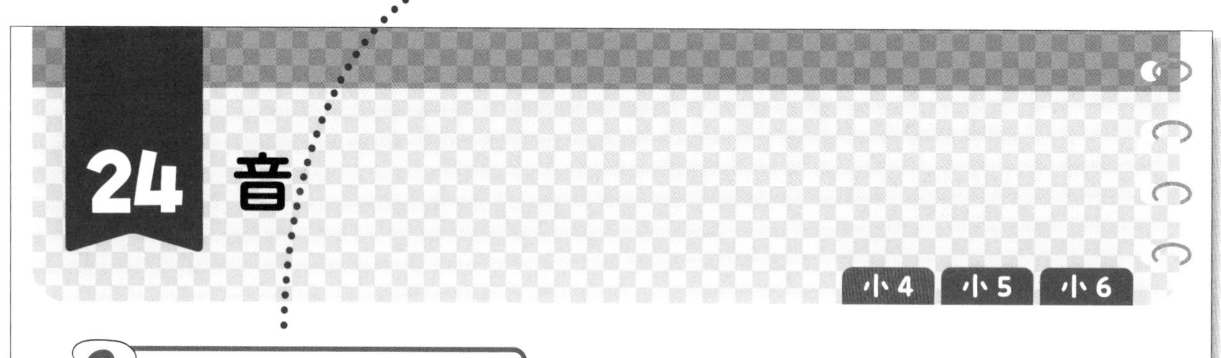

このナゾがわかるかな？

ピキくんが公園の前に立っていると、救急車がサイレンを鳴らしながら近づいてきて、そのまま通り過ぎていきました。
このとき、ピキくんにはサイレンの音がどのように聞こえた？

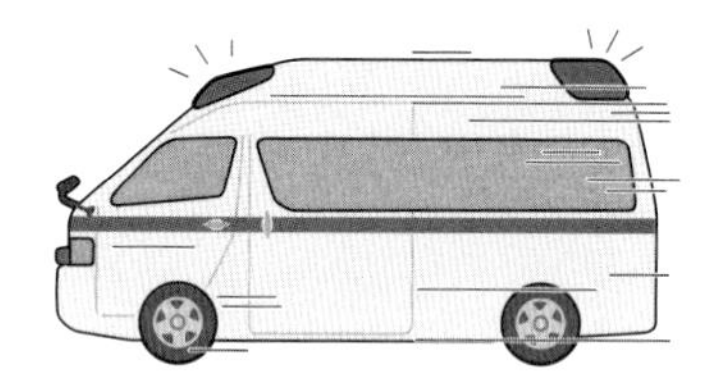

A　近づいてくるときは低い音で一定、遠ざかっていくときには高い音で一定に聞こえる
B　近づいてくるときは高い音で一定、遠ざかっていくときには低い音で一定に聞こえる
C　近づいてくるときも遠ざかっていくときも、一定の高さに聞こえる

ナゾ解きのテーマは日常生活と中学受験を結びつけるものとなっていて、ついつい考えたくなるようなものを厳選しています。
「いつも経験している○○は、理科で勉強する□□だったのか！」という発見を通して学習へのモチベーションを上げ、後に続く学習にスムーズに取り組んでいけるよう工夫しています。

3 「魔法ワザ」「ワンポイント」で「使える知識」に

【このナゾを解く魔法ワザ】では、ナゾ解きのポイントをわかりやすく解説しています。

> **このナゾを解く魔法ワザ**
>
> 音の高さは振動数の多さ（振動の速さ）で決まり、振動数が多い ＝ 振動が速い（図の「波長」が短い）ほど高い音として聞こえます。
> 救急車が近づいても遠ざかりもしないときは、ピキくんには救急車のサイレンが「出したままの音の高さ」で聞こえます。
> しかし、救急車が近づいてくる場合は、図のように救急車とピキくんの間の距離が縮まることで音の波長が短くなり、出した音よりも高い音が聞こえます。
> また遠ざかっていく場合は、逆のことが起こります。
>
> 救急車が止まっている場合　波長
> 救急車が近づいてくる場合　波長が短い＝振動数が多い
> 救急車が遠ざかっていく場合　波長が長い＝振動数が少ない
>
> 答え　B
>
> **ワンポイント** 振動数と音の高さの関係を確かめよう
>
> 同じ材質のものであれば、小さく軽いものをはじいた場合は速く振動し、高い音が出ます。
> たとえば水筒に水やお茶を移すとき「トクトクトク…」と音がしますが、これは水筒の中の空気が振動して音が鳴っているんですね。だんだん水筒がいっぱいになってくると中の空気が少なくなり、空気がたくさんあったときに比べて速く振動するので、音が高くなってきます。
> この他にも、身近にあるまわりの音の高さに注意し、耳をかたむけてみよう！

身近な「ナゾ」と受験勉強を結びつける「魔法ワザ」

「使える知識」にするためのワンポイント

> 答え　B
>
> **ワンポイント** 振動数と音の高さの関係を確かめよう
>
> 同じ材質のものであれば、小さく軽いものをはじいた場合は速く振動し、高い音が出ます。
> たとえば水筒に水やお茶を移すとき「トクトクトク…」と音がしますが、これは水筒の中の空気が振動して音が鳴っているんですね。だんだん水筒がいっぱいになってくると中の空気が少なくなり、空気がたくさんあったときに比べて速く振動するので、音が高くなってきます。
> この他にも、身近にあるまわりの音の高さに注意し、耳をかたむけてみよう！

また【ワンポイント】では、さらに踏み込んで理解を深めるために、関連事項やお子さんがすぐに実行できる＋α学習のポイントなどを解説。
「読んで考えて理解できた」だけでなく、視点を変えた問題にも対応でき、自分で反復、経験して知識を「実体験をともなう確かなもの」にできるように工夫しています。

4　3つの視点から入試問題への対応力をつける

【問題を解こう】では、各テーマの問題に3つの視点から取り組む構成になっています。

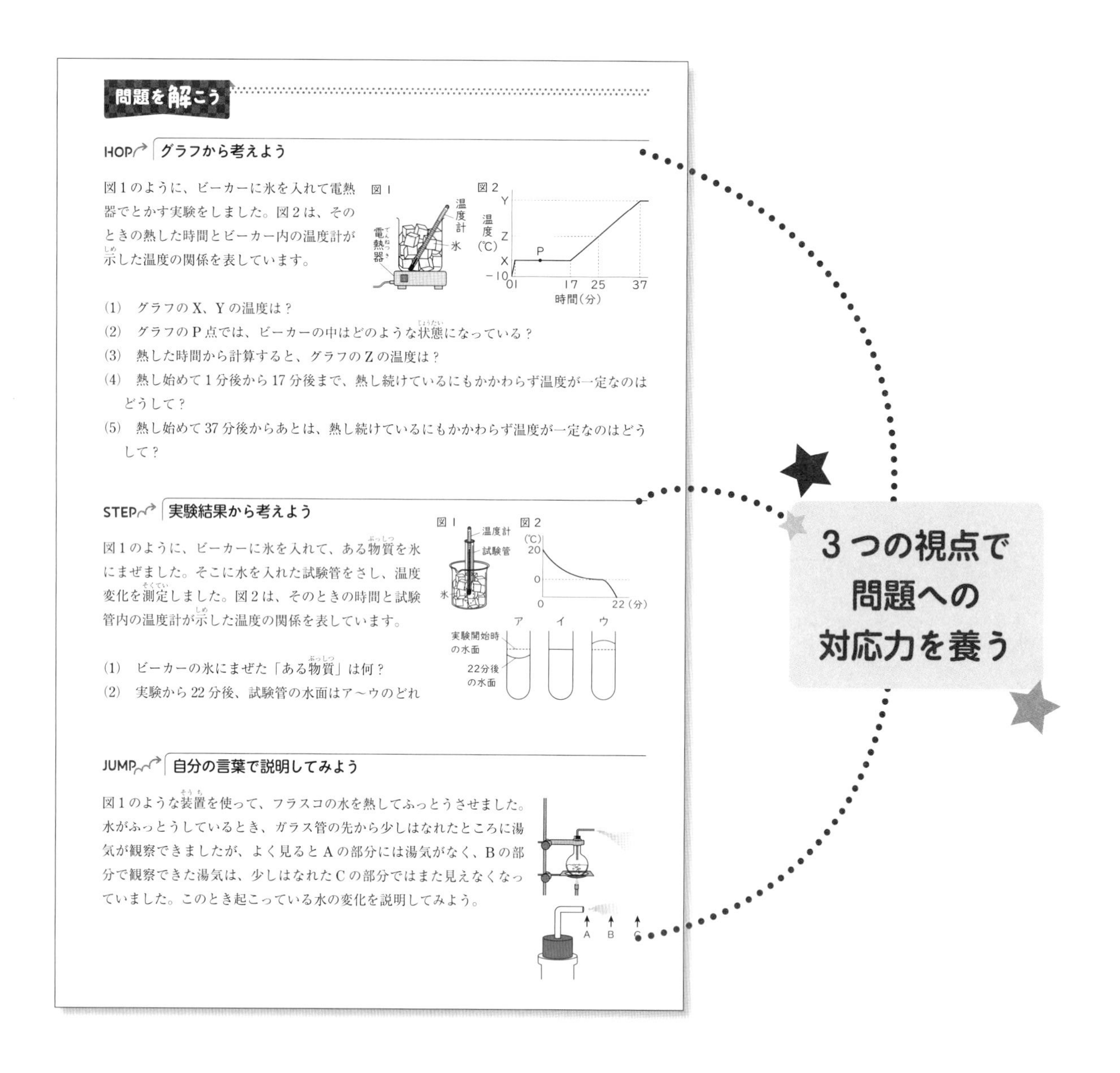

HOP　そのテーマの問題で「絶対外せない」定番で頻出の問題を押さえています。知識を整理し、必須の技術を確認するパートです。

STEP　図を見て考えたり、自分で図を書いて考えるパートです。問題を視覚的に整理したり、グラフや表の情報を活用する力を養います。

JUMP　自分の言葉で説明するパートです。与えられた情報から論理的に考え、その結果を自分の言葉でわかりやすく説明する訓練です。近年頻出の記述問題、思考系の入試問題に対応するために必須となっている力を鍛えます。

5 問題のページのすぐ後ろが解説のページ

本書はほかの「魔法ワザ」シリーズと同様、問題のすぐ後ろに解答・解説のページを収録しています。
問題を解いたらすぐに、答え合わせと解説の確認ができます。

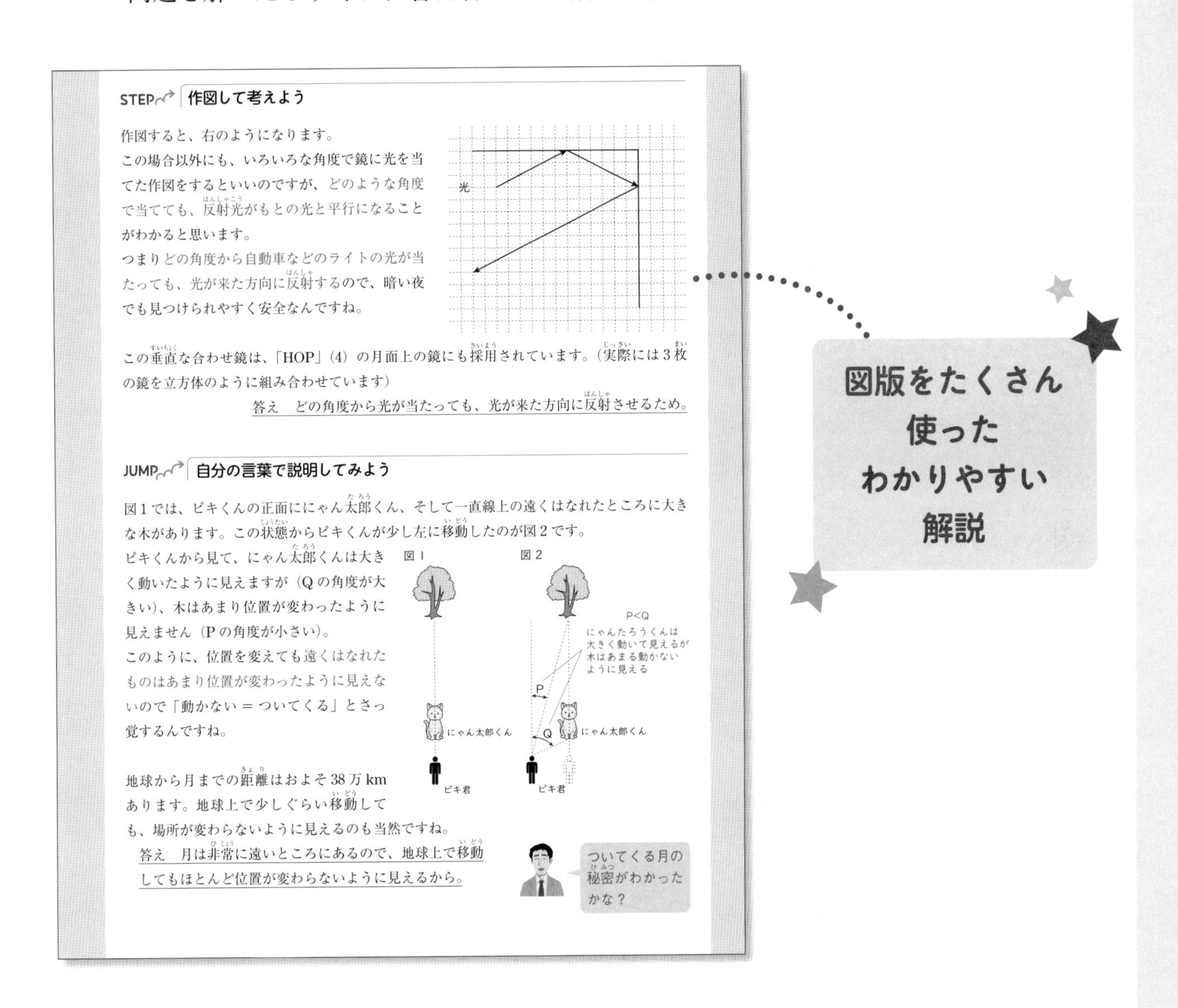

STEP 作図して考えよう

作図すると、右のようになります。
この場合以外にも、いろいろな角度で鏡に光を当てた作図をするといいのですが、どのような角度で当てても、反射光がもとの光と平行になることがわかると思います。
つまりどの角度から自動車などのライトの光が当たっても、光が来た方向に反射するので、暗い夜でも見つけられやすく安全なんですね。

この垂直な合わせ鏡は、「HOP」(4) の月面上の鏡にも採用されています。(実際には3枚の鏡を立方体のように組み合わせています)

答え　どの角度から光が当たっても、光が来た方向に反射させるため。

JUMP 自分の言葉で説明してみよう

図1では、ピキくんの正面ににゃん太郎くん、そして一直線上の遠くはなれたところに大きな木があります。この状態からピキくんが少し左に移動したのが図2です。
ピキくんから見て、にゃん太郎くんは大きく動いたように見えますが（Qの角度が大きい)、木はあまり位置が変わったように見えません（Pの角度が小さい)。
このように、位置を変えても遠くはなれたものはあまり位置が変わったように見えないので「動かない＝ついてくる」とさっ覚するんですね。

地球から月までの距離はおよそ38万km あります。地球上で少しぐらい移動しても、場所が変わらないように見えるのも当然ですね。

答え　月は非常に遠いところにあるので、地球上で移動してもほとんど位置が変わらないように見えるから。

解説も図版を多用し、視覚的に理解できる工夫や周辺知識などを、わかりやすく配置しています。先生に説明してもらうような気持ちで読み進めていけば、どんどん理解が進んでいきます。

ナゾ解き→HOP→STEP→JUMPと無理なく理解を進めて、ぜひ理科の得点力アップを目指してください！

目次

Chapter

1

磁石・電気

01 磁石と電気（1）

小4　小5　小6

棒磁石を折ってしまい、N極の部分だけが残っています。この磁石の性質として正しいのは？

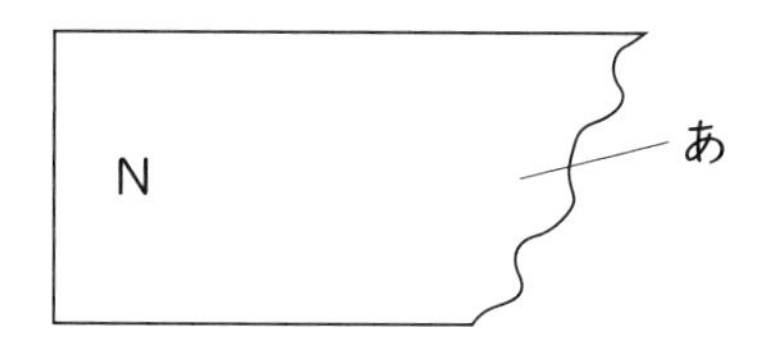

ア　N極の逆側の あ の部分は弱いN極になっている。
イ　N極の逆側の あ の部分はS極になっている。
ウ　N極の逆側の あ の部分はN極でもS極でもない。

このナゾを解く魔法ワザ

図のように、折る前の「もとの磁石」を「2本の棒磁石がくっついたもの」と考えてみましょう。この磁石は全体が「左がN極・右がS極」の棒磁石で、2つに折ってもそれぞれが「左がN極・右がS極」の棒磁石です。つまり磁石は、たとえば細かくくだいたとしても、かけらそれぞれがもとの磁石と同じ向きにN極とS極を持つ「小さな磁石の集まり」と考えられるのです。

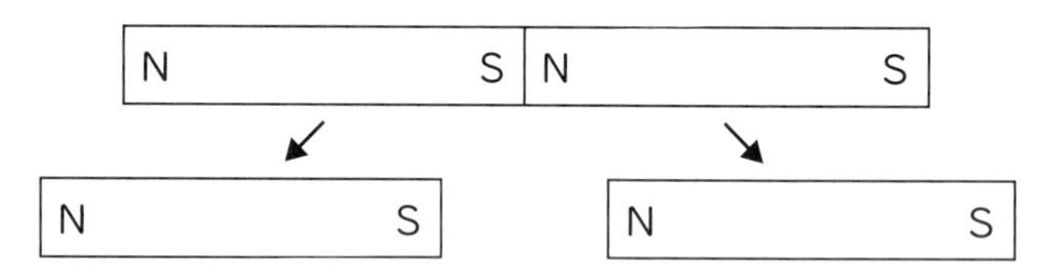

答え　イ

ワンポイント　どうして鉄は磁石にくっつくの？

磁石も鉄でできています。ただ、ふつうの鉄は磁石のように「N極とS極の向き」がきれいにそろっていません。しかし鉄は、その向きがそろいやすい性質を持った金属なのです。向きがきれいにそろっているものだけが、磁石と呼ばれます。だから磁石にくっついている間は、ふつうの鉄もN極、S極の向きがきれいにそろって磁石になっているんです。
だから、磁石にくっついた鉄は、他の鉄とも引き合うんですね。

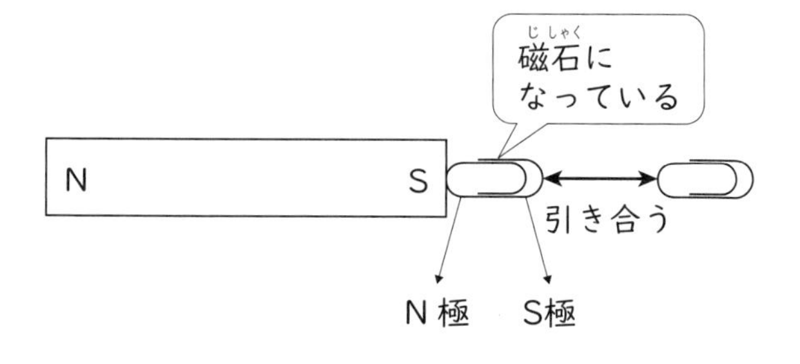

磁石の性質がそろっていないだけなんだね

問題を解こう

HOP 図に書き込んで考えよう

図のように、棒磁石にくぎをくっつけたものに方位磁針のS極が引き寄せられました。もとの棒磁石の「？」の部分は何極？

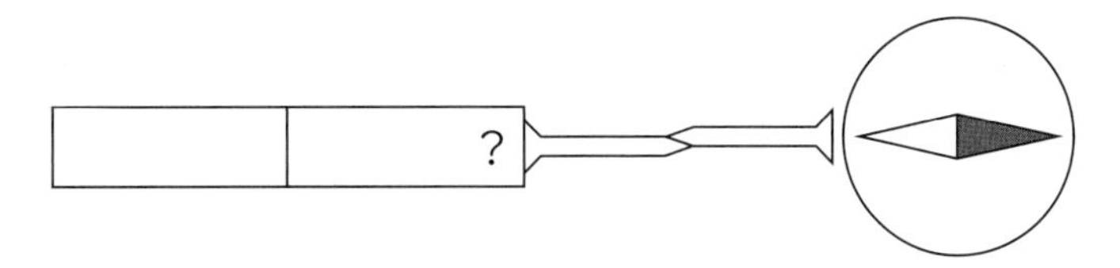

STEP 模式図を完成させよう

図のように、ぬい針を棒磁石で同じ方向にこすると、ぬい針が磁石になりました。ふつうの鉄は磁石のように「N極とS極の向き」がきれいにそろっていないことから考えて、針先がN極、S極のどちらの極になっているか考えてみよう。
ぬい針の中で何が起こるか書いてみよう！

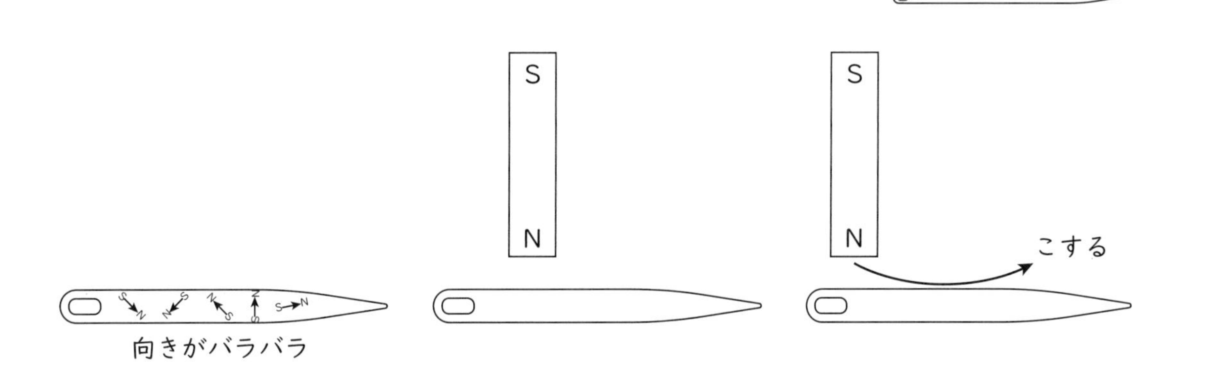

JUMP 自分の言葉で説明してみよう

地球も磁石の性質を持っていて（地磁気といいます）、大きな磁石であると考えられています。では、地球の北極付近にあるのはN極、S極のどっち？　なぜそうだとわかる？

問題の解説と答え

HOP 図に書き込んで考えよう

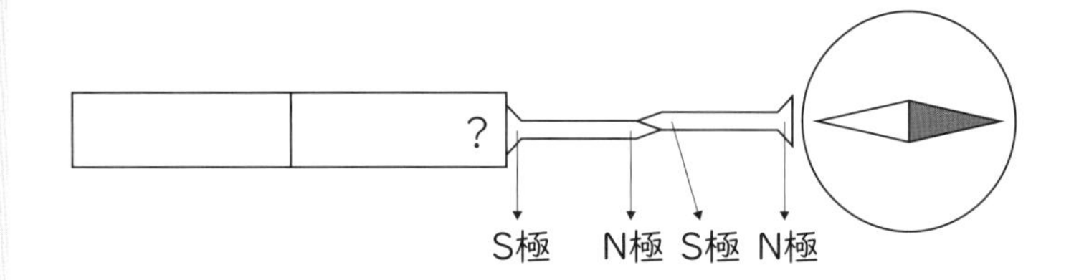

見てわかるように
図に書き込んでいく
ことって大事だね

図のように、鉄くぎの右はし、左はしがそれぞれどちらの極になっているか、書き込んでいくとわかりやすいですね。

答え　N極

STEP 模式図を完成させよう

12ページで「ふつうの鉄は磁石のように『N極とS極の向き』がきれいにそろっていません」とお話ししましたね。その鉄でできたぬい針に、磁石のN極が近づくと、ぬい針の中のS極が引きつけられて向きがそろいます。そのままN極でぬい針をこすると、S極が右を向いて向きがそろいますね。

だからぬい針は先がS極の磁石になるのです。

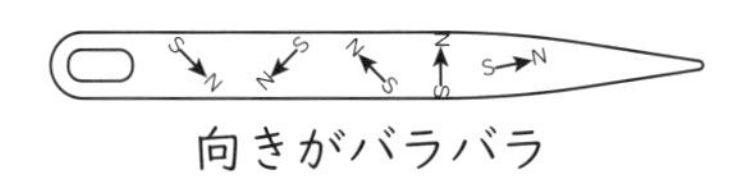

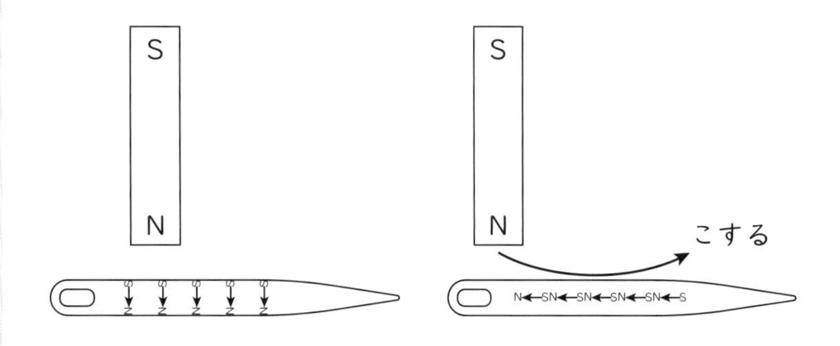

N極に引き寄せられるS極を右はしに集めるイメージだね！

答え　S極

JUMP 自分の言葉で説明してみよう

方位磁針のN極がいつも北を指すことは知っていますね。つまり「N極を引っぱるもの」が北のほうにあるということですね。

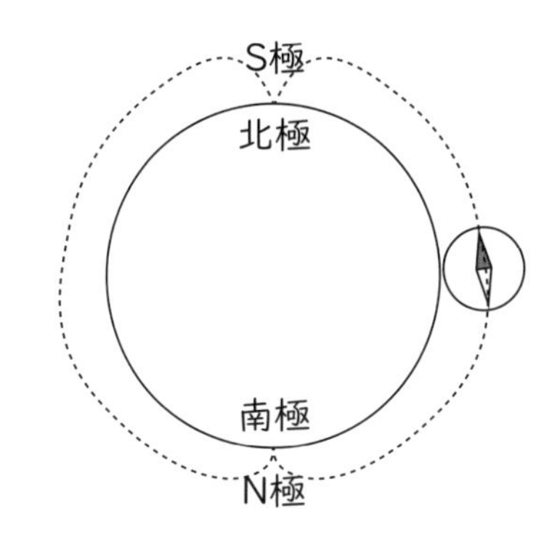

答え　S極　地球上どこでも、方位磁針のN極が北を指すことからわかる。

身近な現象を「どうして？」という視点で見る習慣をつけておこう！

このことは、棒磁石のまわりに方位磁針を置いてみても確かめることができます。

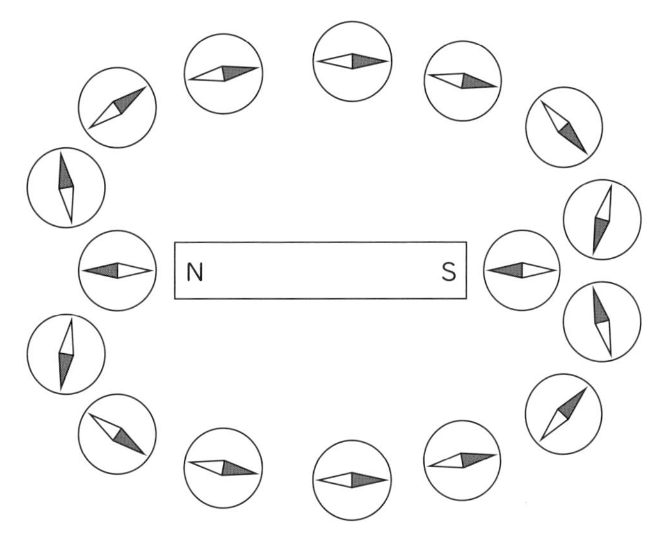

02 磁石と電気（2）

小4　小5　小6

このナゾがわかるかな？

豆電球をソケットに入れずにつないでいます。豆電球が光るのはどれ？

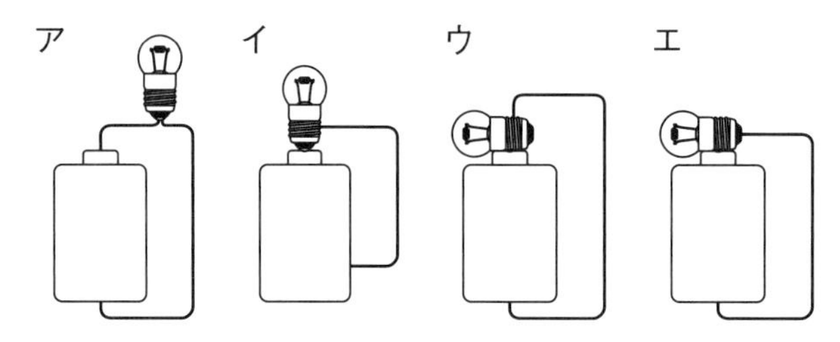

このナゾを解く魔法ワザ

豆電球内部のつくりを理解しておく必要がありますね。豆電球内部で導線は右図のようになっています。口金部分から電流が入ったら、下部の端子から出ていくことになります（その逆向きでもOK）。このように電気が流れるものを選びましょう。また、導線が正しく乾電池の＋（プラス）極、－（マイナス）極に接続されているかも注意しましょう。アは豆電球の下部の端子にしかつながっていない、イは乾電池の－極に導線がつながっていない、ウは豆電球の口金の部分にしかつながっていないという理由で、豆電球は光りません。

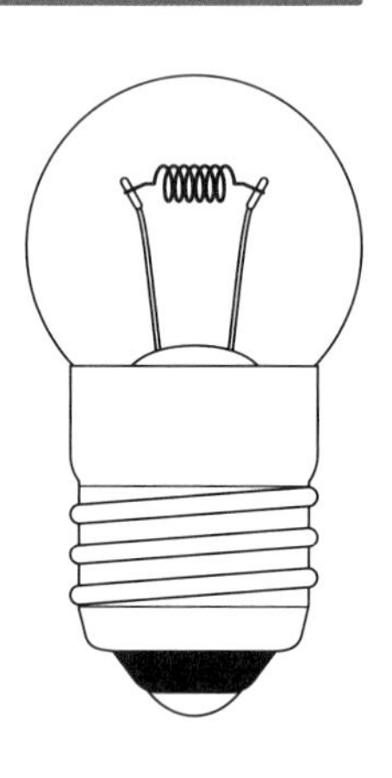

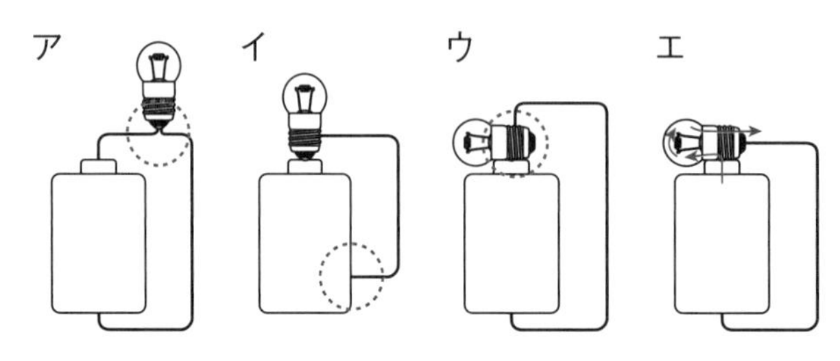

答え　エ

ワンポイント　フィラメントは電流が流れやすいの？　流れにくいの？

豆電球の明るく光る部分を「フィラメント」といいます。「タングステン」という電流が流れにくい（「電気抵抗が大きい」といいます）金属が使われていて、抵抗が大きいところに電気を流すからこそ、まさつで光や熱が出るのです。トーマス・エジソン

光や熱が出てフィラメントが焼き切れないように、ガラス球の中は空気ではなくちっ素などがつめられているんだね

が電球を作った際、フィラメントに日本の竹を使ったのは有名な話ですね。

問題を解こう

HOP 図に書き込んで考えよう

図1の回路の豆電球に流れる電流が①のとき、図2〜図9の回路の豆電球に流れる電流の大きさはいくらになる？　図の（　　）に書き込もう（整数または小数で書き込もう）。また9つの回路のうち、最も早く乾電池が使えなくなる回路はどれかな？

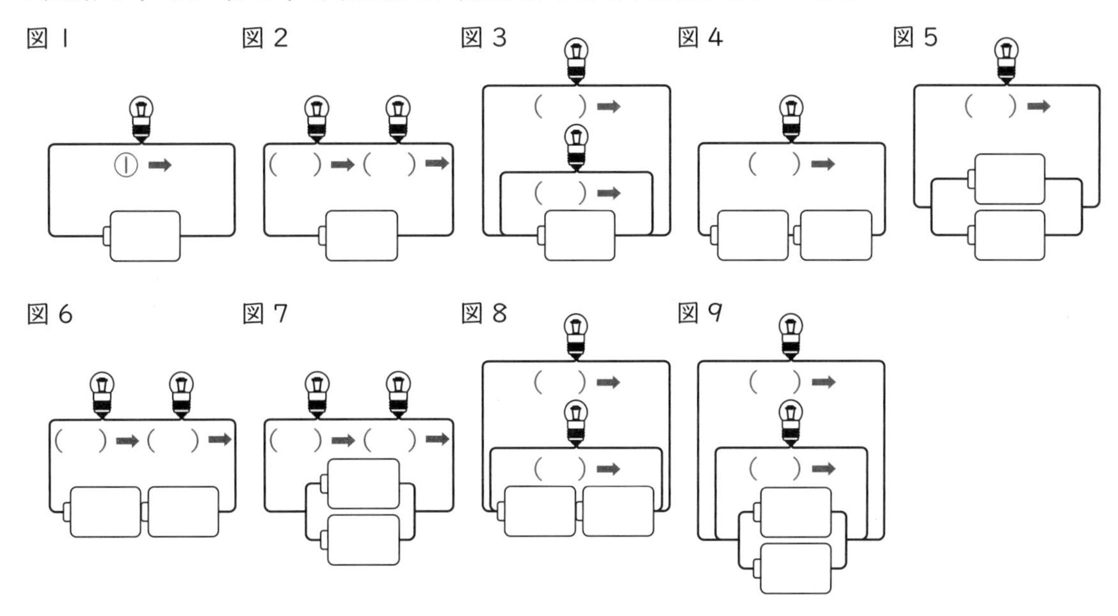

STEP 図を完成させよう

乾電池、電流計、豆電球をつないで、回路に流れる電流の大きさを測ろうと思います。流れる電流の大きさが予測できない場合、どのようにつなげばいい？　図1を完成させよう。また、図2のように端子につないだとき、目盛りを読み取ると、流れる電流はいくらになる？

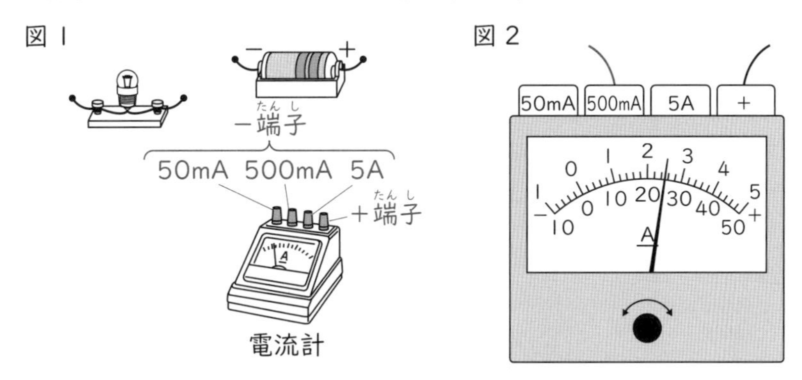

JUMP 自分の言葉で説明してみよう

「ショート回路」とはどんな回路？　またショート回路はどうして危険なの？

HOP 図に書き込んで考えよう

乾電池、豆電球の直列つなぎ、へい列つなぎは、次のようなイメージを持っておくといいよ。

	直列つなぎ	へい列つなぎ
乾電池	2個になると電圧（電池のパワー）が2倍になる	2個になっても電圧（電池のパワー）は1個のときと変わらない
豆電球	2倍になると通り道が2倍の長さになり電流が流れにくい	2倍になると通り道が2倍の広さになり電流が流れやすい

乾電池　直列つなぎ

2倍になるとパワーも2倍になる

乾電池　へい列つなぎ

2倍になってもパワーは1人分のまま

このイメージをしっかり持っておくことが大事だよ！

豆電球　直列つなぎ

2倍になると道が2倍長くなって通りにくい

豆電球　へい列つなぎ

2倍になると道が2倍に広がって通りやすい

このように考えて、図に書き込んでいきます。（へい列回路では電流は分かれて流れ、直列回路では分かれません）

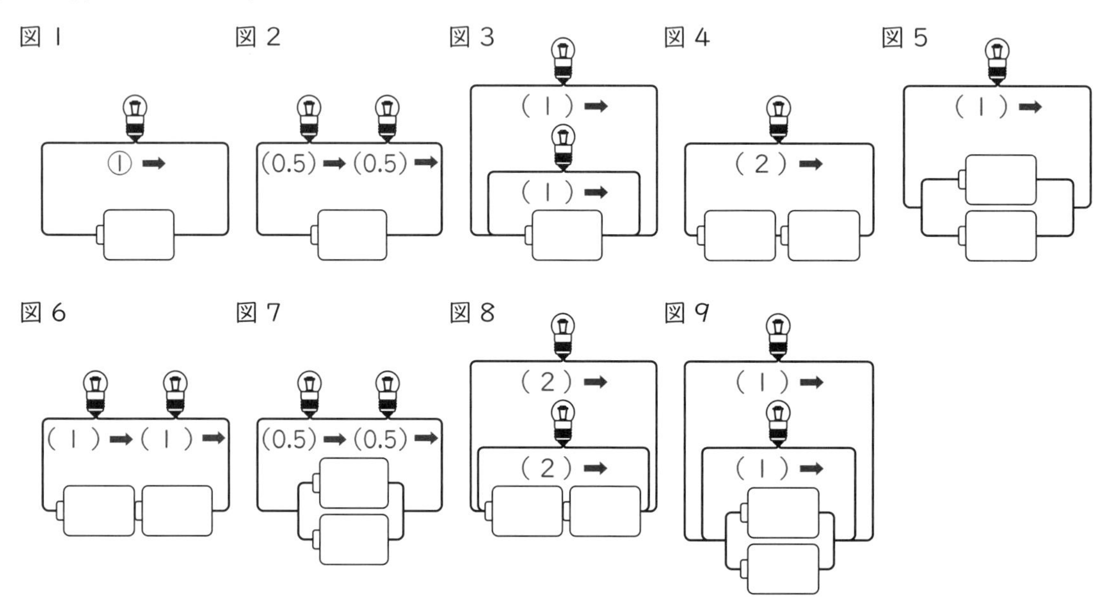

それぞれの回路の乾電池の部分に流れている電流の大きさは、図1=1、図2=0.5、図3=2、図4=2、図5=0.5、図6=1、図7=0.25、図8=4、図9=1　となります。最も乾電池が早

く使えなくなるのは図8です。※最も乾電池が長持ちするのは、数字が最も小さい図7ですね。

答え　上の図　乾電池が最も早く使えなくなる　図8

STEP 図を完成させよう

電流計には＋（プラス）端子と－（マイナス）端子がありますが、＋端子には乾電池の＋極からきた導線を、－端子には乾電池の－極からきた導線をつなぎます。また回路に流れる電流の予測がつかない場合は、いちばん大きな電流用の5A端子（5A＝5000mA）につなぎます。

また図2の目盛りですが、500mAの－端子を使っているので、図のようにいちばん大きな目盛りを500mAと読むようにしましょう。

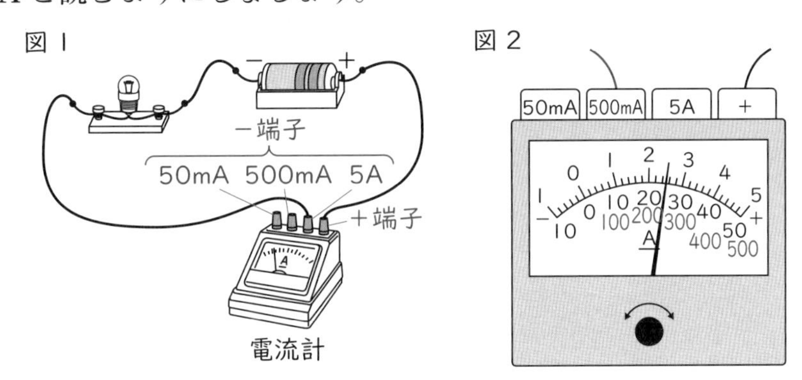

答え　上の図　流れる電流の大きさ（図2）　250mA

JUMP 自分の言葉で説明してみよう

ショート回路というのは、乾電池の＋極から－極まで、豆電球やモーターなどを通らず電流が流れてしまう回路です。大きな電流が流れすぎて、電池や導線が発熱し危険です。豆電球は電流が流れにくい（電気抵抗といいます）性質があるので、電流が豆電球に流れず、すべて導線の部分だけに流れてしまいます。

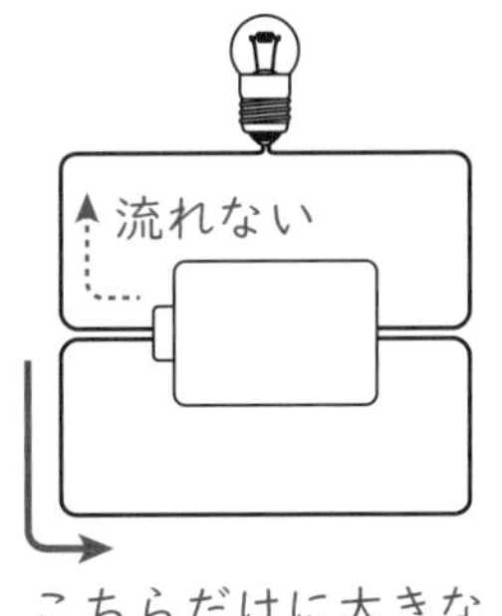

答え　乾電池の＋極から－極まで、豆電球やモーターなどを通らず電流が流れてしまう回路。回路が発熱するなど危険。

たとえ豆電球があっても、通らず乾電池の＋極から－極まで流れるルートがあるとショートして危険！

03 電気回路

小4　小5　小6

このナゾがわかるかな？

乾電池の＋極を端子Aに、－極を端子Bにつなぐと、いちばん明るく光る豆電球はア～オのどれ？

このナゾを解く魔法ワザ

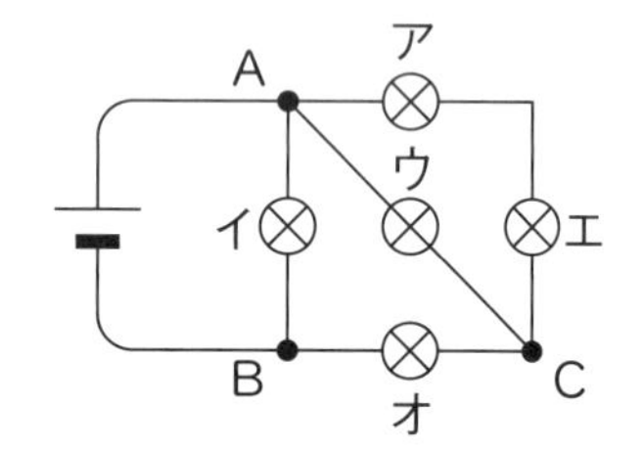

まず図に書き込んでみると、右図のようになるということですね。電流はまず＋極をスタートし、端子Aに、そして最終的には端子Bから－極まで帰ってくることになりますね。そこで端子AからBまでの道筋を、もう少し詳しく分解しましょう。

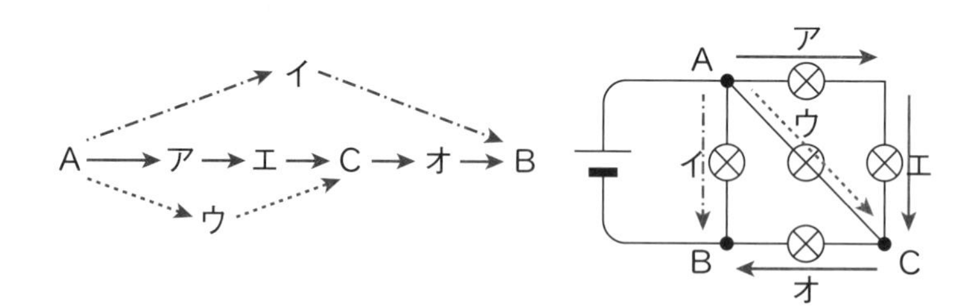

端子AからBまで、豆電球イだけを通って行く場合が最も通過する豆電球が少なく、電気抵抗が小さくなっています。

最も明るく光るのは豆電球イですね。

答え　イ

ワンポイント　見やすい回路図に書き直す練習をしよう

上の回路図を、もう少し見やすい「いつもの」回路図に書き直すことができますか？

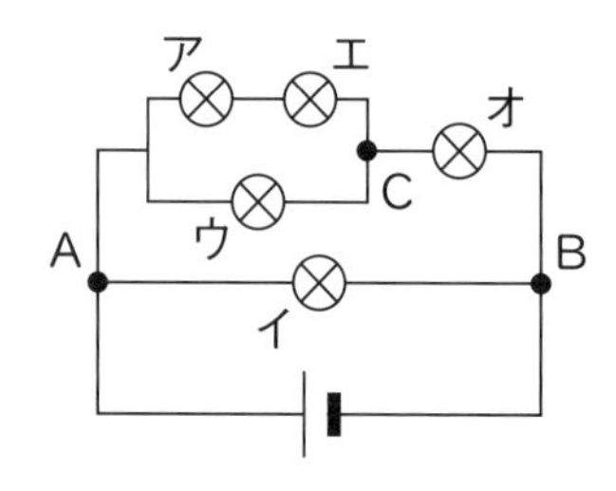

こうやって見やすく書き直せるように練習しておけば、イに流れる電流がいちばん大きく、イ＜オ＜ウ＜ア＝エの順に明るいことがわかるね

問題を解こう

HOP 図に書き込んで考えよう

乾電池の ＋極を端子 A に、－極を端子 C につなぐと、豆電球の明るさはどうなる？（例）にならって答えてみよう。

（例）ア＞イ ＝ ウ＞エ＞オ…アがいちばん明るく、イとウが同じ明るさで 2 番め、3 番めがエでいちばん暗いのがオ

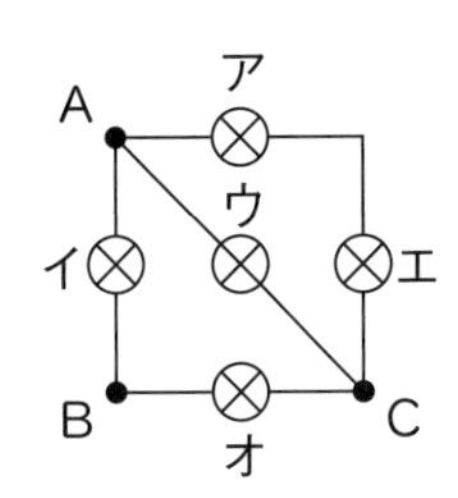

STEP 回路図を完成させよう

図のような回路図記号を使って、次のような条件になる回路を完成させよう。

【回路の条件】乾電池は 1 つ、豆電球はア～エの 4 つ。豆電球エがいちばん明るく、アとウは同じ明るさでいちばん暗い。豆電球イをソケットから外すと、豆電球アとウは消えるがエは消えない。

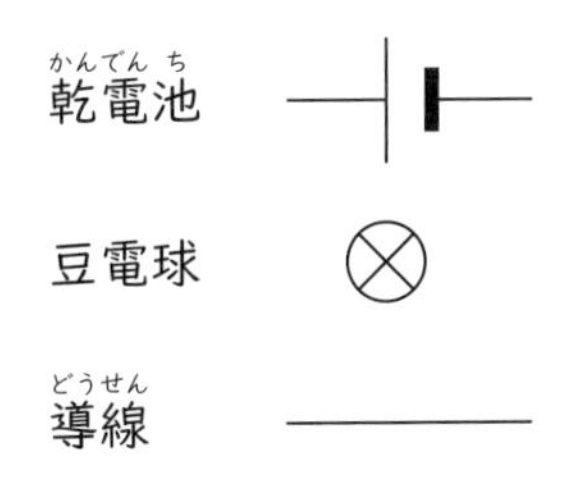

JUMP 自分の言葉で説明してみよう

電熱線の長さ・太さ（断面積）の違いと、電気抵抗の大きさには、どのような関係がある？

長い電熱線

短い電熱線 ⇨ 電気抵抗は？

太い電熱線

細い電熱線 ⇨ 電気抵抗は？

問題の解説と答え

HOP 図に書き込んで考えよう

わかりやすい回路図に書き直してみよう。【このナゾがわかるかな？】同様に、一度、右のように記号と矢印で表してみてもいいですね。

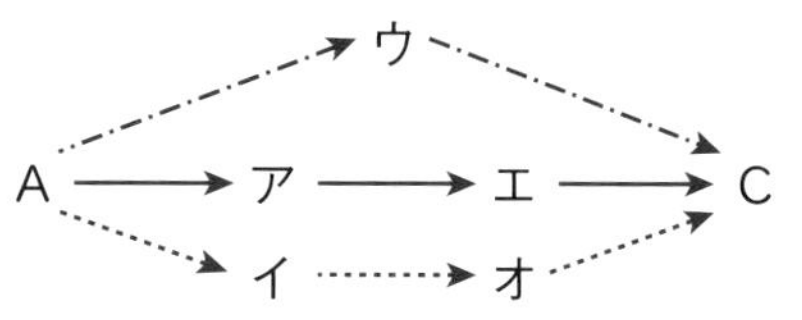

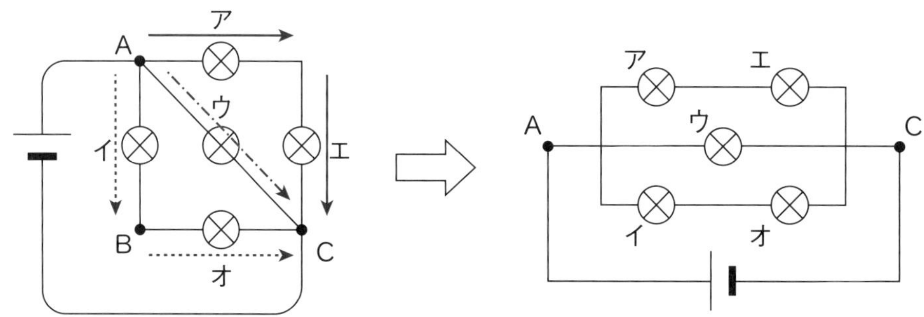

この書き直しさえできれば、豆電球の明るさの順を考えるのも楽ですね。ウだけがいちばん明るく、他の4つはすべて同じ条件(じょうけん)であることがわかります。

答え　ウ>ア＝イ＝エ＝オ

STEP 回路図を完成させよう

「豆電球エがいちばん明るく、アとウは同じ明るさでいちばん暗い」とあるのでまずは、

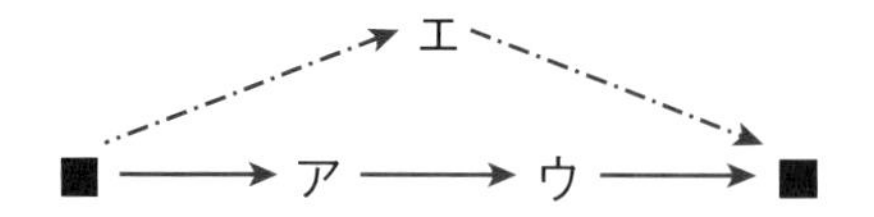

とします。次に、「豆電球イをソケットから外すと、豆電球アとウは消えるがエは消えない」とあるので、

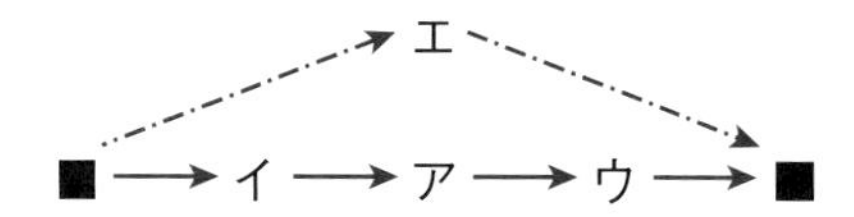

とすると、ア・ウとイが同じ明るさになってしまいます。そこで、

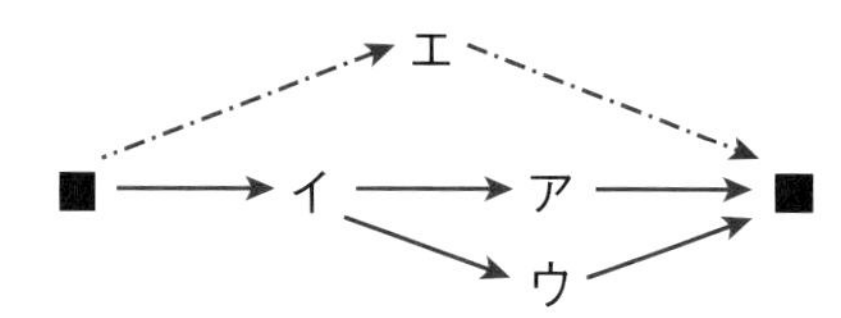

であれば、すべての条件(じょうけん)を満たすことができますね。これを回路図に直しましょう。

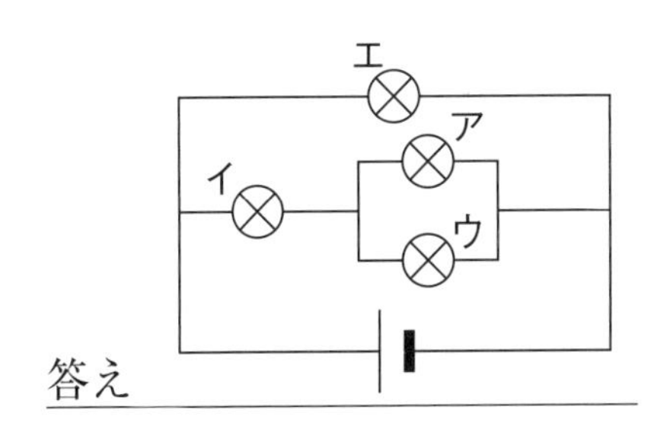

答え

JUMP 自分の言葉で説明してみよう

電熱線は、電気を通しにくい物質（ニクロムという金属）でできています。電気を通しにくいものに電気を流すことで、熱や光が発生するんですね。電気抵抗は「電気の流れにくさ」なので、電気が流れにくいほど「電気抵抗が大きい」といいます。
電熱線の長さ・太さ（断面積）と電気抵抗の関係ですが、次の図のようなイメージを持っておくといいですね。

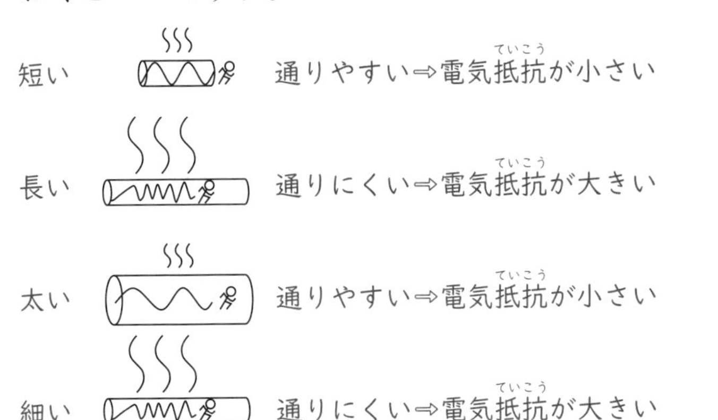

細くて長い道は通りにくくて、太くて短い道は通りやすいんだね

答え　電気抵抗の大きさは、電熱線の長さに比例し、太さ（断面積）に反比例する。

【どっちの発熱量が多い？】

図1、図2のA、Bの電熱線、それぞれどっちの発熱量が多いかな？
電熱線の発熱量は、
流れる電流 × 流れる電流 × 電熱線の電気抵抗に比例します。（電流 × 電流 × 抵抗「りゅうりゅうてい」と覚えよう！）

図1は直列つなぎで電熱線A、Bに流れる電流の大きさが等しいので、「電流 × 電流 × 抵抗」は抵抗値の大きなAの発熱量が大きくなります。
図2はへい列つなぎで、電気抵抗の小さいBに大きな電流が流れるため、「電流 × 電流 × 抵抗」は大きな電流が流れるBの発熱量が大きくなります。

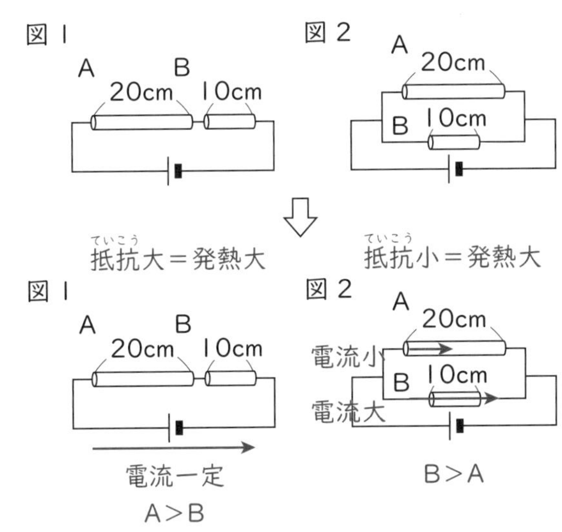

Chapter

2

季節と生き物

04 春の生き物

小4　小5　小6

このナゾがわかるかな？

(1)　図の曲線は何を表している？

(2)　関東地方〜東北地方の曲線の形がすべて「おわん形」になっているのはなぜ？

(3)　Aの曲線の日付は？

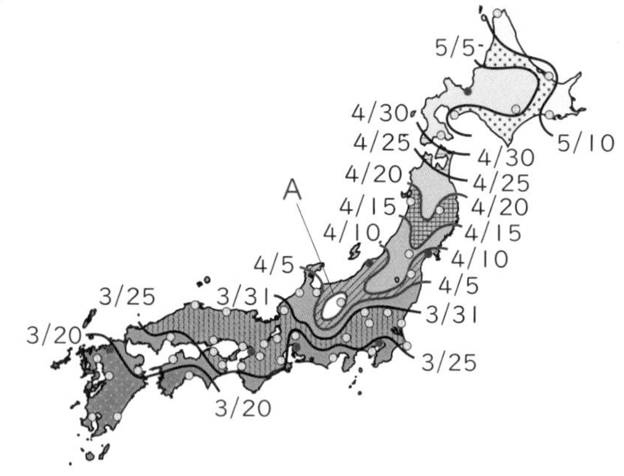

このナゾを解く魔法ワザ

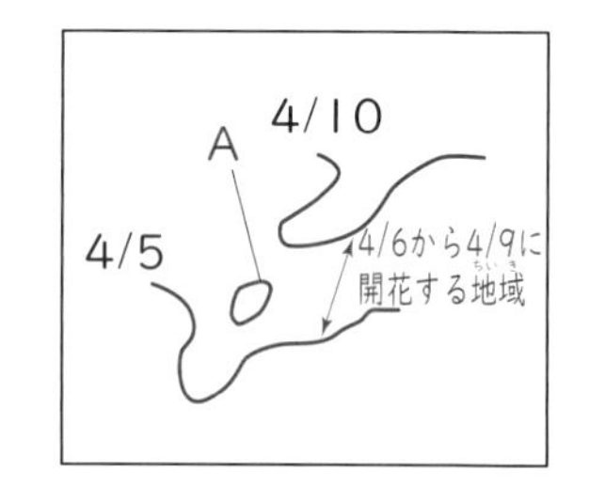

早いところで3月下旬、南からだんだん北上していく「生物前線」は、サクラ（ソメイヨシノ）の開花ですね。本州内陸部は標高の高い山地になっている地域が多く、気温が低いため開花が遅くなる傾向があります。そのため前線の中央が南に引っぱられたような「おわん形」になるんです。Aの日付を考えるときは「Aのまわりの地域は何日から何日の間にサクラが開花する地域か考えるといいですね。

4/5と4/10の前線の間の地域、つまり「4/6から4/9までに開花する地域」ということになります。Aの内側はまわりよりも標高が高く、開花日が遅い地域と考えられ、Aの前線は4/5の次の4/10のものとなります。

答え　(1) サクラ（ソメイヨシノ）の開花前線

(2) 内陸部は標高が高く気温が低いので開花日が遅くなるから。　(3) 4/10

ワンポイント　他にはどんな生物前線があるの？

サクラの開花のように、暖かい地方から順に見られる現象は、日本地図を北上するように前線が進んでいきます。(サクラの他にはツバメの初見、ウグイスの初鳴きなど)

一方、気温が低くなったら見られる現象については、日本地図上を南下するように前線が進んでいきます。(カエデの紅葉、ススキの開花、アキアカネの初見など)

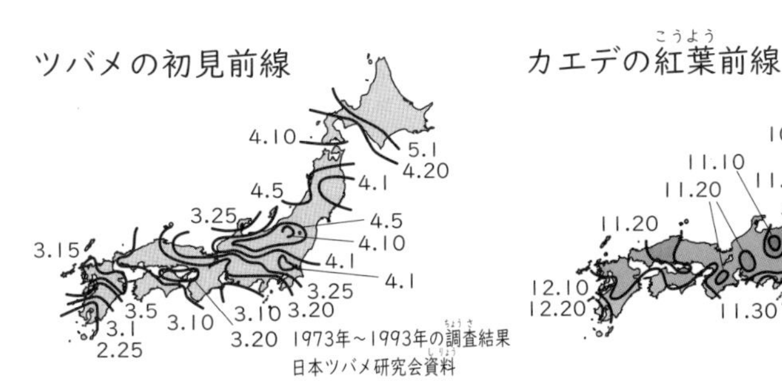

問題を解こう

HOP 春の植物・動物を知ろう

(1) ツバメは春になると見られますが、冬の間はどうしている？
(2) 図の７つの植物は何と呼ばれている？
(3) A～C の植物名は？
(4) 植物名とイラストを線で結ぼう！
(5) B とカブ、ダイコンは何科？

ハコベ（ハコベラ）　●　●

ハハコグサ（ゴギョウ）　●　●

【 A 】
ニンジンと同じ仲間。　●　●

【 B 】
ペンペングサともいう。　●　●

カブ（スズナ）　●　●
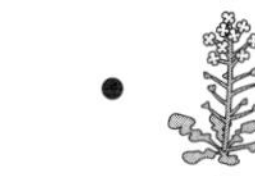

ダイコン（スズシロ）　●　●
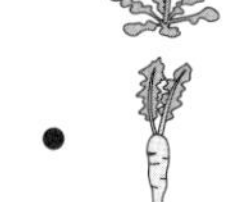

【 C 】（ホトケノザ）
田んぼのあぜ道にロゼット葉を広げた姿から「田平子」という名前がついた　●　●
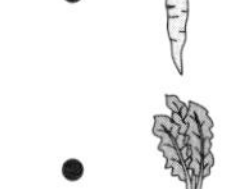

STEP 図を判別しよう

図は、カエルの卵です。
トノサマガエルの卵はどれ？

A
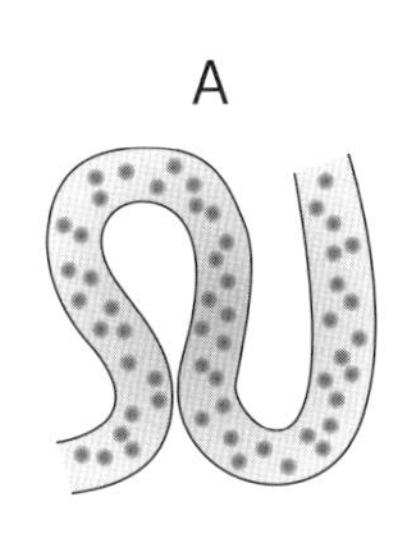

B
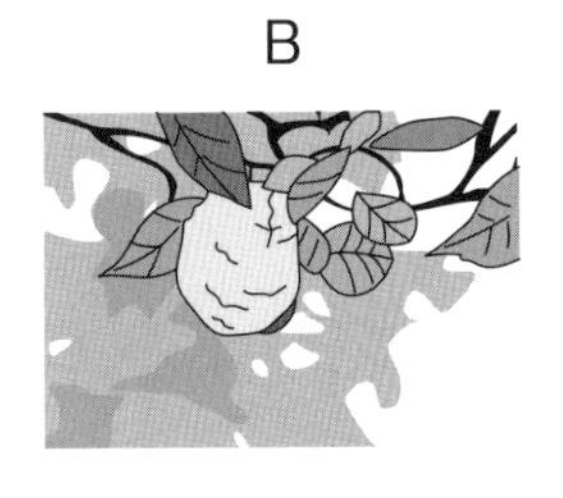

C
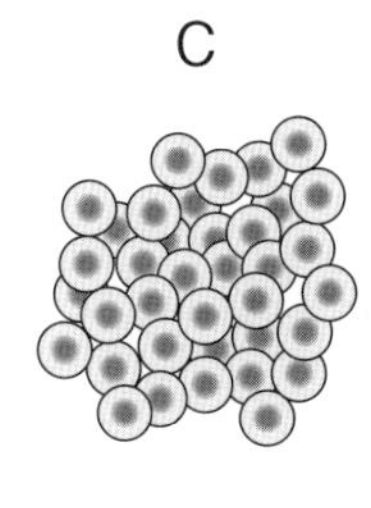

JUMP 自分の言葉で説明してみよう

春の花だんの植物を観察していると、アブラムシ、アリ、テントウムシがいました。この3種類のこん虫の関係を説明しよう。また、アブラムシとアリの関係と同じような他の生物の関係を例を挙げて説明しよう。

問題の解説と答え

HOP 春の植物・動物を知ろう

(1)　ツバメは夏鳥と呼ばれる渡り鳥で、日本が暖かくなる春にやってきます。目的は子育て（はんしょく）で、日本で巣作りをして産卵、ひなを育てます。ひなが巣立ち、秋になり気温が低くなると、日本より暖かい東南アジア（台湾やフィリピン、インドネシアなど）に移動します。

渡り鳥

夏鳥（暖かくなると日本に渡ってくる渡り鳥）	冬鳥（寒くなると日本に渡ってくる渡り鳥）	旅鳥（渡りの途中で日本に立ち寄る渡り鳥）
ツバメ カッコウ ホトトギス　など	ハクチョウ ガン カモ　など	シギ チドリ　など

は　ハコベ（ハコベラ）
は　ハハコグサ（ゴギョウ）
（の）
せ　【 A 】ニンジンと同じ仲間。
な　【 B 】ペンペングサともいう。
か　カブ（スズナ）
（に）
だ　ダイコン（スズシロ）
（っ）
こ　【 C 】（ホトケノザ）田んぼのあぜ道にロゼット葉を広げた姿から「田平子」という名前がついた

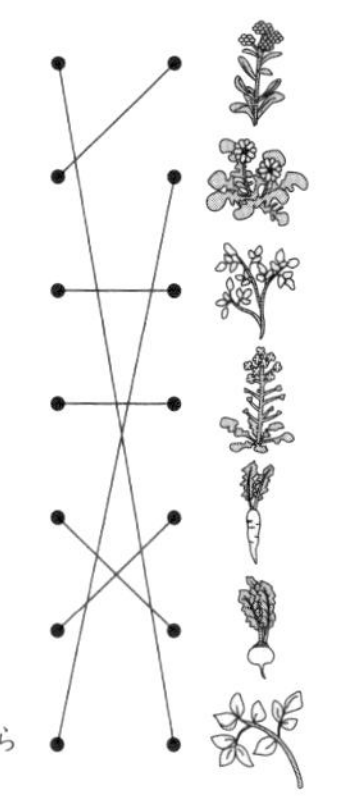

七草判別の手がかり

ハハコグサ
肉厚の葉とタンポポに似た花（キク科）

セリ
まわりがギザギザの葉

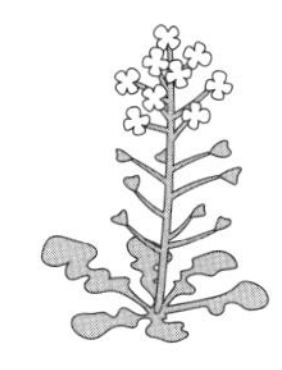

ナズナ
まっすぐ立った茎と交互につく葉、花・ロゼット葉

ハコベ
なしずく形の葉

コオニタビラコ
ロゼット葉とタンポポに似た花（キク科）

カブ
特徴的な根と葉の形

ダイコン
特徴的な根と葉の形

(2)～(4)　春の七草は「母の背中にだっこ」と覚えよう。
（右上の図）

(5)　ニンジンはセリ科、B（ナズナ）は菜の花（アブラナ）の仲間でアブラナ科ですね。カブ、ダイコンもアブラナ科です。花びらが4枚の花をさかせます。モンシロチョウの食草でもありますね。そのほか、ハコベはナデシコ科、ハハコグサとコオニタビラコはキク科、セリはセリ科です。

コオニタビラコはホトケノザとも呼ばれるけど、ホトケノザという植物は別にあるよ。だからコオニタビラコと覚えよう

答え　(1) 日本より暖かい東南アジアで冬越しをしている。
(2) 春の七草　(3) A　セリ　B　ナズナ
C　コオニタビラコ　(4) 右上の図　(5) アブラナ科

STEP 図を判別しよう

カエルやイモリ、サンショウウオなどのなかま（両生類）の多くは、水中にからのない卵を産みますが、寒天状のもの（ゼリーのようなもの）に包まれています。

図のAはヒキガエル、Bはモリアオガエル、Cはトノサマガエルの卵だね。

答え　C

ヒキガエルは2月頃産卵し、産卵後は冬眠に戻ります。トノサマガエルは冬眠からさめて、4〜5月に産卵、モリアオガエルは5〜7月に木の枝に泡をくっつけてその中に産卵する珍しいカエルだよ

JUMP 自分の言葉で説明してみよう

天敵…アブラムシから見たテントウムシのように、自分を食べる相手という関係
共生…一緒にいることで、お互いが利益を得る関係

アブラムシとアリ（共生）、テントウムシ（天敵）の関係

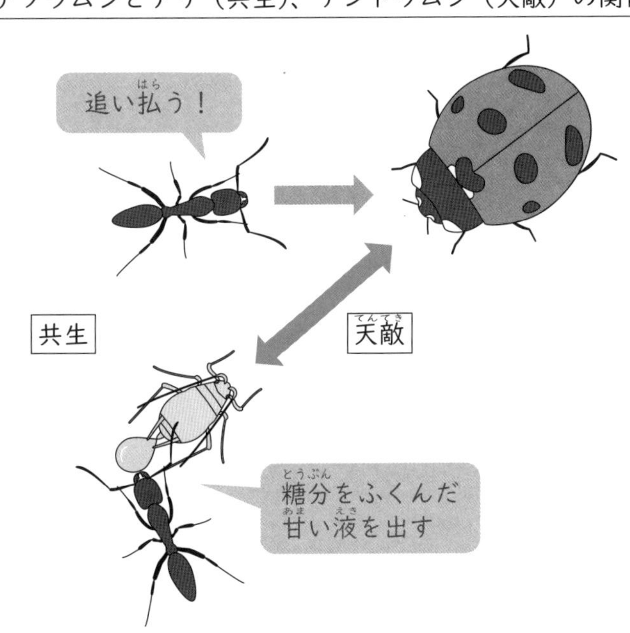

アリはアブラムシが出す甘い液をもらうことができ、アブラムシは自分を食べようとする天敵のテントウムシから守ってもらえるという、共生関係を築いています。

答え　アブラムシはアリに甘い液を与える代わりに、天敵であるテントウムシを追い払ってもらうという共生の関係を築いている。
アブラムシとアリと同じような関係：（例）菜の花はミツバチにみつや花粉を与える代わりに、受粉を手伝ってもらうという共生の関係を築いている。

他の共生の例…クマノミとイソギンチャク

クマノミはイソギンチャクの毒のある触手にかくれて敵から身を守ることができ、イソギンチャクはクマノミの食べこぼしのえさなどをもらうことができる。

05 夏の生き物

小4 小5 小6

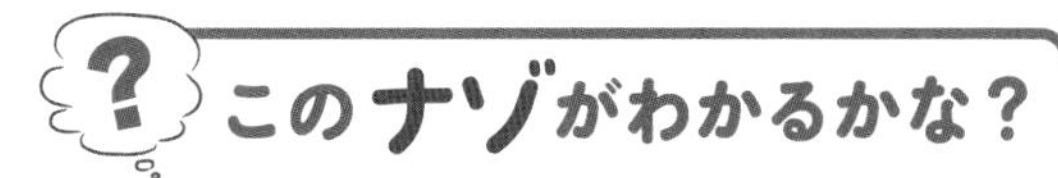

アメリカのある地域に生息するAというセミは、正確に13年ごとにいっせいに羽化し大量発生します。同じ地域に生息するBというセミは、正確に17年ごとにいっせいに羽化し大量発生します。ある年、AとBのセミが同時に大量発生しました。セミに関しては、他の種類のセミと同時に大量発生すると、雑種が生まれ純血種が減っていくことで、絶滅しやすいことがわかっています。

(1) AとBのセミが次に同時に大量発生するのは、ある年の何年後？

(2) 同じ地域に、過去には12年ごとに大量発生するCというセミや、15年ごとに大量発生するDというセミもいましたが、絶滅してしまいました。絶滅した理由として考えられることは？

このナゾを解く魔法ワザ

13年ごと、17年ごとに大量発生するセミは「素数ゼミ」と呼ばれ、何年かごとに同時に大量発生することが知られています。

AとBのセミが次に同時に大量発生するのは、13と17の最小公倍数を考えるといいですね。

(2) のヒントも、この「最小公倍数」です。

それぞれのセミが同時に大量発生する周期について、最小公倍数から考えてみましょう。

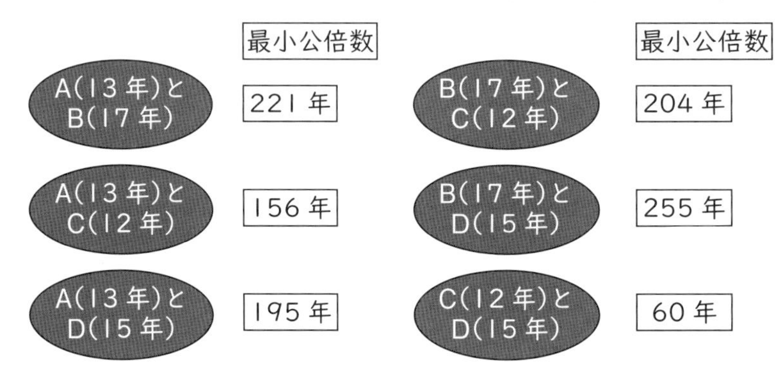

CのとDのセミは、60年ごとに雑種が生まれ、純血種が減っていく危険にさらされることがわかります。

答え (1) 221年 (2) CとDは60年ごとに同時に大量発生することで雑種が生まれ、絶滅しやすくなるため。

ワンポイント　セミの鳴き声は入試頻出！

セミの鳴き声は入試頻出です。代表的なものをしっかり覚えておこう。

セミの鳴き声

セミ	鳴き声
アブラゼミ	ジー、ジリジリジリ…
クマゼミ	シャー、シャー、シャー…
ツクツクボウシ	ツクツクボーシ、ツクツクボーシ…
ニイニイゼミ	チィー
ヒグラシ	カナカナカナカナ…
ミンミンゼミ	ミーン、ミーン、ミーン、ミーン…

問題を解こう

HOP 夏の植物・動物を知ろう

(1)　「緑のカーテン」として使われるヘチマやゴーヤは何科の植物？

(2)　夏に見られるA～Eの植物の名前は？

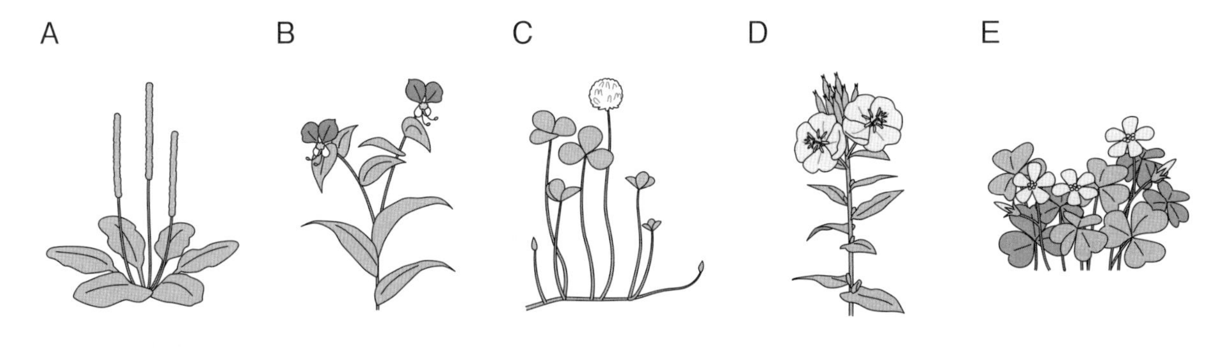

STEP 図に書き込んで考えよう

ダンゴムシは、進んでいて何かにぶつかったとき、最初に右に曲がると次は左、その次は右、そして左…と、交互に曲がる方向を変える性質があります。このことを確かめるため、迷路を3つ用意し、ダンゴムシをスタート地点から進ませる実験をしました。A～Cの迷路のうち、ダンゴムシがゴールまでたどり着くのはどれ？

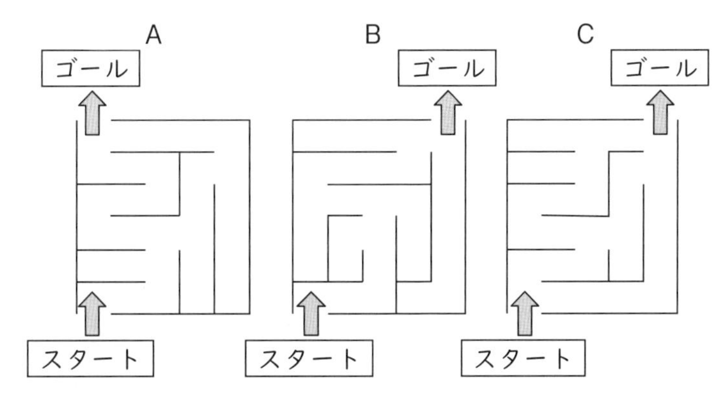

JUMP 自分の言葉で説明してみよう

右の図は、あるこん虫が卵から成虫になり産卵するまでの生存数を示しています。

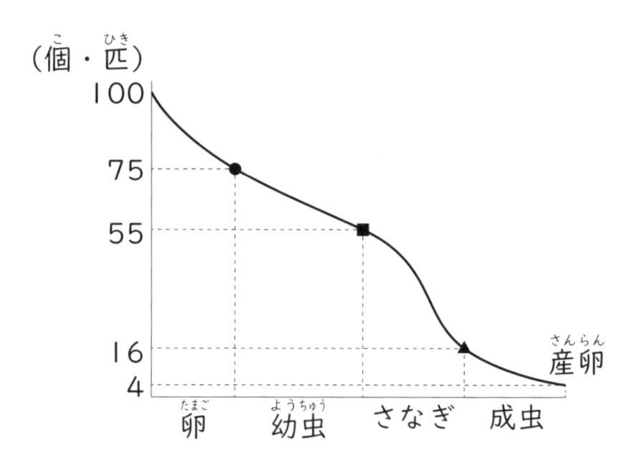

このこん虫は、生存中に1回のみ100個の卵を産み、オスとメスの数は常に等しいものとすると、このこん虫の生息数はどのように変化する？

理由とともに説明しよう。

問題の解説と答え

HOP 夏の植物・動物を知ろう

(1) ヘチマを漢字で書くと糸瓜、ゴーヤはニガウリと呼ばれます。どちらもウリ科です。ウリ科の植物は、巻きひげ（葉が変化したもの）で支柱などに巻きついて体を支えて育っていきます。ヘチマ、ゴーヤの他にはキュウリ、ヒョウタン、スイカ、カボチャなどがあります。

(2) Aのオオバコは漢字で書くと「大葉子」（車前草とも書きます）。葉の先がしゃもじのように大きくなっていることからついた名前です。

Bはツユクサ。花びらが3枚で、そのうち2枚が動物の耳のように立っていますね。

Cはシロツメクサで「クローバー」とも呼ばれています。マメ科の仲間で、白くて小さな花が集まっていて、1つの花のように見えます。帰化植物で、外国からガラス製品などを輸入する際につめられていた「つめ草」から名前がついたんですね。

Dはオオマツヨイグサです。「待宵草」つまり「宵（夜）を待つ草」で、夜に開花することからついた名前です。

Eのカタバミは「片喰」と書き、ハート形の葉が夜になると閉じて半分なくなった（動物などに食べられた）ように見えることから名前がついています。

カタバミの葉

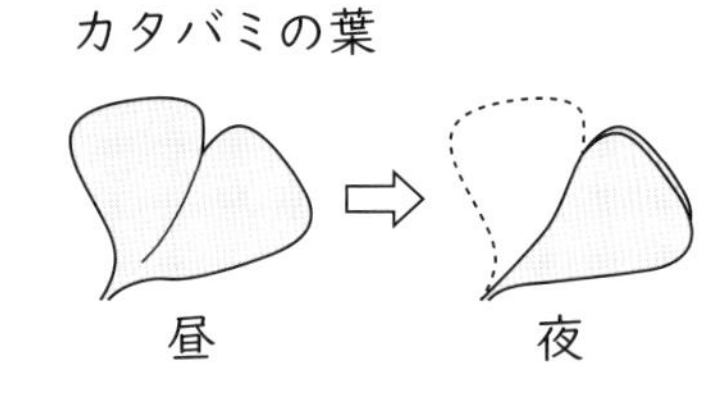

このように名前の由来を知っていると、楽しく覚えられて忘れにくいのでおすすめです。

答え (1) ウリ科　(2) A　オオバコ　B　ツユクサ　C　シロツメクサ　D　オオマツヨイグサ　E　カタバミ

STEP 図に書き込んで考えよう

右⇒左⇒右⇒左⇒…と交互に曲がるダンゴムシの性質は有名で「交替性転向反応」と呼ばれます。

A～Cの迷路に入れたダンゴムシが、正確に右⇒左⇒右⇒左⇒…と交互に曲がるとすればどう進むか、書き込んでみましょう。

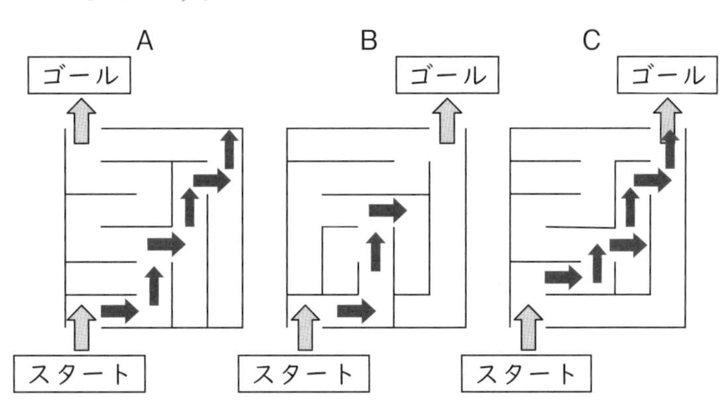

答え　C

JUMP 自分の言葉で説明してみよう

このこん虫のメスが100個の卵を産むと考えると、下記のことがわかります。

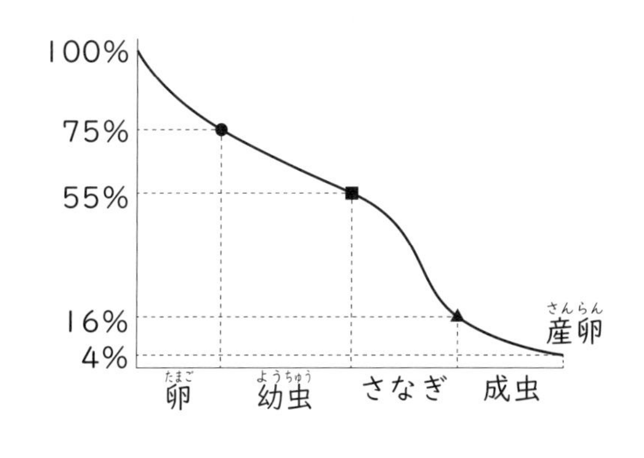

・100個の卵のうち75個がふ化、幼虫になった
・75匹の幼虫のうち55匹がさなぎになった
・55匹のさなぎのうち16匹が成虫になった
・16匹の成虫のうち、産卵時期を迎えたのは4匹

産卵時期まで生き残った成虫が4匹で、オスとメスの数は等しいのでオス2匹、メス2匹ですね。2組のつがいがそれぞれ100個の卵を産むので、次の世代の卵は200個ということになり、この生物は増え続けると考えられます。

答え　100個の卵から成長した成虫4匹が2組のつがいとなってそれぞれ100個、次の世代では合計200個の卵が生まれることになるため、増え続ける。

どの生物でも、1組のつがい（2匹）から生まれた子の世代が2匹生き残って産卵すれば、その生物の数は増えも減りもしないということになりますね。

2匹いれば次の世代が生まれるんだね

06 秋の生き物

小4　小5　小6

このナゾがわかるかな？

次の植物（樹木）を落葉樹と常緑樹に分類しましょう。

ア　アカマツ　　イ　ブナ　　ウ　イロハカエデ　　エ　クロマツ　　オ　スギ
カ　ポプラ　　キ　クヌギ　　ク　サクラ　　ケ　イチョウ　　コ　シイ
サ　カラマツ　　シ　コナラ　　ス　カシ

このナゾを解く魔法ワザ

落葉樹 = 秋になると葉を落とす = 落葉の前に紅葉（黄葉）するものが多い！

ア～スの中で紅葉（黄葉）するものを挙げるだけでも、ずいぶん出てくるのではないでしょうか。
サクラやイロハカエデ（いわゆるモミジ）の葉は赤色に、イチョウやポプラの葉が黄色になることを知っている人も多いと思います。

またクヌギやコナラの林は「雑木林」と呼ばれますが、「雑木林」という言葉の意味は「落葉広葉樹の林」という意味です。クヌギやコナラも落葉樹ですね。

コナラ　クヌギ

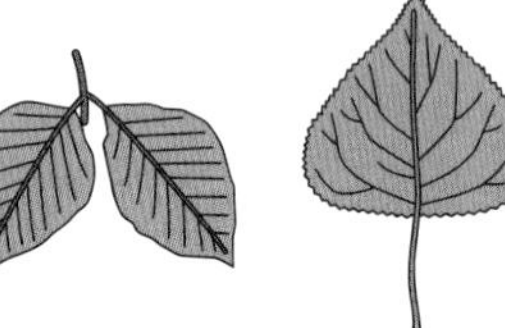
ブナ　ポプラ

カラマツの紅葉

マツやスギの仲間はほとんどが常緑樹ですが、カラマツは数少ない落葉樹です（漢字で書くと「唐松」ですが「落葉松」とも書きます）。

答え　落葉樹　イ　ウ　カ　キ　ク　ケ　サ　シ　　常緑樹　ア　エ　オ　コ　ス

ワンポイント　おもな樹木の「どんぐり」を覚えておこう！

おもな樹木の「どんぐり」も入試頻出です。代表的なものをしっかり覚えておこう。

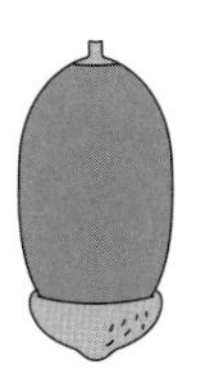
コナラ

クヌギ

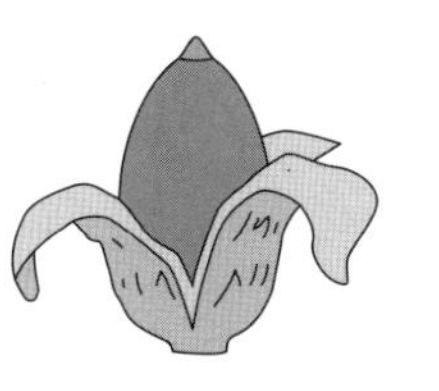
シイ（スダジイ）

問題を解こう

HOP 秋の植物・動物を知ろう

(1)　「秋の七草」と呼(よ)ばれる植物のうちA～Dの名前は？

オミナエシ　フジバカマ　（ A ）　ハギ

（ B ）　（ C ）　（ D ）

(2)　こん虫と鳴き声を線で結ぼう

キリギリス	●	●	コロコロリー
エンマコオロギ	●	●	チンチロリン
クツワムシ	●	●	ガチャガチャ
マツムシ	●	●	チョンギース
ウマオイ	●	●	スイッチョン

STEP 図を見て考えよう

植物の中には、次のような方法で種子を遠くに運ぶものがいます。

A　動物の体などについて運ばれる

B　風に飛ばされて運ばれる

C　実がはじけることで遠くに飛ぶ

次の図の植物の種子の運ばれ方について、それぞれに名前とA～Cを書き込(こ)もう。

ア

イ

ウ
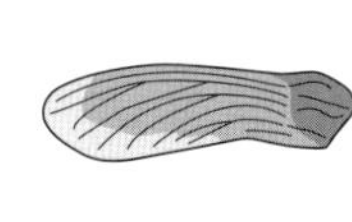

エ

オ
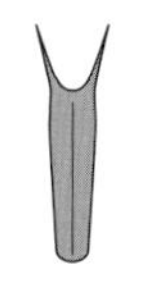

カ
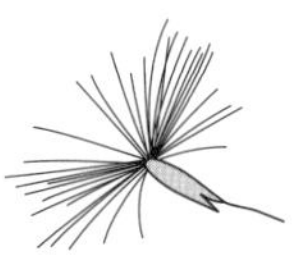

ア	イ	ウ	エ	オ	カ
名前（　　）	名前（　　）	名前（　　）	名前（　　）	名前（　　）	名前（　　）
記号（　　）	記号（　　）	記号（　　）	記号（　　）	記号（　　）	記号（　　）

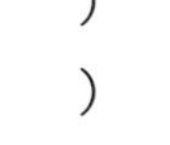

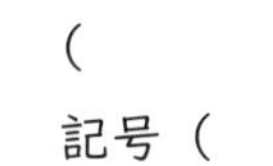

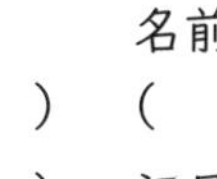

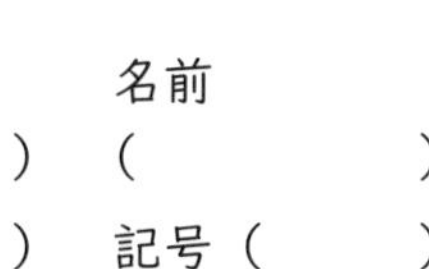

JUMP 自分の言葉で説明してみよう

図はエンマコオロギで、一方がオスでもう一方がメスです。オス、メスを見分け、そう判断した理由を説明してみよう。

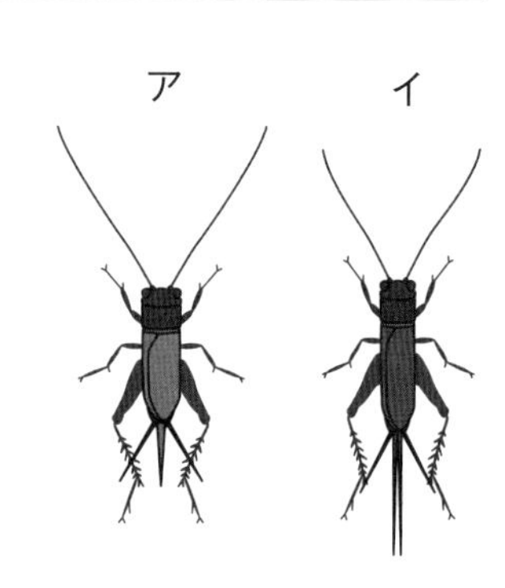

問題の解説と答え

HOP 秋の植物・動物を知ろう

(1)　秋の七草はオミナエシ・フジバカマ・クズ・ハギ・キキョウ・ナデシコ・ススキです。

お前は（オミナエシ）　バカで（フジバカマ）　クズで（クズ）　ハゲなので（ハギ）　今日も（キキョウ）

ナデナデ（ナデシコ）　だ～い好き（ススキ）　と覚えるといいですね。

クズ・ハギはどちらもマメ科の植物、キキョウは「万葉集」で「あさがお」と歌われていますが、アサガオはヒルガオ科、キキョウはキキョウ科で別の植物です。

母の日にプレゼントするカーネーションはナデシコ科、花が似ていますね。

マメ科
森林のへりで育ちます

オミナエシ　フジバカマ　（ A ）　ハギ

山上憶良が万葉集で「あさがお」と歌っているよ

（ B ）　（ C ）　（ D ）

女子サッカー日本代表チームは●●●●ジャパンだね

「尾花」とも呼ばれるよ

(2)　秋に鳴く虫はすべてバッタの仲間、鳴くのはオスだけです（メスを呼び寄せるため）。
実際の鳴き声を、インターネットなどで検索して聞いてみるといいですね。

キリギリス	●	● コロコロリー
エンマコオロギ	●	● チンチロリン
クツワムシ	●	● ガチャガチャ
マツムシ	●	● チョンギース
ウマオイ	●	● スイッチョン

答え　(1) A　クズ　B　キキョウ　C　ナデシコ　D　ススキ　(2) 右図

STEP 図を見て考えよう

植物の種子の運ばれ方を覚えておくことも大切ですが、写真や図の様子から推測することもできますね。

A　動物の体などについて運ばれる　⇒　種子にトゲや細かい毛がある

B　風に飛ばされて運ばれる　⇒　つばさのような形をしている・綿毛がある

C　実がはじけることで遠くに飛ぶ　⇒　実がふくらむ・種が小さく軽い、数が多い

ア・エ・オ　⇒　トゲ

イ　⇒　実がふくらむ

ウ　⇒　つばさのような形

カ　⇒　綿毛がある

答え　ア　イノコヅチ　A　　イ　ホウセンカ　C　　ウ　マツ　B　　エ　オナモミ　A　　オ　センダングサ　A　　カ　ススキ　B

JUMP 自分の言葉で説明してみよう

カブトムシやクワガタのように、体の形や大きさですぐにオスとメスの区別がつくこん虫もいますが、コオロギは大きさや形での判別は難しいですね。セミも秋の虫も、鳴くのはオスだけです（交尾のためメスを呼び寄せる）。セミのオスの場合は、腹に腹弁という音を鳴らす仕組み（空洞になっている腹を太鼓のようにたたいて音を鳴らします）があり、それで見分けることができます。

セミのオスの腹

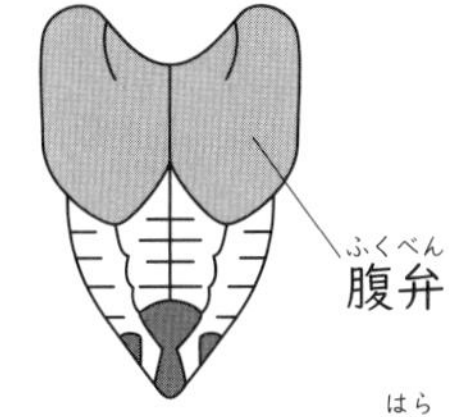

これで腹をたたいて音を鳴らす

コオロギもオスだけが羽をこすり合わせて音を出し鳴きますが、見た目でわからないですね。手がかりになるのは「メスは産卵する」ということです。腹の先の部分の突起が、オスは２本なのに対して、メスは産卵管があるため３本になります。これが大きな判別のヒントになりますね。

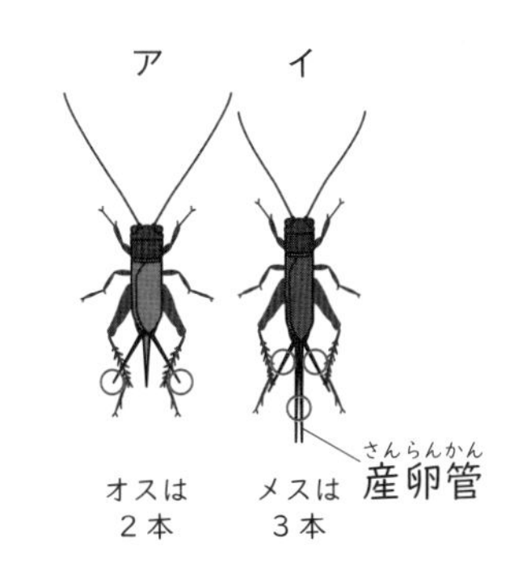

答え　ア　オス　　イ　メス

説明　イのコオロギには地中にさして産卵するための産卵管があるので、イがメスとわかる。

セミやコオロギ以外にも、オスとメスでわかりやすい違いがある生物はたくさんいます。

ニワトリ…オスにはとさかがあり、メスにはない

ライオン…オスにはたてがみがあり、メスにはない

カニ…体の裏側にある呼吸器官が、オスは細くメスは幅広（卵を抱くため）

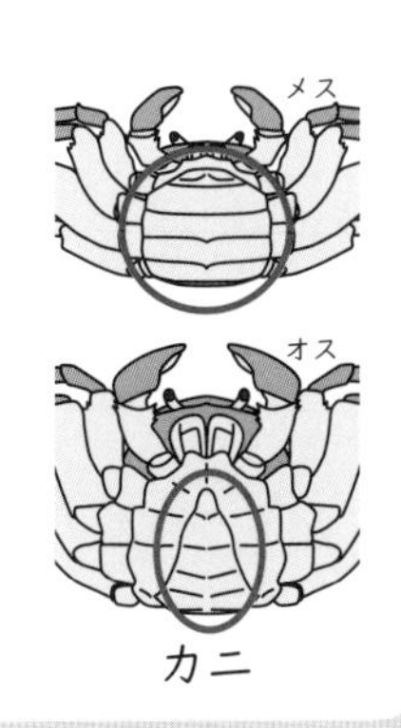

07 冬の生き物

小4　小5　小6

このナゾがわかるかな？

冬が近づくと午前中に移動を始めるある渡り鳥で、下記のような実験をしました。

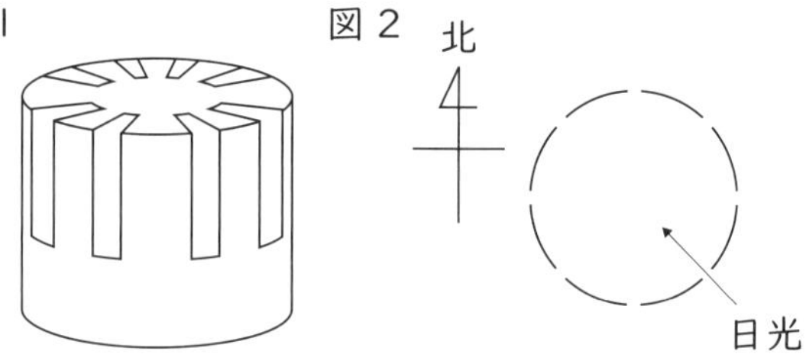

〈実験〉渡り鳥を数羽、図1のような鳥かごに入れ、まわりの景色の開けた場所に設置しました。鳥かごは上面と側面をふさいでおり、8か所にスリット（すき間）を開けて空の一部が見えるようにしています。鳥たちが渡りを始める午前9時頃、図2のように南東の方向から日光が差し込んでいたときに鳥かごのふたを開けて鳥たちを放すと、いっせいに南西の方向に飛び立ちました。

同じ渡り鳥を数羽入れた鳥かごを光が入らない部屋に置き、表のように鳥かごに光が入るようにライトを回転させて数日間光を当て続けました。

時刻（時）	～ 6 ～ 9 ～ 12 ～ 15 ～ 18 ～ 6
光が差し込む方角	ライトを消す　北　北東　東　南東　南　ライトを消す

午前9時頃、鳥かごのふたを開けて鳥たちを放すと、どの方角に向かって飛び立とうとする？

このナゾを解く魔法ワザ

「光が差し込む方向から●●回りに■■度」と考えよう！

図のように、光が差し込む方角に対して時計回りに90度の方角に、鳥たちは飛び立つと考えられます。

表のようにライトを当てた場合、鳥たちが渡りを始める午前9時頃には北東の方角から光が差し込みます。その光に対して時計回りに90度、つまり南東の方角に飛び立とうとします。

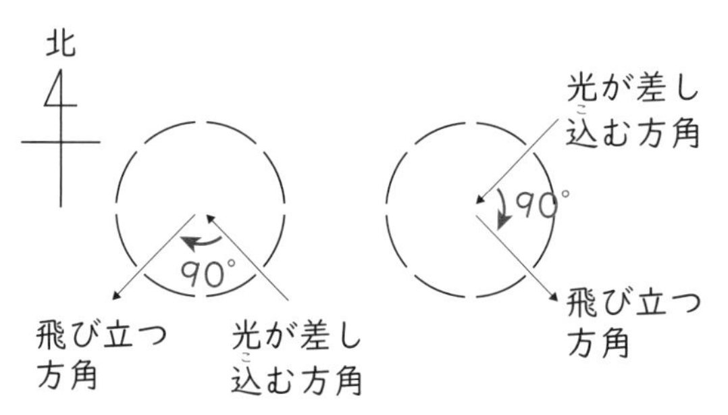

答え　南東

ワンポイント 問題の条件の範囲で考えることが重要！

実際に渡り鳥たちが方角を知る頼りにするのは、太陽の光だけでなく地磁気や夜間の場合は星や星座の位置（実際にプラネタリウムに渡り鳥を持ち込んだ実験もあるそうです）、もともと体に備わった能力や本能といったものもあります。ただ、太陽の光は大きな手がかりの1つであることは間違いなく、この問題はそこに注目したものです。ですので、問題を考える際には、その問題で与えられた条件のみで考えるという習慣をつけておくとよいですね。

問題を解こう

HOP 冬の植物・動物を知ろう

(1) 次の植物名と冬芽（春に芽生えて花や葉になるもの）を線で結ぼう。

(2) 次のように冬越しする植物はア～オのどれ？

A 地上部は枯れ、地下のくきで冬越しします。くきの先には冬芽がついています。

B 根で冬越しします。養分をたくわえた根はサツマイモに似た形をしています。

C 水中のくきで冬越しします。養分をたくわえたくきは「れんこん」と呼ばれます。

D 秋に花をさかせ、そのあと葉がのびてきて、葉をつけたまま冬越しします。

E 緑の葉をつけたまま冬越しします。地下のくきでつながっていて、春になると芽がのびてきて増えていきます。

ア ダリア　イ ハス　ウ タケ　エ ヒガンバナ　オ ススキ

STEP 性質から考えよう

次の表は、こん虫の冬越しの姿と場所をまとめたものです。ア～キのこん虫は、A～Gのどこに入る？

	卵(たまご)	幼虫(ようちゅう)	さなぎ	成虫
地中		セミ A		
木の幹(みき)や葉の裏(うら)	B		アゲハ モンシロチョウ C	キチョウ
落ち葉の下				D
巣の中				E F
水中		G		

ア　イラガ　　イ　カマキリ　　ウ　アリ　　エ　テントウムシ　　オ　トンボ
カ　カブトムシ　　キ　ハチ

JUMP 自分の言葉で説明してみよう

タンポポやナズナなどは、図のような葉を広げて冬越(ふゆご)しします。この葉の名前とはたらきは？

問題の解説と答え

HOP 冬の植物・動物を知ろう

(1)　サクラは身近によく見かける植物ですね。たくさんのりんぺん（皮のようなもの）で芽がおおわれています。丸くふくらんでいるのが花になる芽、ほっそりしているのが葉になる芽です。

(2)　ススキは地上部が枯れ、地下のくきで冬越しします。
タケは地下茎で増えていきます。春に新たに地下茎からのびてくるのが「たけのこ」で、育っていくと大きなタケになります。
根やくきに養分をたくわえる植物には、次のようなものがあります。

ススキの冬芽

〈くきに養分をたくわえる植物〉

里　の　畑　じゃ　くき　食うわい
さと　の　は たけ　じゃ　くき　くうわい
サトイモ　ハス タケ　ジャガイモ　クワイ

〈根に養分をたくわえる植物〉

山　田！　大　殺　人　か!?
やま　だ！　だい　さつ　じん　か!?
ヤマノイモ ダリア　ダイコン サツマイモ ニンジン カブ

答え　(1) 右図　(2) A オ　B ア
C イ　D エ　E ウ

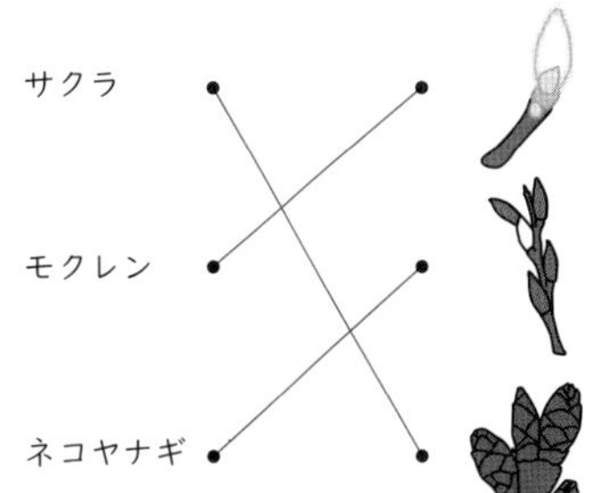

STEP 性質から考えよう

こん虫の冬越しは「丸覚え」ではなく、そのこん虫の特徴から考えて「最も安全に冬越しができる姿と場所」を考えるようにしよう。考えるべき特徴には、下記のようなものがあります。

・さなぎになるか、ならないか⇒さなぎの姿で冬越しする可能性がある（チョウ・ガのなかま）
・水中や地中で過ごす時期はあるか⇒水中や地中で冬越しする可能性がある（水中：トンボ・カなど　地中：セミ・カブトムシなど）
・巣を持つか⇒成虫の姿で巣の中で冬越しする可能性がある（アリ・ハチなど）

イラガのまゆ、カマキリの卵、オビカレハの卵は入試頻出！
アゲハ・モンシロチョウのさなぎの区別もできるようにしておこう（背筋がぴーんと反り返っているのがアゲハですね）

イラガのまゆ

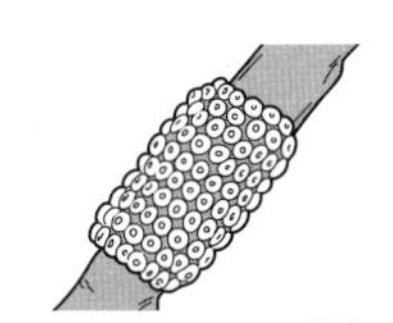
カマキリの卵

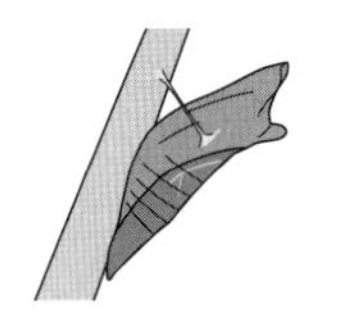
オビカレハの卵

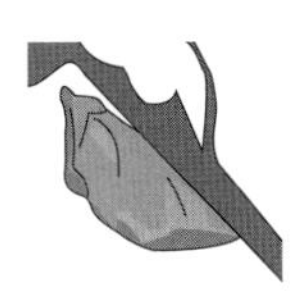
アゲハのさなぎ

モンシロチョウのさなぎ

答え　A カ　B イ　C ア　D エ　E・F ウ・キ　G オ

JUMP 自分の言葉で説明してみよう

「ロゼット」という言葉は「バラの花の形」を意味しますが、タンポポやナズナ、オオマツヨイグサなどが冬の間、地面に低く大きく葉を広げている様子のことです。

【ロゼット葉の利点を形から考えよう】

ロゼット葉の形から、その特長を考えてみると、

・くきを長くのばさず、地面に低くはりついている
　⇒刈り取られたり草食動物に食べられる危険が少ない

・葉を大きく広げている
　⇒太陽の光を広い面積で受けて効率よく光合成を行うことができる

といったことがあります。

ロゼット葉の利点

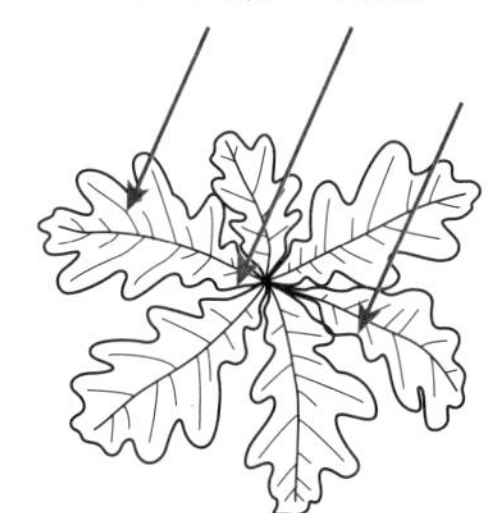

いつもの公園でロゼット葉を探そう！

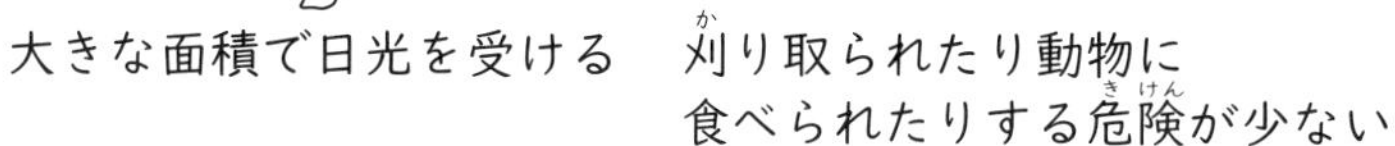

ヒメジョオンやオオマツヨイグサなど、秋に芽生える植物は、まずはロゼット葉を出して冬越しし、春になって他の植物の草たけが大きくなり始めると、自分も背の高いくきをのばして競争に参加します。

秋、収穫後の田んぼのあぜ道には、カントウタンポポなど在来種のタンポポがロゼット葉を出して冬越しします。春に花をさかせて受粉を済ませると、夏草が茂る頃には休眠し、次の秋冬に備えるという「生存戦略」をとっているんですね。

答え　名前　ロゼット葉

はたらき　地面に低く大きく葉を広げることで、刈り取られたり動物に食べられたりする危険をさけながら、太陽光を広い面積でとり入れて光合成に役立てている。

Chapter

3

太陽・月・星

08 太陽の動き

小4 小5 小6

このナゾがわかるかな？

次の表は、日本のある都市のある月の日の出、日の入りの時刻を3日間記録したものです。この都市はどこ？　この月は何月？

日付	日の出	日の入り
13日	5時12分	18時12分
14日	5時11分	18時13分
15日	5時9分	18時14分

都市　ア　東京　　イ　神戸　　ウ　福岡

月　　A　1月　　B　5月　　C　8月

このナゾを解く魔法ワザ

日の出、日の入りの時刻から、まず真っ先に考えたいのが南中時刻です。右の図のように太陽の南中は「日の出と日の入りのちょうど真ん中」なので、

（日の出の時刻 ＋ 日の入りの時刻）÷2

で求めることができますね。13日のデータで求めると、

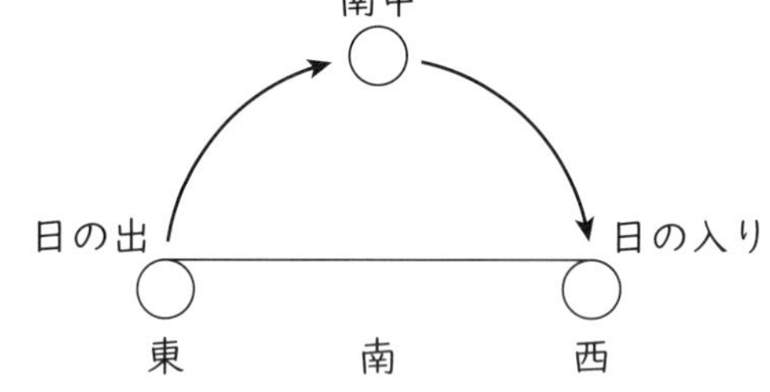

(5：12＋18：12)÷2＝11：42

となり、南中時刻が正午より18分前であることがわかります。

日本の標準時子午線は兵庫県明石市（神戸市のとなりの市）を通っており、ここで太陽が南中するのが正午（12時）ですから、太陽が東からのぼって西にしずむことから考えると、標準時子午線よりもかなり東にある都市、答えは東京です。

また何月の記録かという問題ですが、昼の長さを計算して出してみると、

13日…18時12分 −5時12分 ＝13時間

春分（3月）と秋分（9月）には昼の長さがおよそ12時間となり、それより1時間長く、しかも昼の時間が少しずつ長くなっていることから、答えは5月です。

答え　都市　ア　　月　B

ワンポイント 昼の長さの目安をささっと書き出せると便利！

昼の長さとその変化から、いろいろなことがわかりますね。次のように自分で書けるようにしておくと、暗記に頼った勉強をしなくてよくなりますね。

これをささっと書けるようにしておこう！

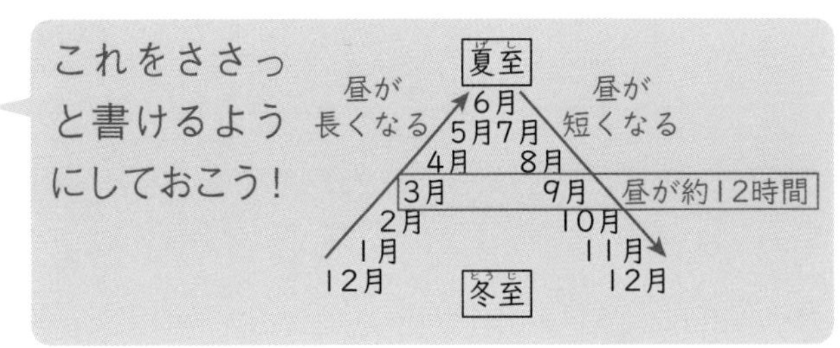

問題を解こう

HOP 図に書き込んで考えよう

紙のつつ、分度器、おもりなどを使って、太陽高度を計測する右のような装置を作りました。
太陽高度と等しくなるのは、ア、イのどちらの角？

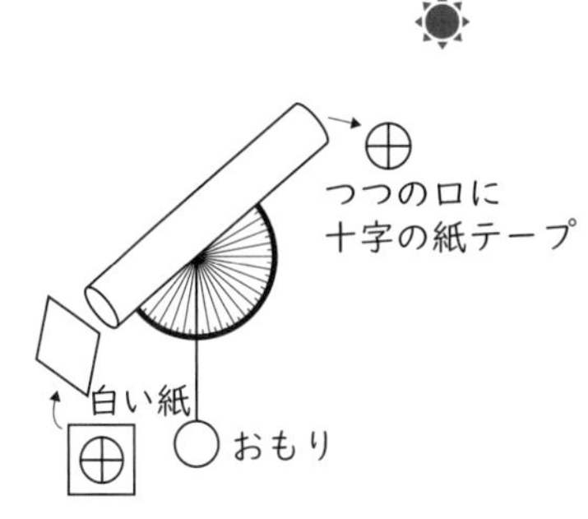

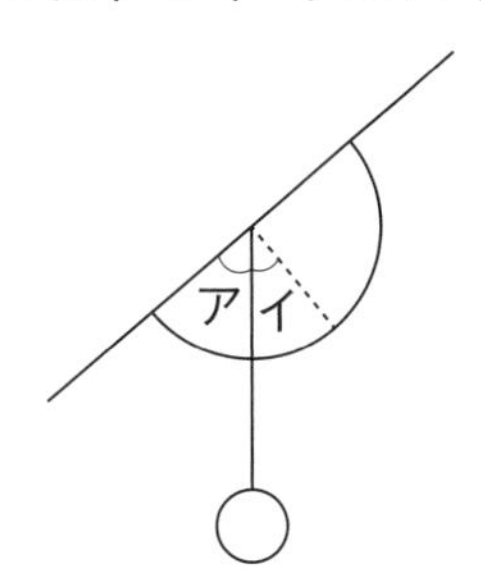

STEP とう明半球を完成させよう

日本のある地点（東経130度、北緯35度）で、夏至の日の太陽の動きを観測し、とう明半球上に記録しました。この地点での春分の日の太陽の動きはどのようになる？　とう明半球に書き込もう。また、夏至の日の太陽の南中高度と図のAの角度はそれぞれ何度？　ただし、地球の地軸は公転面に垂直な線に対して23.4度かたむいているものとします。

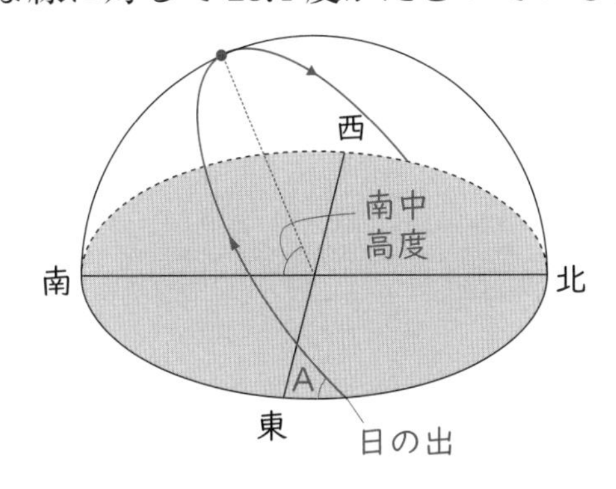

JUMP 自分の言葉で説明してみよう

地球から見て、太陽と月が同じくらいの大きさに見える理由は？

問題の解説と答え

HOP 図に書き込んで考えよう

太陽高度は、太陽の地面に対する角度（図の●）ですね。

●＋×＝90度
イ＋×＝90度
より、●＝イ
となります。

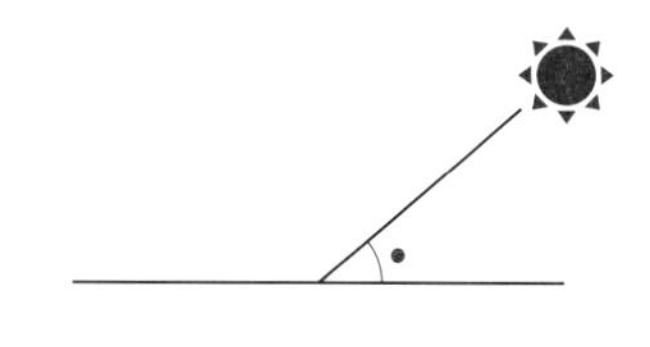

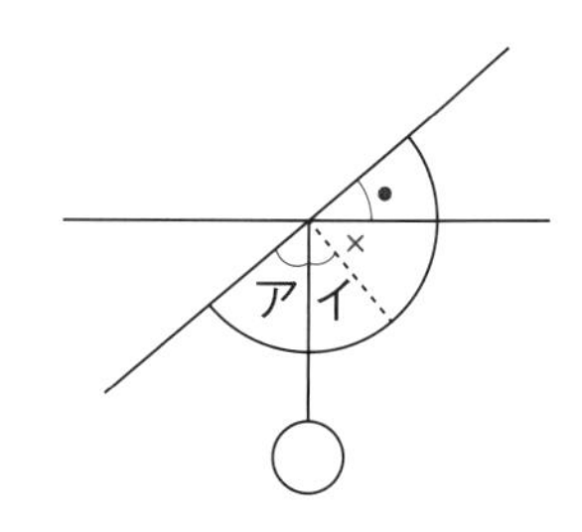

答え　イ

STEP とう明半球を完成させよう

春分の日、秋分の日は太陽が真東からのぼって真西にしずみます。とう明半球上に書き込んでみましょう。

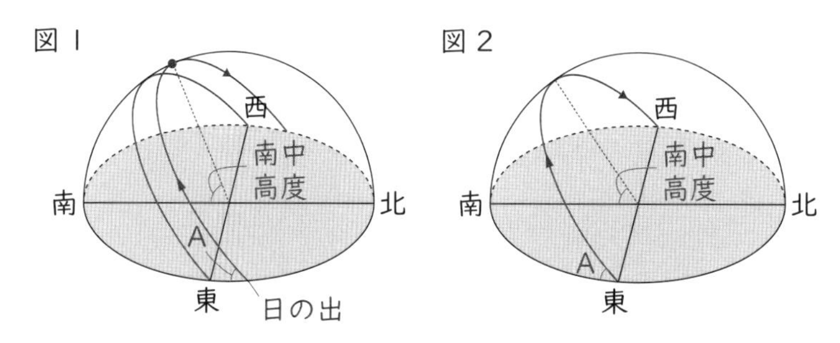

図1から、Aの角度は夏至の日も春分の日も等しく、その大きさは春分の日の太陽の南中高度に等しい（図2）ことがわかりますね。

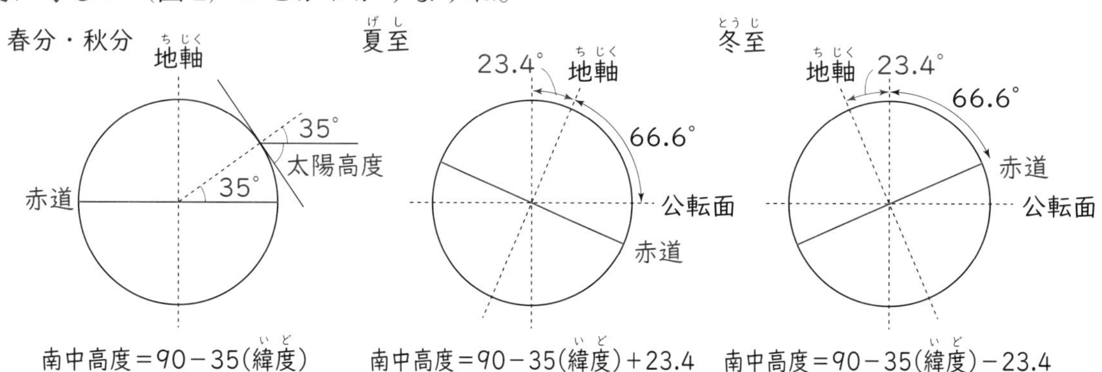

北緯35度の場所の春分の日、秋分の日の太陽の南中高度は、

90－35＝55°　これがAの角度と等しくなります。

夏至の日の太陽の南中高度は、

90－35＋23.4＝78.4°　となります。

答え　図2　夏至の日の太陽の南中高度　78.4°　Aの角度　55°

JUMP 自分の言葉で説明してみよう

太陽の直径は約150万km（地球の約108倍）、月の直径は約3500km（地球の約4分の1）なので、太陽の直径は月の約400倍です。
そして地球から太陽までの距離(きょり)は1億5000万km、地球から月までの距離(きょり)は約3500kmなので、地球からの距離(きょり)も太陽は月の約400倍となります。

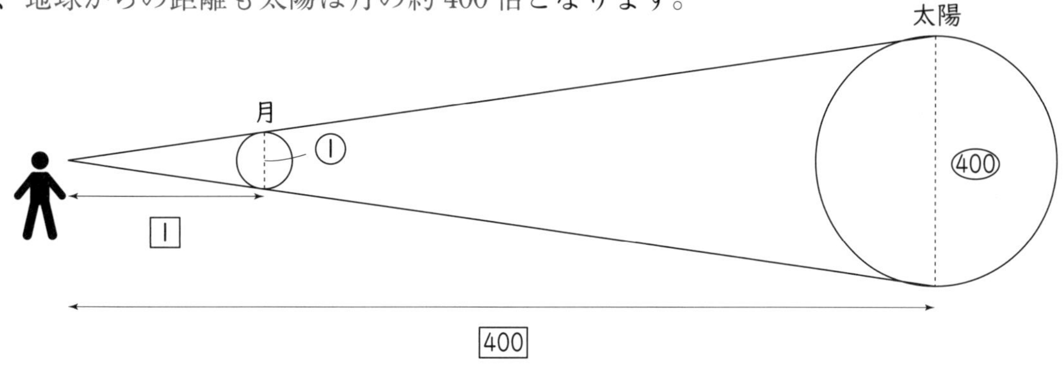

図のように、直径も地球からの距離(きょり)も、太陽は月のおよそ400倍であるため、地球上では月と太陽が同じくらいの大きさに見えるんですね。

上記の理由から、太陽と月が重なり、月に太陽がかくされることがあります。これを日食といいます。
完全に太陽がかくれてしまう日食を「皆既(かいき)日食」（図の「本影(ほんえい)」の部分から見た場合）といい、太陽の一部が月にかくされることを「部分日食」（図の「半影(はんえい)」の部分から見た場合）といいます。

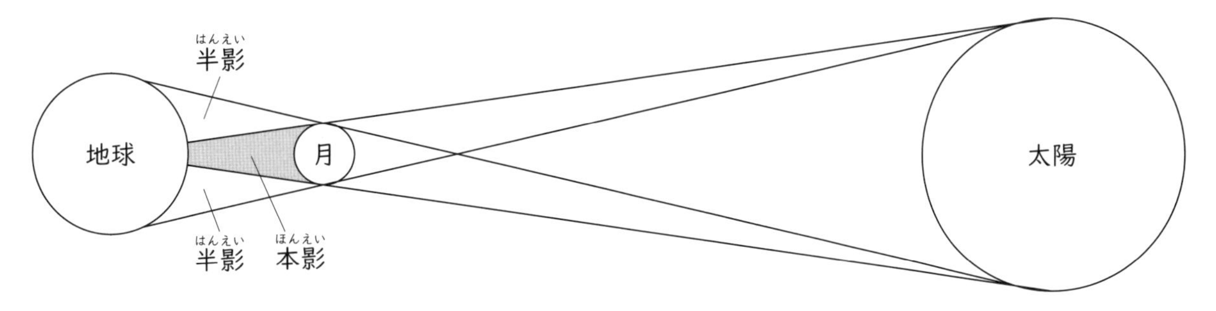

答え　直径と地球からの距離(きょり)が、どちらも太陽は月のおよそ400倍であるため。

09 月の満ち欠け

小4 小5 小6

このナゾがわかるかな？

朝、学校に行くときに空を見上げると、南の空に半月が白く光っていました。
この半月は右、左どちらが光っている？

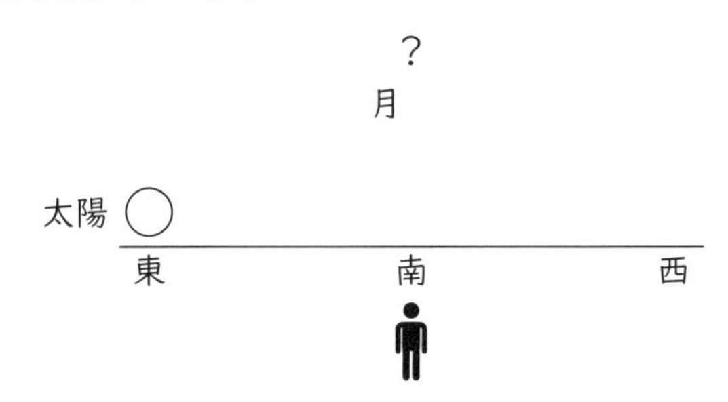

このナゾを解く魔法ワザ

南の空を見ると、半月が光っています。朝ですから、図のように太陽は東（南を見たとき左の方向）にあります。月は自分で光を出しているのではなく、太陽の光を反射（はんしゃ）して光っているので、太陽のある左側が光って見えます。この月は左が光って見える半月「下弦（かげん）の月」ですね。

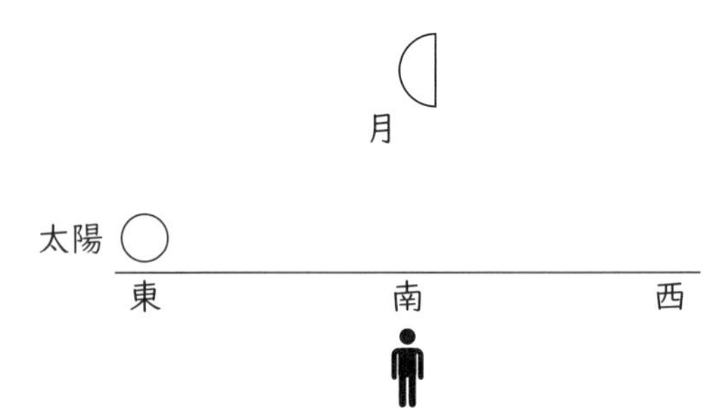

答え　左

ワンポイント　どうして「上弦（じょうげん）の月」「下弦（かげん）の月」っていう名前なの？

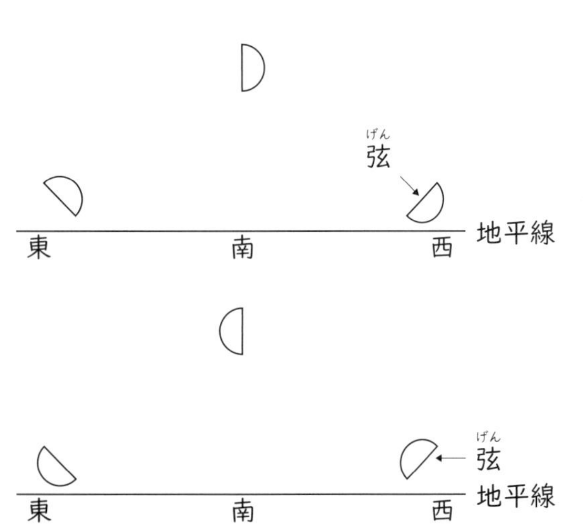

弦（げん）とは

楽器や弓矢の指ではじく部分を弦（げん）といいます。

西の空にしずむとき、弦（げん）が上にあるのが「上弦（じょうげん）の月」、弦（げん）が下にあるのが「下弦（かげん）の月」なんだね！

問題を解こう

HOP 太陽と月の位置関係を考えよう

日の入りの頃(ころ)、南の空に月が見えました。この月の名前は？

STEP 模式図(もしきず)を完成させよう

図は、地球のまわりを月が公転する様子を北極点の真上から見た模式図(もしきず)です。模式図(もしきず)を完成させ、「日の入りの頃(ころ)、南西の空に見える月」の形を書いてみましょう。

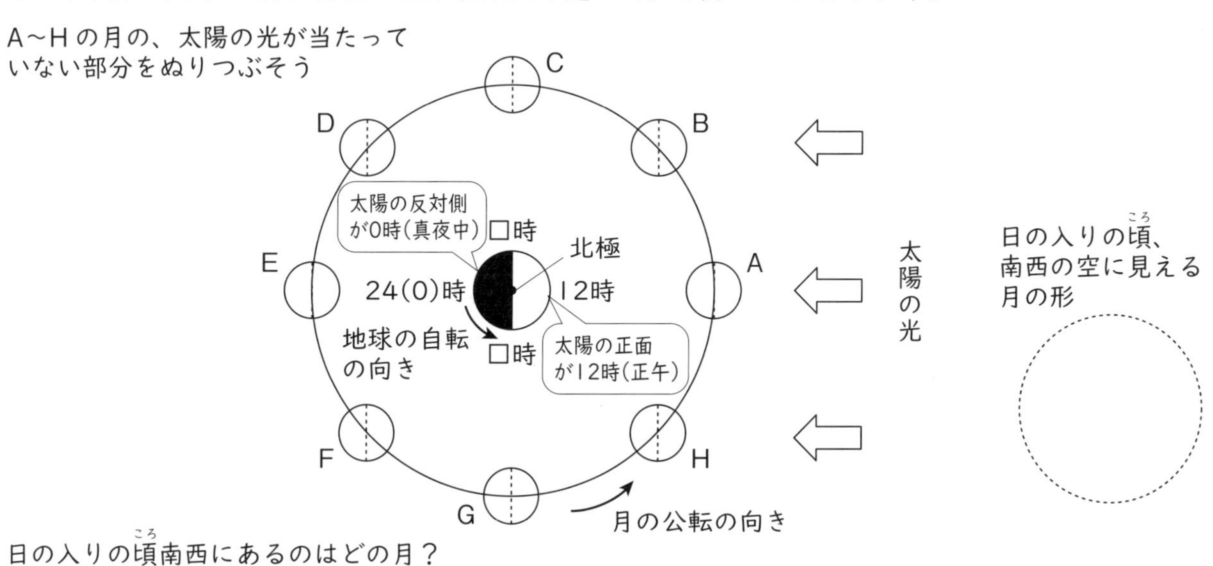

JUMP 自分の言葉で説明してみよう

月はいつも、地球に同じ面を向けています（裏側(うらがわ)は見えません）。その理由は？

問題の解説と答え

HOP 太陽と月の位置関係を考えよう

月が光っている方向には常に太陽があると考えよう！

図のように、南を向いたときに西（右側）にある太陽に照らされて、右側が光る半月、上弦の月ですね。

答え　上弦の月

STEP 模式図を完成させよう

模式図を完成させると、次の図のようになります。地球から見て月の光る部分が見えないAが新月、光る部分が全部（まんまるに）見えるEが満月です。
地球上の時刻ですが、地球に光が当たる右側（昼）と、光が当たらない左側（夜）の境目が夕方（18時）と朝方（6時）、地球の自転の向きから考えて、図のような時刻になりますね。

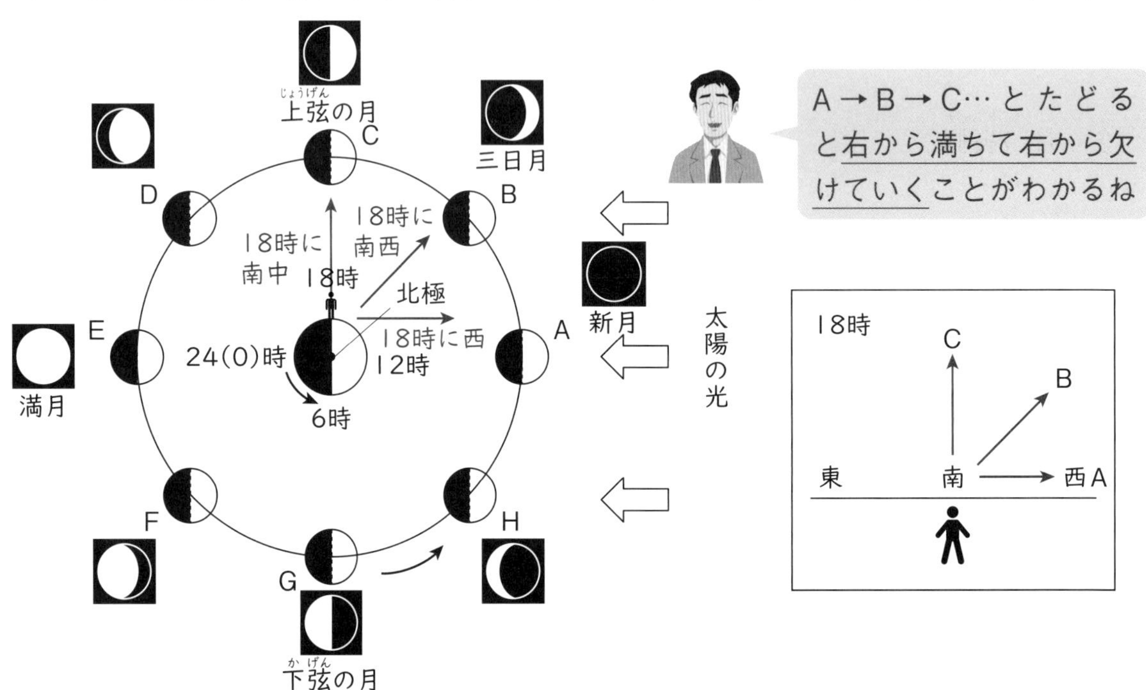

「日の入りの頃（18時）」の地球に立って、正面（北極点の反対方向）にあるCが南中している上弦の月、このとき南西の空にあるのはBの三日月ですね。

この図を自分でかけるようにしておきましょう。この図をかくことさえできれば、どの月がいつ頃、どの方角に見えるかがすべてわかるからです。

「朝6時に南東の空に見える月は？」といった問題を自分で作って練習してみましょう。

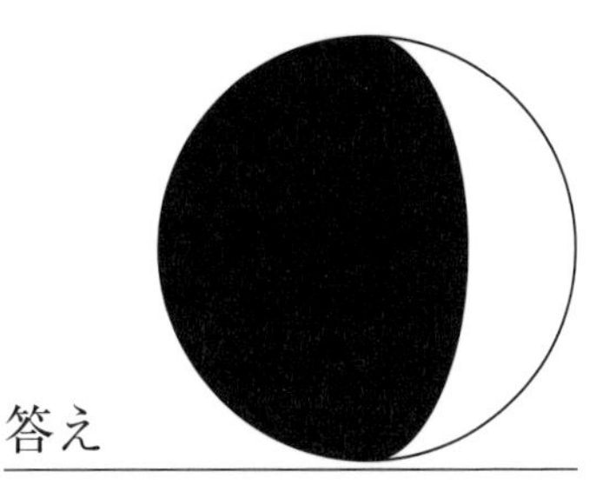

JUMP 自分の言葉で説明してみよう

月は地球の「衛星」（惑星のまわりを公転している天体）です。そして、地球のまわりを1回公転する間に、自分でも1回自転しています。
地球のまわりを90度公転する様子を考えてみると、下の図のようになります。

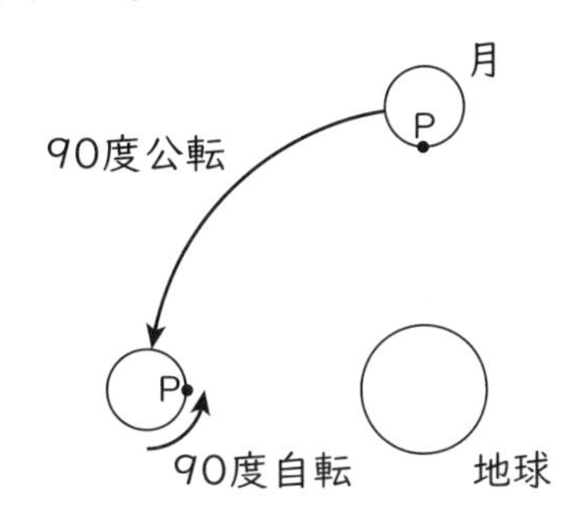

月面上の地球の真正面にあたる点をP点とすると、月が地球のまわりを90度公転する間に、月自身も90度自転するため、常にP点は地球のほうを向いているというわけです。

つまり月の裏側が見えない理由は、月が1回公転するのにかかる日数（このことを周期といいます）と1回自転するのにかかる日数、そして自転と公転の向き（どちらも反時計回り）が同じ（どちらも27.3日）だからです。

答え　月の自転と公転の周期と向きが同じであるため。

10 星と星座

小4 小5 小6

このナゾがわかるかな？

1月初旬の18時頃、ある星座が東の地平線からのぼってくるところが観測されました。この星座が南中する時刻、しずむ時刻は何時？

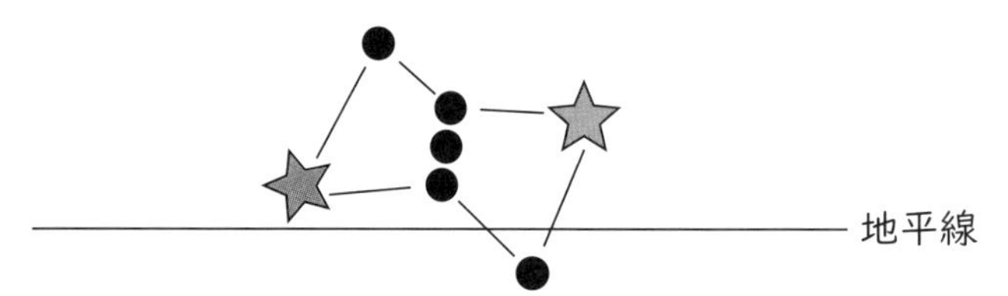

このナゾを解く魔法ワザ

図の星座はオリオン座、2つの一等星を持つ星座として中学受験にも頻出の星座です。オリオン座がよく出題される理由は、一等星を2つ持つからだけではありません。

特徴のある3つ星（ギリシャ神話に登場する狩人、オリオンの腰の位置にあたる）が真東からのぼり真西にしずむことなど、多くの特色があるのです。そして真東からのぼって真西にしずむということは、春分の日や秋分の日の太陽と同じように、地平線上に出ている時間がおよそ12時間ということですね。

ベテルギウス（赤色）

リゲル（青白色）

オリオン座の動き

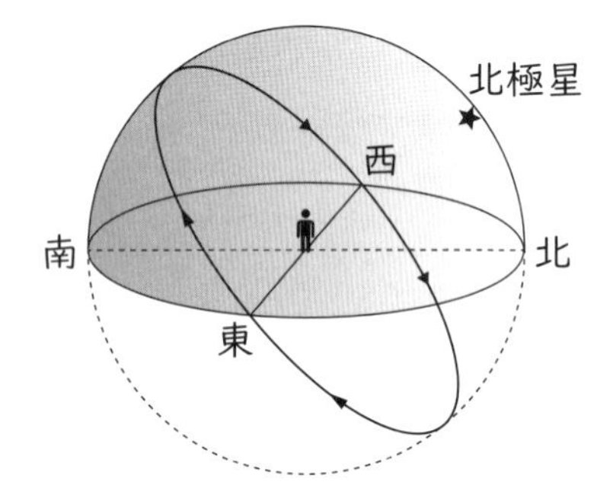

真東の地平線からのぼってから南中するまでに、その半分の6時間かかることになります。

南中するのは　18時の6時間後、西の空にしずむのはさらにその6時間後です。

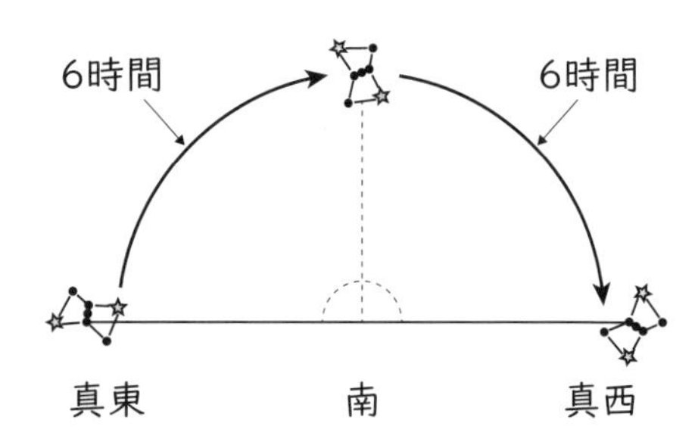

18時＋6＝24時（0時）　　0時＋6＝6時

答え　南中する時刻　0時　　しずむ時刻　6時

ワンポイント 夏は「白・白・白」、冬は「赤・白・黄色」

オリオン座は冬の大三角の１つですが、夏と冬の大三角は必ず覚えておこう！

夏の大三角の一等星はすべて白、冬の大三角の一等星は赤・白・黄色だね！

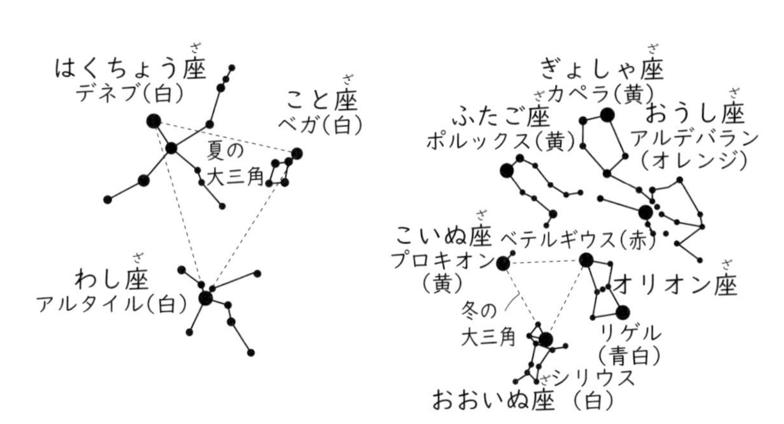

問題を解こう

HOP 地平線との位置関係を考えよう

夏の夜、ある方角の空の低い位置にさそり座が見えました。

(1)　A の一等星の名前と色は？

(2)　このあと、さそり座はア～クのどの方向に動いていく？

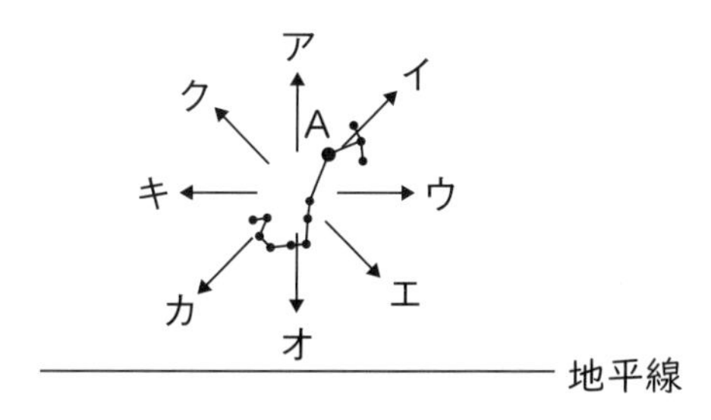

STEP 模式図に書き込んで考えよう

図は、北極星のまわりを回る北斗七星を示しています。ある年の２月１日 20 時にアの位置に見えた北斗七星は、前年 10 月１日の 22 時にはどこに見える？

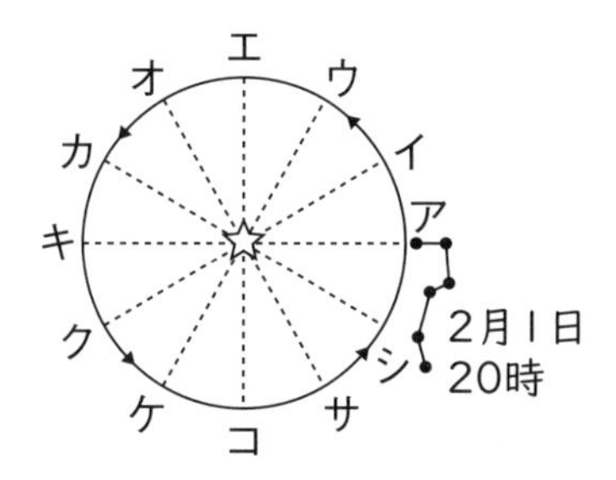

JUMP 自分の言葉で説明してみよう

地球上、北半球であればどこでも、星たちは北極星を中心に回転しますが、北極星は動きません。その理由は？

問題の解説と答え

HOP 地平線との位置関係を考えよう

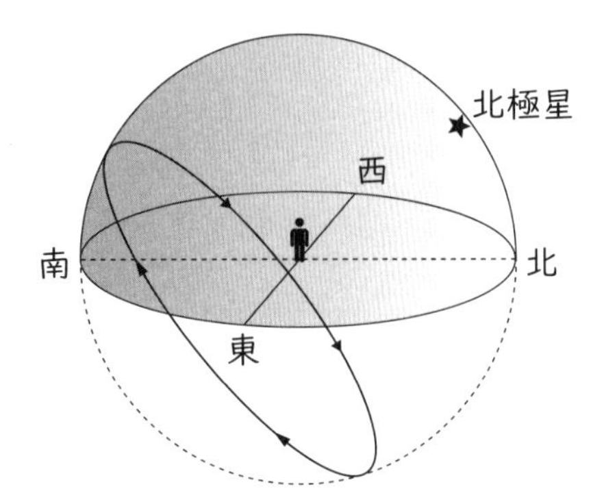

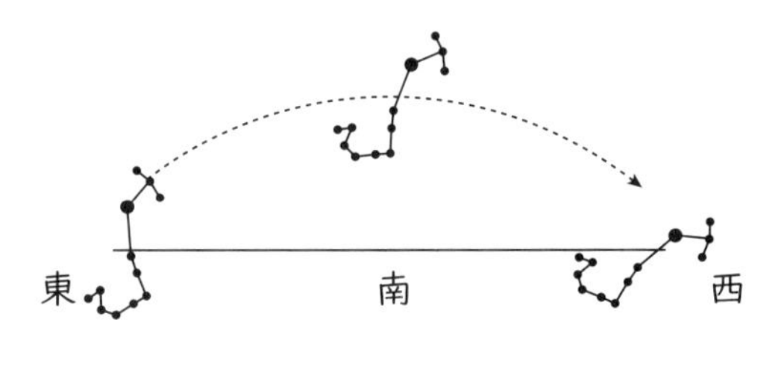

さそり座は南の空の低い位置に見える、夏の代表的な星座ですね。問題の図は南中している様子です。南中したあと、ゆっくりと西の空に向かって移動していきます。

さそり座の一等星はアンタレスという赤色の星です。

答え　(1) 名前　アンタレス　　色　赤色　　(2) ウ

STEP 模式図に書き込んで考えよう

地球の自転により、すべての星は天球上を１日（24 時間）に１回転（360 度）します。
１時間あたりの回転角は　360÷24＝15°　になります。
また地球の公転により、すべての星は天球上を１年（12 か月）に１回転（360 度）します。
１か月あたりの回転角は　360÷12＝30°　になります。

星の日周運動
１日（24 時間）…360°
⇩ ÷24　⇩ ÷24
１時間　…15°

星の年周運動
１年（12 か月）…360°
⇩ ÷12　⇩ ÷12
１か月　…30°

次のように順序よく考えるといいですね。

2／1　20 時…　ア
⇩ 4 か月前　⇩ 30×4＝120°（戻る）
10／1　20 時…　ケ
⇩ 2 時間後　⇩ 15×2＝30°（進む）
10／1　22 時…　コ

答え　コ

JUMP 自分の言葉で説明してみよう

地球上、北半球であればどこでも、北極星はその土地の北緯と同じ高度に見えます。そして他の星は北極星を中心に、反時計回りに回転します。

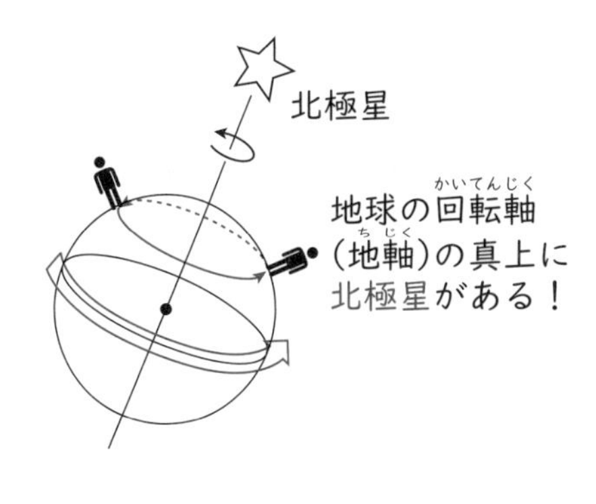

これは、北極星が地球の地軸の延長上にあるからです。

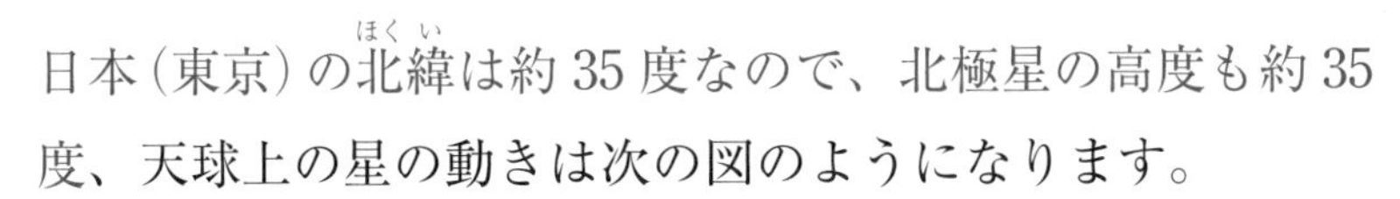

日本（東京）の北緯は約 35 度なので、北極星の高度も約 35 度、天球上の星の動きは次の図のようになります。

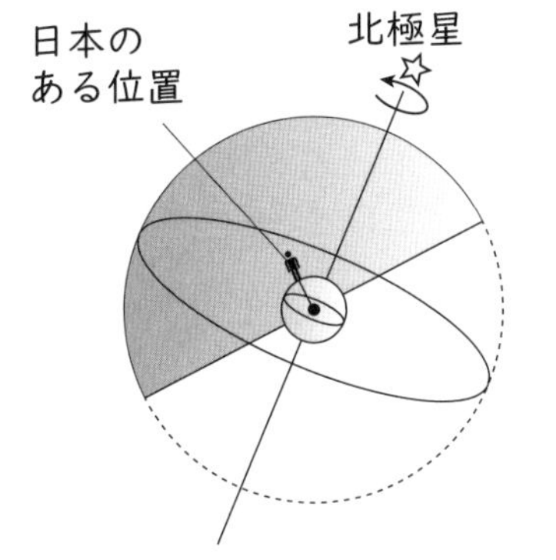

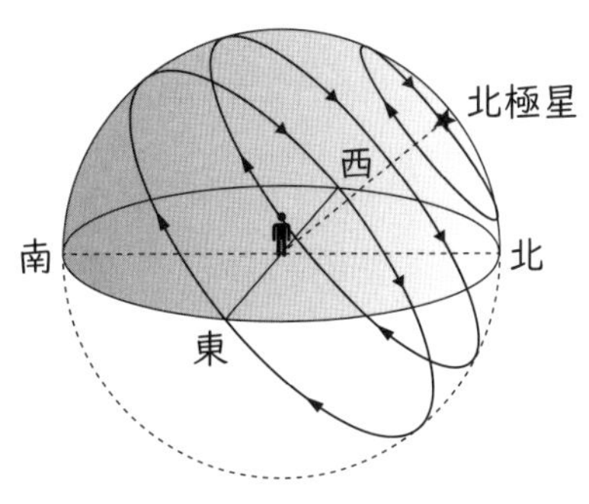

北極点（北緯 90 度）では北極星の高度も 90 度（天頂）になり、赤道上（緯度 0 度）では北極星の高度も 0 度（地平線上）になり、天球上の星の動きは次の図のようになりますね。

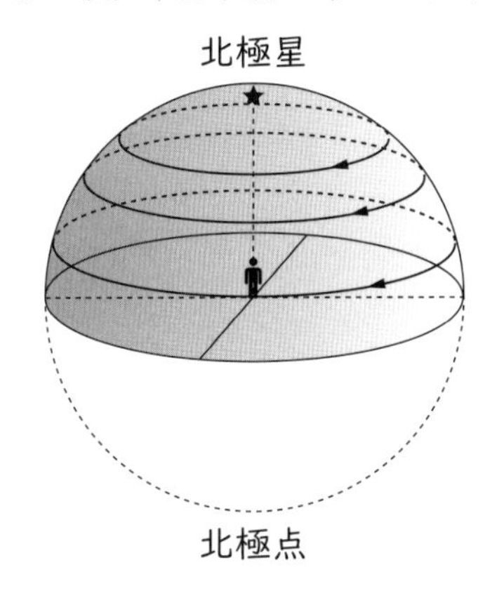

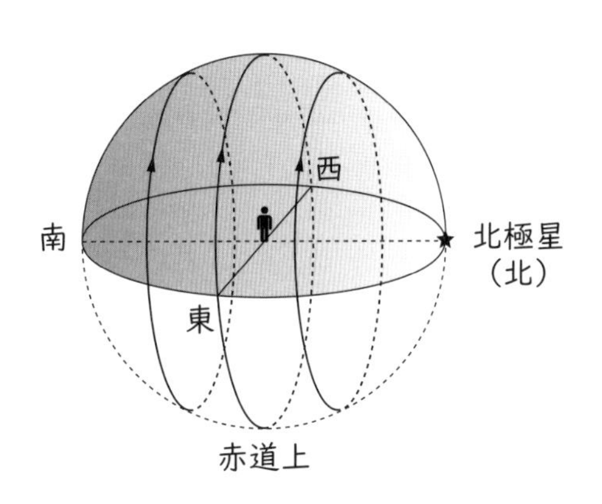

答え　北極星が地球の地軸の延長上にあるため。

11 自転と公転

小4 小5 小6

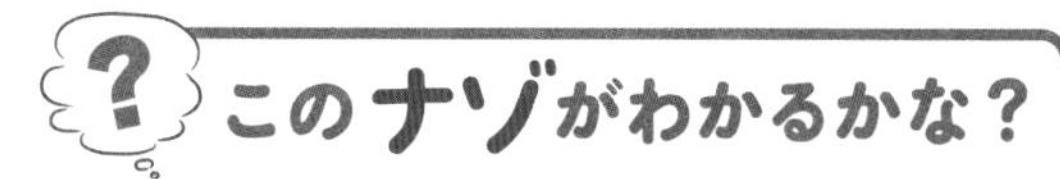

このナゾがわかるかな？

ピキくんとにゃん太郎くんは、惑星の自転と公転について調べるため、次のような実験をしました。にゃん太郎くんが太陽T、ピキくんがそのまわりを公転する惑星Pとなり、Pは15秒間で1回自転しながら、Tのまわりを90秒で公転します。右の図のように、Pの真正面にTが見えている状態から、Pが矢印の向きに自転と公転をはじめると、スタートから何秒後に再びPの正面にTが見える？

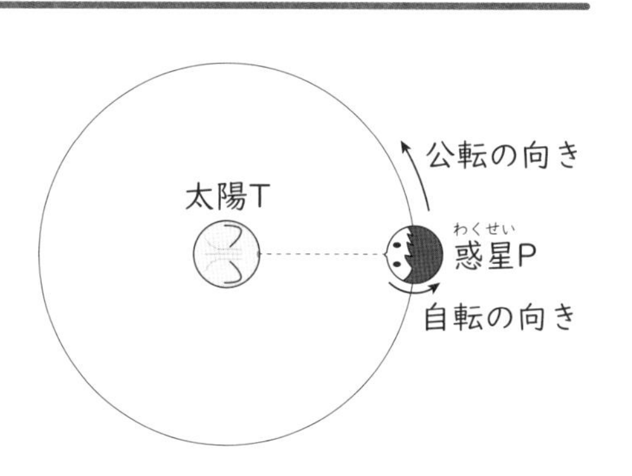

このナゾを解く魔法ワザ

1秒あたりの回転角で考えよう

1秒あたりの回転角は、

自転　360÷15＝24°
公転　360÷90＝4°

右の図のように、再びPの正面にTが見えるときまでの自転による回転角（1回転＋A度）は、公転による回転角（A度）より360度だけ大きいことがわかります。

360÷(24－4)＝18秒

こたえ　18秒後

ワンポイント　自転、公転のイメージは「コーヒーカップ」

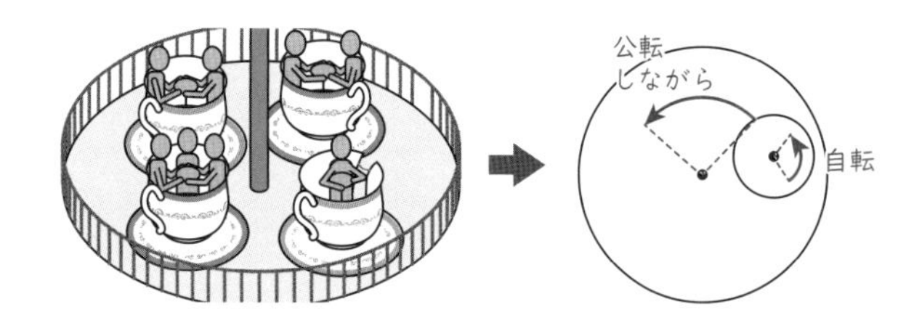

自転と公転のイメージは、遊園地の「コーヒーカップ」だね！　自分でその場でぐるぐる回転しながら（自転）、台の中心のまわりを回る（公転）コーヒーカップをイメージしよう！

問題を解こう

HOP　1時間あたりの回転角で考えよう

赤道上のある地点で、頭の真上を人工衛星が東に向かって通過するのが見えました。地球の自転が1日（24時間）で360度、人工衛星が地球のまわりを1回転するのに15時間かかるとすると、次にこの人工衛星が頭の真上を通過するのは何時間後？

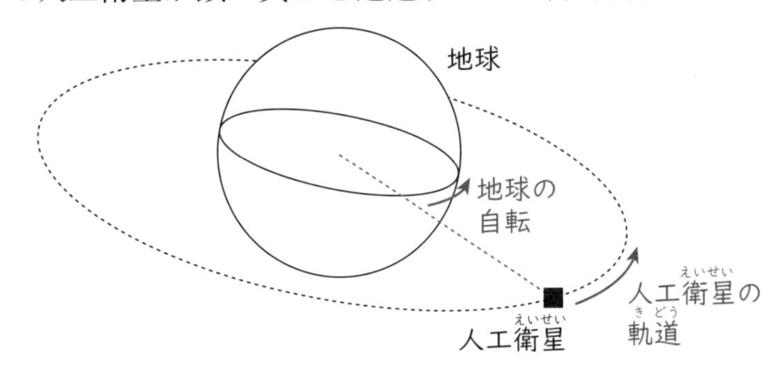

STEP　模式図に書き込んで考えよう

図1は、太陽のまわりを公転する地球と金星の様子を示しています。ア〜キの位置にある金星のうち、図2のように左半分が光って見えるものはどれ？　またその金星は明け方、夕方どちらの空（東西南北のいずれか）に見える？

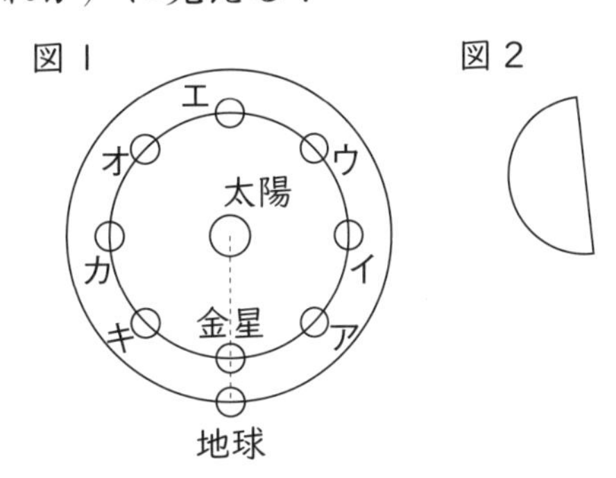

JUMP　自分の言葉で説明してみよう

図は、太陽のまわりを公転する地球と、地球のまわりを公転する月の様子を示しています。図の月は新月で、月が地球のまわりを1回公転するのにかかる日数は27.3日ですが、次の新月までにかかる日数（月の満ち欠け周期）は29.5日で、公転周期よりも満ち欠け周期のほうが長くなっています。どうして？

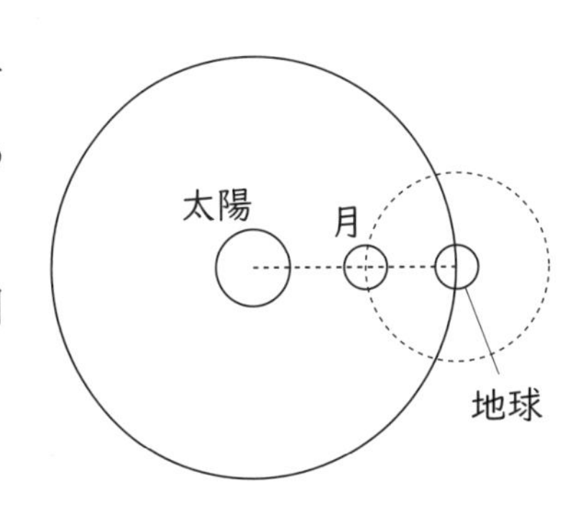

問題の解説と答え

HOP 1時間あたりの回転角で考えよう

地球が1時間あたりに自転する角度、人工衛星が1時間あたりに地球のまわりを回る角度をそれぞれ計算しましょう。

地球の自転		人工衛星の回転角	
1日（24時間）	…360°	15時間	…360°
⇩÷24	⇩÷24	⇩÷15	⇩÷15
1時間	…15°	1時間	…24°

人工衛星が地球より1時間あたり　24−15＝9°　ずつ、ある地点を追い越していきます。

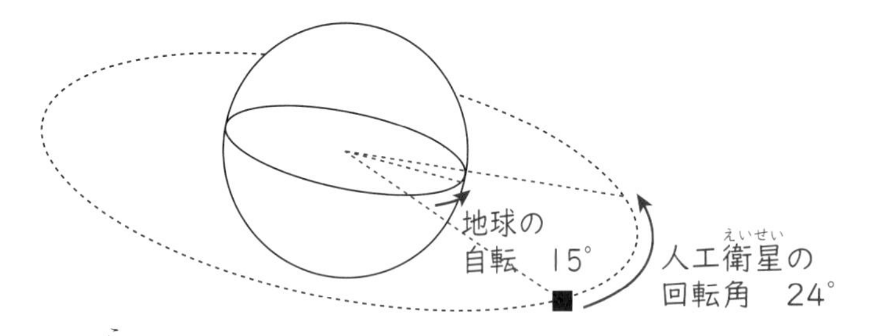

人工衛星は地球の中心のまわりを回っているんだね

1周追い越しにかかる時間は　360÷9＝40時間　となりますね。

答え　40時間

STEP 模式図に書き込んで考えよう

金星は、地球より内側を公転している「内惑星」です。公転周期も地球より短く（太陽に近いところを公転している惑星ほど、周期が短くなります）、地球の公転周期が約365日、金星の公転は約225日となります。太陽の光が当たっていない部分を黒くぬりつぶすと、地球からの見え方がよくわかります。

西の空に見える　東の空に見える
エ　オ　ウ　太陽　カ　イ　キ　金星　ア
夕方　地球の自転方向　明け方

図の右側にある金星は左側が光って見え、左側にある金星は右側が光って見えることがわかりますね。

図2のように左半分が光って見える金星は、
地球―金星―太陽　を結んだ角の大きさが90度になるアです。

地球の自転方向から考えて、図の地球の左側が夕方、右側が明け方で、そのとき太陽の方角に近い方角（夕方は西、明け方は東）に見えます。
（真夜中には金星は見えません）

答え　図2のように左半分が光って見える金星　ア　　明け方に東の空に見える

JUMP 自分の言葉で説明してみよう

図の状態から、月が地球のまわりを1回公転したあとの様子を書き込んでみましょう。

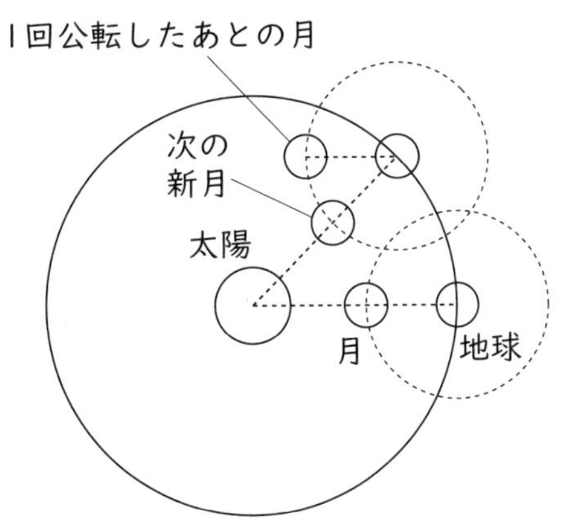

月が地球のまわりを1回公転する間に地球が太陽のまわりを公転するので、月が公転する（地球のまわりを360度回転する）だけでは、新月にならないことがわかります。

次の新月（太陽—月—地球が一直線上に並ぶ）を迎えるには、あともう少し日数が必要ですね。

答え　地球が太陽のまわりを公転しているから。

Chapter

4

気体と燃焼

12 酸素と二酸化炭素

小４ 小５ 小６

石灰水（水酸化カルシウム水溶液）にストローで息をふき込むと、どう変化する？　また、変化したあともふき込み続けるとどうなる？

ア　息をふき込むと白くにごり、さらにふき込むとさらに白くにごる
イ　息をふき込むと白くにごり、さらにふき込むと無色とう明になる
ウ　息をふき込むと青くなり、さらにふき込むと白くにごる
エ　息をふき込むと青くなり、さらにふき込むと無色とう明になる

このナゾを解く魔法ワザ

石灰水の水酸化カルシウムと、ふき込んだ息の二酸化炭素が反応し、水にとけない炭酸カルシウム（石灰石や卵のからの成分）ができ、できた炭酸カルシウムは水にとけないので白くにごります。

そのまま息をふきこみ続けると、溶液が酸性（炭酸水）になり、炭酸カルシウムは酸性の水溶液に溶ける性質があるため、とけて無色とう明になります。

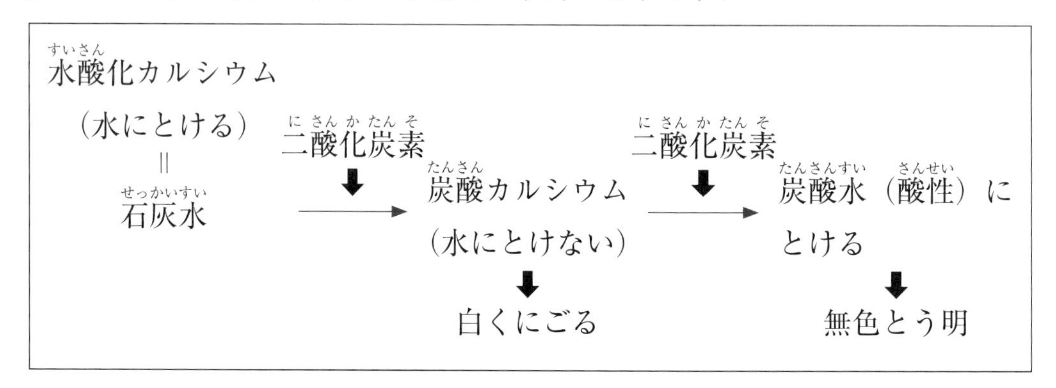

答え　イ

ワンポイント　消石灰って、何？

天然の石灰石（炭酸カルシウムが主成分）を加熱してできる生石灰（酸化カルシウム）を加工してできるのが消石灰で、石灰水にとけている水酸化カルシウムのことです。
水にとける（石灰水）とアルカリ性になり、消毒効果があります。

問題を解こう

HOP 酸素と二酸化炭素の性質を整理しよう

次の酸素と二酸化炭素の性質は、A～Cのどこに入る？

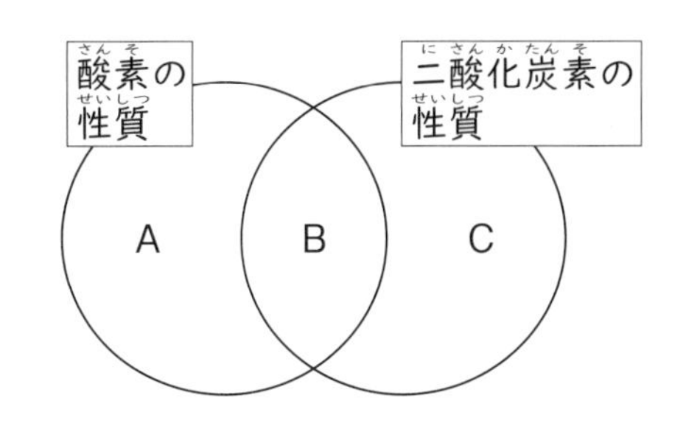

ア　空気より重い
イ　空気におよそ0.03～0.04％の割合でふくまれる
ウ　無色とう明
エ　ものが燃えるのを助ける性質がある
オ　空気におよそ20％の割合でふくまれる
カ　過酸化水素水に二酸化マンガンを加えると発生する
キ　植物の光合成の原料になる
ク　塩酸に石灰石を加えるとできる
ケ　炭素をふくむものが燃えるとできる

STEP 図を見て考えよう

図は、酸素や二酸化炭素を発生させる装置を示しています。

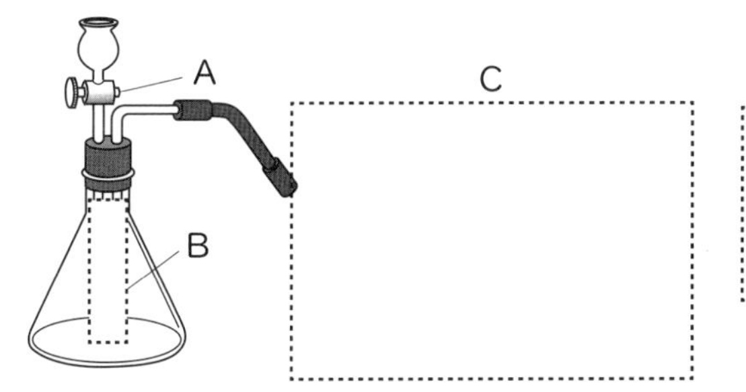

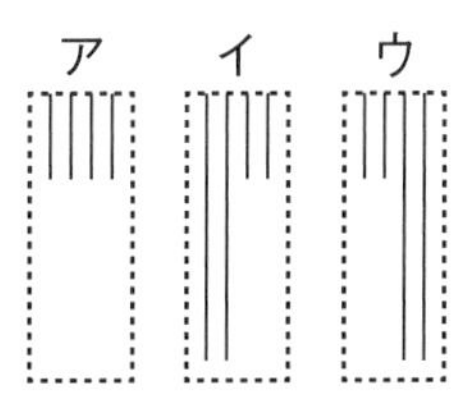

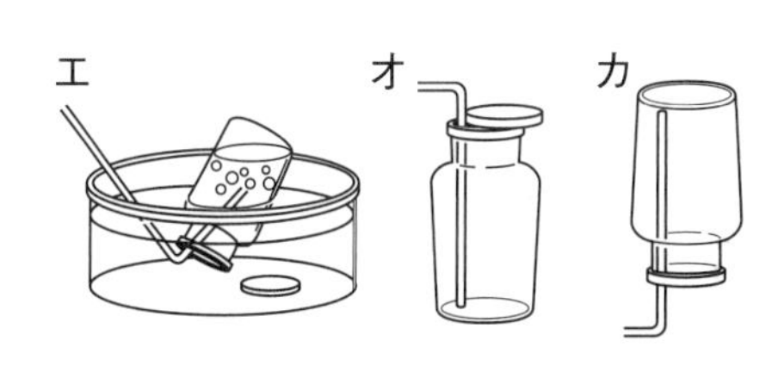

(1)　Aの器具の名前は？
(2)　Bの部分の左右のガラス管の長さで正しいのはア～ウのどれ？
(3)　まじり気のない気体を集める場合、Cの部分に入る図として正しいのはエ～カのどれ？

JUMP 自分の言葉で説明してみよう

酸素を発生させるときには、過酸化水素水という液体と、二酸化マンガンという固体を使います。また二酸化炭素を発生させるときには、塩酸という液体と炭酸カルシウム（石灰石）という固体を使います。
どちらも右の図の器具を使って発生させますが、二酸化マンガンの役割は炭酸カルシウムの役割とは大きく違います。その違いは？

問題の解説と答え

HOP 酸素と二酸化炭素の性質を整理しよう

酸素、二酸化炭素の性質を整理すると、次の表のようになります。

酸素	二酸化炭素
無色とう明	無色とう明
においがない	においがない
空気のおよそ1.1倍の重さ	空気のおよそ1.5倍の重さ
空気におよそ20%の割合でふくまれる	空気におよそ0.03～0.04%の割合でふくまれる
ものが燃えるのを助ける（助燃性）	植物の光合成の原料になる
水にあまりとけない	水に少しとける
生物の呼吸に必要	生物の呼吸によって排出される
	炭素をふくむものが燃えるとできる

答え　A　エ　オ　カ　B　ア　ウ　C　イ　キ　ク　ケ

STEP 図を見て考えよう

気体を発生させる実験には、右のような装置を使います。三角フラスコへの気体、水の逆流を防ぐため、水そうにつながるガラス管は短くし、コック付きろうと管には液体の薬品を、三角フラスコには固体の薬品を入れます。
酸素、二酸化炭素を発生させる場合に使う薬品は、次のようになっています。

	酸素	二酸化炭素
コック付きろうと管	過酸化水素水（オキシドール）	塩酸
三角フラスコ	二酸化マンガン	石灰石（炭酸カルシウム）

気体の集め方は、下記のように決まります。

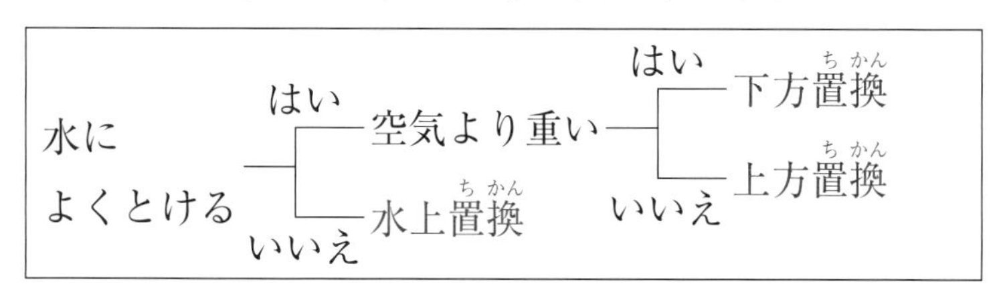

二酸化マンガンのかわりに牛のレバーなども使えるよ

ただし水にとけやすくても、まじり気のない気体を集めたい場合は水上置換を使う場合があります。

答え　(1) コック付きろうと管　(2) イ　(3) エ

JUMP 自分の言葉で説明してみよう

酸素、二酸化炭素を発生させるときにどのような変化が起こっているか、まとめると次のようになります。

二酸化マンガン（しょくばい）
↓
過酸化水素 → 酸素 ＋ 水
塩酸（塩化水素）＋ 石灰石（炭酸カルシウム）→ 二酸化炭素 ＋ 塩化カルシウム ＋ 水

2つの実験の最も大きな違いは、二酸化マンガンは過酸化水素が酸素と水に分解するのを助け、自分自身は変化しない（このはたらきを「しょくばい」といいます）のに対し、石灰石（炭酸カルシウム）は、それ自身が塩化水素と反応し、化学変化を起こして分解してしまうことです。

実験後に三角フラスコに残った溶液をろ過すると、酸素の発生実験では二酸化マンガンを取り出せるのに対し、二酸化炭素の発生実験では何も残りません。またろ液から水分を蒸発させると、酸素の発生実験では何も残らないのに対し、二酸化炭素の発生実験では炭酸カルシウムではなく、塩化カルシウムという物質が出てきます。

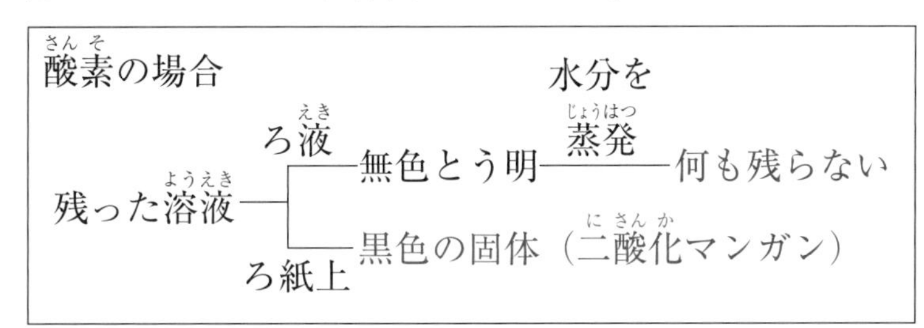

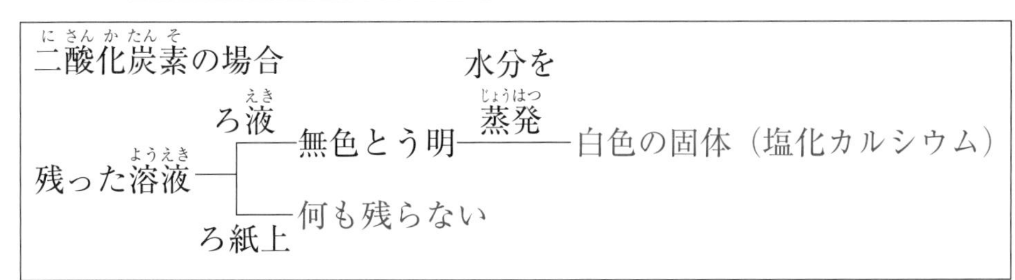

答え　二酸化マンガンはそれ自身は変化せず、過酸化水素水の分解を助けるしょくばいのはたらきをするが、炭酸カルシウムは塩化水素と反応し、化学変化を起こして分解する点。

13 気体の発生

小4 小5 小6

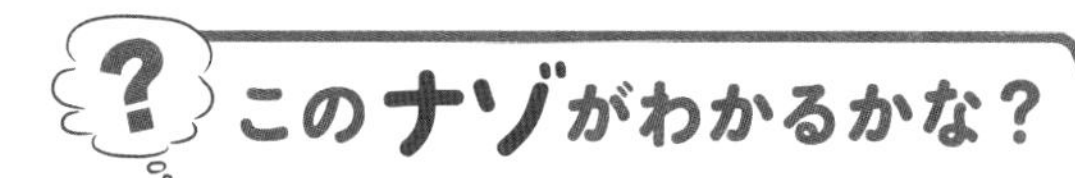

1.2g のアルミニウムに、あるこさの塩酸をいろいろな量で加え、そのときに発生した気体の量を計測して表にしました。この表によると、1.2g のアルミニウムとちょうど反応する塩酸は 300cm³ で正しい？　正しくない場合は何 cm³ が正しい？

塩酸（cm³）	0	100	200	300	400
気体（cm³）	0	600	1200	1500	1500

このナゾを解く魔法ワザ

とにかく表が出てきたら、何倍になっているかを確認してみるのが鉄則ですね！

（塩酸：100から ×2、×3、×4）

塩酸（cm³）	0	100	200	300	400
気体（cm³）	0	600	1200	1500	1500

（気体：600から ×2、×2.5、×2.5）

加える塩酸の量を2倍、3倍、4倍にしたとき、発生する気体の量は2倍、2.5倍、2.5倍となっています。このことから考えると、反応に使われた塩酸の量も最大で 100cm³ の 2.5 倍、つまり 250cm³ ということがわかります。「カレーライスの法則」が成り立っていますね。塩酸をたくさん入れても、アルミニウムがすべてとけてなくなったから反応が進まないのです。

カレーライスの法則

カレールウが2人前、ご飯が3人前なら
カレーライスは２人前しかできない！

どちらか少ないほうに合わせてカレーライスができる

反応の様子をグラフにしてみることも大切ですね。

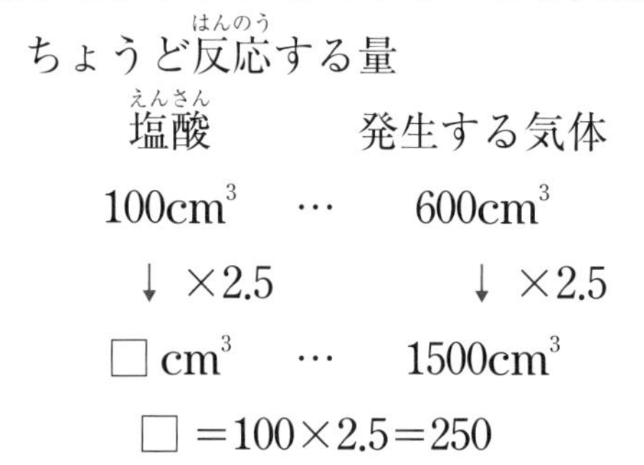
ちょうど反応する量

塩酸		発生する気体
100cm³	…	600cm³
↓ ×2.5		↓ ×2.5
□ cm³	…	1500cm³

□ ＝100×2.5＝250

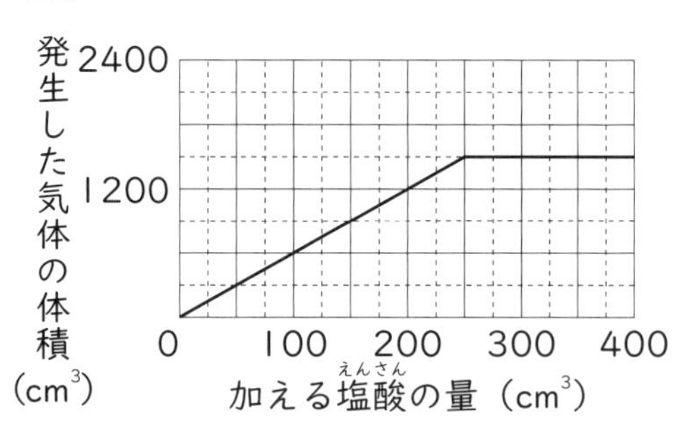

答え　正しくない　250cm³

ワンポイント 水素が発生する金属と水溶液の組み合わせは？

この実験で発生する気体は水素ですが、金属がとけて水素が発生する水溶液との組み合わせを知っておくといいね。

塩酸

金属	アルミニウム	鉄	銅
水素の発生	○	○	×

水酸化ナトリウム水溶液

金属	アルミニウム	鉄	銅
水素の発生	○	×	×

問題を解こう

HOP いろいろな気体の性質を整理しよう

いろいろな気体の性質を説明した文の（　　）内にあてはまる言葉を選ぼう（同じ記号を何度選んでもOK）。

ア　重い
イ　軽い
ウ　やすい
エ　にくい
オ　ある
カ　ない
キ　酸素
ク　二酸化炭素
ケ　水
コ　0.03～0.04
サ　20　　シ　80
ス　炭酸水
セ　塩酸　　ソ　石灰水
タ　アンモニア水
チ　蒸留水
ツ　水酸化ナトリウム水溶液

水素
・空気より（　1　）
・水にとけ（　2　）
・色が（　3　）
・においは（　4　）
・燃えて（　5　）ができる

ちっ素
・空気より（　6　）
・水にとけ（　7　）
・色が（　8　）
・においは（　9　）
・空気のおよそ（　10　）%をしめる

塩化水素
・空気より（　11　）
・水にとけ（　12　）
・色が（　13　）
・においは（　14　）
・水にとかすと（　15　）ができる

アンモニア
・空気より（　16　）
・水にとけ（　17　）
・色が（　18　）
・においは（　19　）
・水にとかすと（　20　）ができる

STEP 「カレーライスの法則」の考え方を使おう

あるこさの塩酸50cm^{3}に、1g、2g、3g、4g…と石灰石を加えたときに発生する気体の体積を測定し、表にしました。

塩酸（cm^3）	50	50	50	50
石灰石（g）	1	2	3	4
気体（cm^3）	250	500	600	600

(1)　発生する気体の名前は？

(2)　この実験で使用した塩酸 50cm^3 とちょうど反応する石灰石の重さは何 g？

JUMP 自分の言葉で説明してみよう

図の装置は「ふたまた試験管」といい、コック付きろうと管・三角フラスコと同じように、気体を発生、採取するのに使います。形に注目して、AとBの部分に何を入れてどのように使うのかを考え、説明しよう。図をかいても OK！

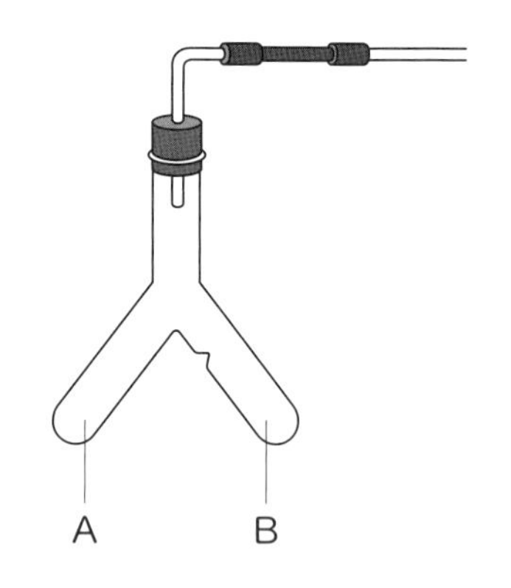

問題の解説と答え

HOP いろいろな気体の性質を整理しよう

水素はあらゆる気体の中で最も軽く、燃えると酸素と結合して（激しく爆発します）水になります。（体積で水素2に対して酸素1の割合で結びつきます）

ちっ素は空気のおよそ8割をしめるため、空気とほぼ同じ重さで、空気よりわずかに軽いです。

塩化水素とアンモニアはそれぞれ水にとけて塩酸（酸性）、アンモニア水（アルカリ性）となります。体内にできたアンモニアは有害なため、肝臓で尿素に分解され腎臓でこしとられ、尿として体外に排出されます。

答え　1 イ　2 エ　3 カ　4 カ　5 ケ　6 イ　7 エ　8 カ　9 カ　10 シ　11 ア　12 ウ　13 カ　14 オ　15 セ　16 イ　17 ウ　18 カ　19 オ　20 タ

STEP 「カレーライスの法則」の考え方を使おう

「カレーライスの法則」を意識しながら「何倍になっているか」を表に書き込んでみよう！

塩酸（cm^3）	50	50	50	50
石灰石（g）	1	×2 2	×3 3	×4 4
気体（cm^3）	250	500	600	600
		×2	×2.4	×2.4

(2)　加える石灰石の量を2倍、3倍、4倍と増やしても、発生する気体の量は2.4倍で止まっていますね。これは塩酸50cm^3がすべて反応に使われてしまい、なくなったことを示しています。

つまり塩酸50cm^3とちょうど反応する石灰石は、1gの2.4倍とわかります。

答え　(1) 二酸化炭素　(2) 2.4g

JUMP 自分の言葉で説明してみよう

ふたまた試験管は、コック付きろうと管などと違い、手に持って使います。
片方の管には「くびれ」があるのですが、これは中に入れたのもが出てこないようにするはたらきをしています。

ふたまた試験管の使い方は、次のようになります。

① 図のAには液体の薬品、Bには固体の薬品を入れます。
② ふたまた試験管をくびれのある側にたおし、液体を固体のほうへ流し込みます
③ 反応が起こって気体が発生します
④ 反応を止めたい場合は、くびれのない側に試験管をたおすと、液体が戻って反応が止まります

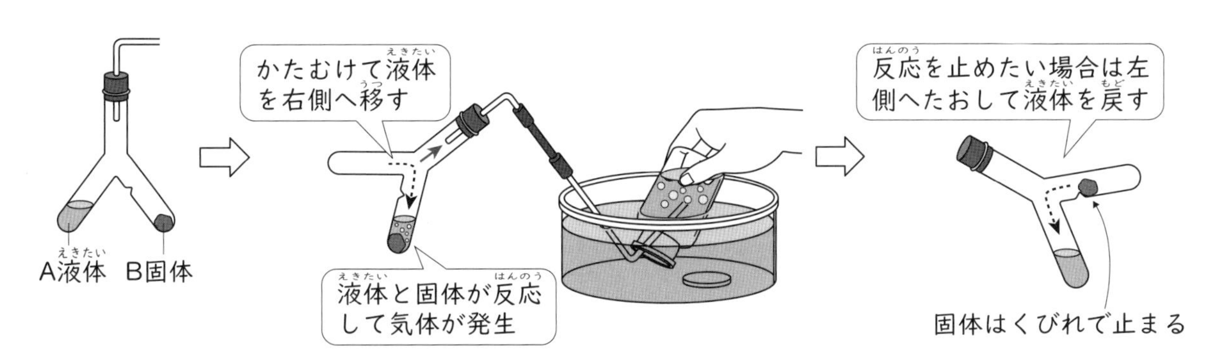

答え　試験管のAに液体、Bに固体の薬品を入れ、Bのほうにたおして液体を固体のほうに流し込むと、気体が発生する。反応を止めたいときは逆にかたむけると、液体がもとの試験管に戻る。くびれはこのときに固体が移動しないように止めるはたらきをしている。

14 ものの燃焼

小4 小5 小6

このナゾがわかるかな？

水素1gが完全燃焼すると、酸素と結びついて9gの水蒸気ができます。炭素3gが完全燃焼すると、酸素と結びついて11gの二酸化炭素ができます。
プロパンという気体は水素と炭素だけからできていて、22gのプロパンを完全燃焼させると、水蒸気と二酸化炭素があわせて102gできました。
プロパン22gにふくまれていた水素と炭素はそれぞれ何g？

このナゾを解く魔法ワザ

理科の計算問題を「算数で解く」ことはよくあります！
算数で習った考え方で、この問題で使えそうなものを考えてみましょう。

「プロパンという気体は水素と炭素だけからできてい」るとあるので
「プロパン22g」は「水素と炭素をあわせて22g」ということですね。

さて、算数の「◯◯算」で似たものがなかったでしょうか？

…そうです！ 「つるかめ算」ですね。

水素	+	酸素	→	水蒸気	炭素	+	酸素	→	二酸化炭素
1g		8g		9g	3g		8g		11g

という条件が与えられていますから「水素1gが燃焼すると重さが9倍、炭素1gが燃焼すると重さが$\frac{11}{3}$倍になる」といえます。

22gのプロパンすべてが水素だと考えると、燃焼すると重さは22×9＝198gとなりますが、実際には102gになっているので、重さを198－102＝96g減らさないといけません。

水素と炭素、1gが燃焼したときの重さの変化の差は$9-\frac{11}{3}=\frac{16}{3}$

ですから、炭素の重さは$96\div\frac{16}{3}=18$gとなりますね。水素の重さは22－18＝4gです。

答え　水素　4g　　炭素　18g

ほかに同じような問題は？

化学計算、特に燃焼の問題では、つるかめ算を使って解く問題がよく出題されます。2つのものの混合物、化合物の燃焼などですね。プロパン（一部の家庭用ガスやタクシーなどの燃料）のように、水素と炭素でできたガスには、他にメタンがあります（都市ガスに使われているもの）。

同じような問題が出題される可能性がありますね。

問題を解こう

HOP 「燃焼＝もとの物質の重さ＋酸素の重さ」で考えよう

右のグラフは、マグネシウムの粉末を空気中で完全燃焼させたときの重さの変化を示しています。

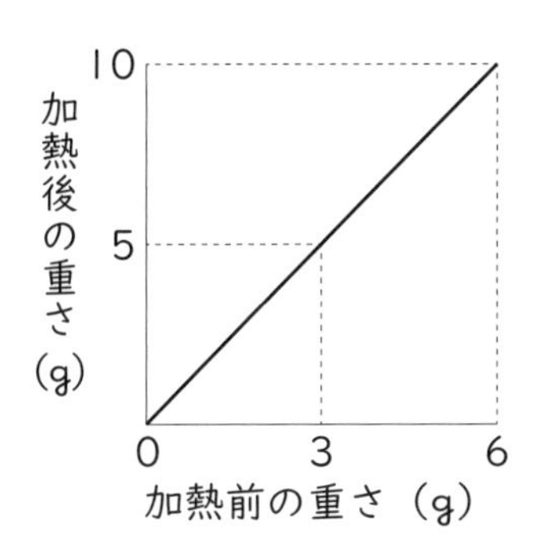

(1)　2.4g のマグネシウムの粉末を空気中で完全燃焼させると、重さは何 g になる？

(2)　6g のマグネシウムの粉末を空気中で加熱すると、重さが 9.2g になりました。燃焼せずに残っているマグネシウムは何 g？

STEP 燃焼で何倍の重さになっているか、比で考えよう

右のグラフは、マグネシウムと銅の粉末を空気中で完全燃焼させたときの重さの変化を示しています。

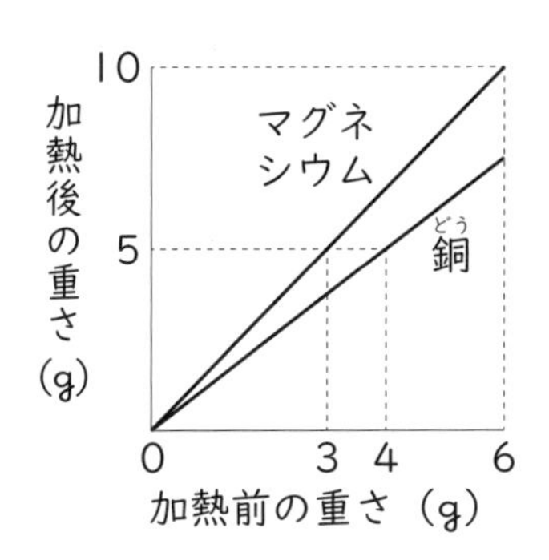

(1)　銅を完全燃焼させたとき、結びつく銅と酸素の重さの比は？

(2)　同じ重さの酸素と結びつく、マグネシウムと銅の重さの比は？

(3)　マグネシウムと銅の混合物 9.6g を空気中で完全燃焼させると重さが 14.5g になったとき、もとの混合物中にマグネシウムは何 g あった？

JUMP 自分の言葉で説明してみよう

図は、木の蒸し焼きの様子を示しています。試験管の口の部分を少し下げて割りばしを入れた部分を熱していますが、試験管の口を下げている理由は？

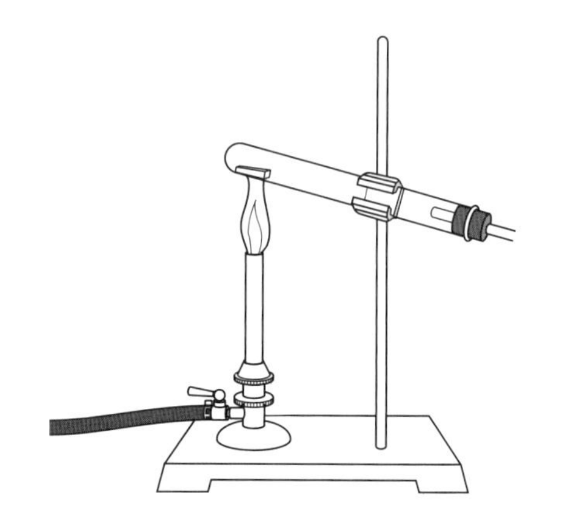

実験で理由を聞かれるとき、多くの場合「安全」がその理由になっているよ

問題の解説と答え

HOP 「燃焼＝もとの物質の重さ＋酸素の重さ」で考えよう

マグネシウムを燃焼させると、酸素と結びついて酸化マグネシウムという白色でもとのマグネシウムとは違う物質になります。
3g のマグネシウムを燃焼させると、5g の酸化マグネシウムになっていることから、マグネシウムに酸素が 2g 結合したことがわかります。

マグネシウム	＋	酸素	→	酸化マグネシウム
3g		2g		5g

(1)　酸素が結合したあと、全体の重さを聞かれているね。

③ ＝2.4g
① ＝0.8g
⑤ ＝4g

(2)

マグネシウム	＋	酸素	→	酸化マグネシウム	＋	マグネシウム
6g		□g		○g		△g
		↓ 9.2−6＝3.2g		9.2g（○g＋△g）		

と、引き算でマグネシウムと結びついた酸素の重さを出すことができます。
結びつくマグネシウムと酸素の重さの比は 3：2 なので、

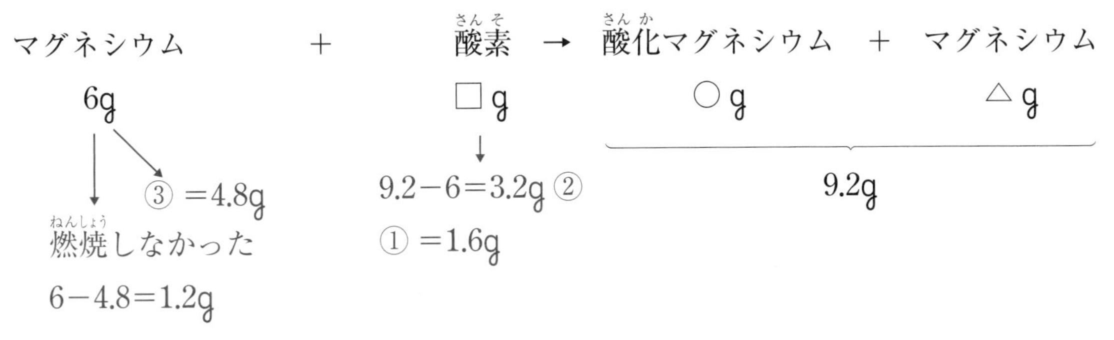

と、順に計算することができます。

答え (1) 4g (2) 1.2g

STEP 燃焼で何倍の重さになっているか、比で考えよう

マグネシウムと銅が酸素と結びつくときの、重さの比を出しておこう。

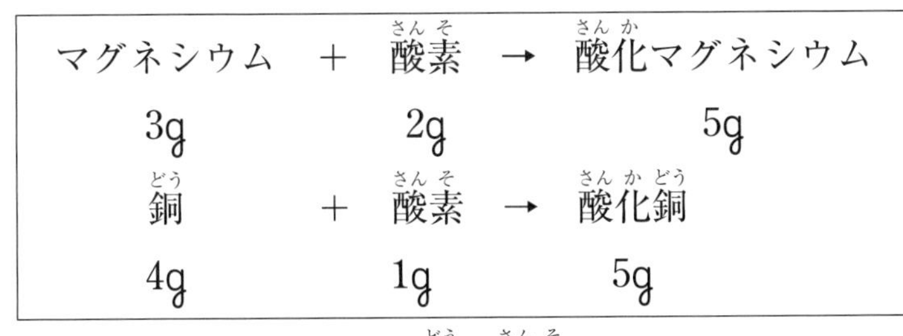

酸化マグネシウム→白色
酸化銅→黒色
でどちらももとのマグネシウム、銅とは別の物質だよ

(1) グラフから、4gの銅が酸素と結びついて5gになるので、
銅の重さ：酸素の重さ ＝4：1 だね！

(2) ここも算数のテクニックで考えよう。
マグネシウムの重さ：酸素の重さ ＝3：2
銅の重さ：酸素の重さ ＝4：1 だから、

同じ重さの酸素と結びつくマグネシウムと銅の重さは、連比で酸素の重さをそろえよう！

マグネシウム		銅		酸素
3	：			2
		4	：	1
3	：	8	：	2

(銅・酸素ともに ×2)

(3) 混合物9.6gすべてが○○だったら…と考える、つるかめ算ですね！
混合物中のマグネシウムの重さを求めるので、すべて銅だったら…と考えましょう。
マグネシウムは燃焼すると$\frac{5}{3}$倍の重さに、銅は燃焼すると$\frac{5}{4}$倍の重さになります。

$9.6\times\frac{5}{4}=12$　　$14.5-12=2.5$　　$2.5\div\left(\frac{5}{3}-\frac{5}{4}\right)=6$

答え (1) 4：1 (2) 3：8 (3) 6g

JUMP 自分の言葉で説明してみよう

木の蒸し焼き（空気にふれないようにして加熱すること）をするとき、試験管の口を少し下げて実験します。
それは、実験によって木から液体（木酢液と木タール）が発生し、加熱部にたまると試験管が割れてしまう（非常に高温になっているところが急に冷やされる）からですね。

このような実験の操作についての問題では、多くの場合その理由は「安全」です。

（例）

・アルコールランプにアルコールを8分目まで入れる理由
　⇒少なすぎると爆発、多すぎるとこぼれて危険だから
・ふっとう石を使う理由
　⇒突然ふっとうすると（ふきこぼれて）危険だから
・太陽の観察で、遮光板を使わず直接太陽を見てはいけない理由
　⇒目を痛めるおそれがあり危険だから

など

答え　実験で発生した液体が加熱部に流れ込むと、（高温になっている部分が急に冷やされて）試験管が割れるおそれがあり危険だから。

Chapter

5

水溶液

15 もののとけ方

小4　小5　小6

このナゾがわかるかな？

次の表は、食塩の溶解度（いろいろな水温の水100gにとける量）を示しています。

温度（℃）	0	20	40	60	80	100
食塩（g）	35.6	35.8	36.3	37.1	38.0	39.3

この表をもとに計算すると、80℃で20%の食塩水100gには、あと何gの食塩をとかすことができる？

このナゾを解く魔法ワザ

水溶液のこさは「水溶液にとけているもの（この問題では食塩）の重さが、水溶液全体の何%にあたるかを表します。つまり「20%のこさの食塩水」は「食塩水全体の重さの20%が食塩で、残りが水」という意味ですね。

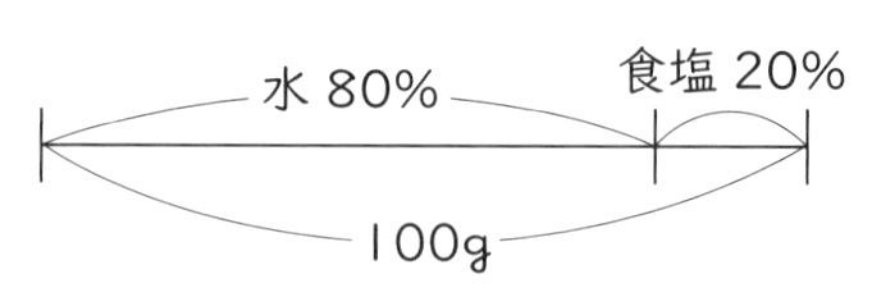

20%のこさの食塩水100gにとけている食塩は、
100×0.2＝20g
残りが水で100－20＝80gです。

ところで、このような溶解度計算の問題を解くときの「鉄則」は「水温・水量・とける量」を書き出して考えることですね。

温度が80℃なので、表より水が100gであればとける食塩は38.0g、問題では水が80gなので、

水温	水量	とける量
80℃	100g	38.0g
	↓×0.8	↓×0.8
80℃	80g	□g

となり、最大で38.0×0.8＝30.4gとなります。
いまとけている食塩は20gですから、さらにとかすことができる重さは、
30.4－20＝10.4gとなります。

答え　10.4g

ワンポイント 「全体」に注目しよう！

算数で「水100gに食塩25gをとかしたら25%？」という問題がありますね（食塩水全体125gのうち25gが食塩なので、正解は25÷125＝0.2　20%）。食塩水の問題では常に「水の重さ」「食塩の重さ」とともに「全体の重さ」を意識することを忘れないようにしましょう。

問題を解こう

HOP 表の数字をよく見て計算しよう

次の表は、ホウ酸の溶解度（いろいろな水温の水100gにとける量）を示しています。

温度（℃）	0	20	40	60	80	100
ホウ酸（g）	2.8	4.9	8.9	14.9	23.5	38.0

(1)　40℃の水100gにホウ酸をとけるだけとかし、水温を20℃にすると、出てくるとけ残りは何g？

(2)　20℃の水100gにホウ酸をとけるだけとかし、水温を80℃にすると、あと何gのホウ酸をとかすことができる？

STEP もっと楽に解く方法はないかを考えよう

次の表は、ホウ酸の溶解度（いろいろな水温の水100gにとける量）を示しています。

温度（℃）	0	20	40	60	80	100
ホウ酸（g）	2.8	4.9	8.9	14.9	23.5	38.0

(1)　60℃の水80gにホウ酸をとけるだけとかし、水温を20℃にすると、出てくるとけ残りは何g？

(2)　100℃のホウ酸の飽和水溶液（とけるだけとかした水溶液）が200gあります。100℃のまま水を50g蒸発させると、出てくるとけ残りは何g？

JUMP 自分の言葉で説明してみよう

実験で水溶液中に出てきたとけ残りを、ろ過して取り出そうとしています。図の中にある間違いを2つ、説明してみよう！

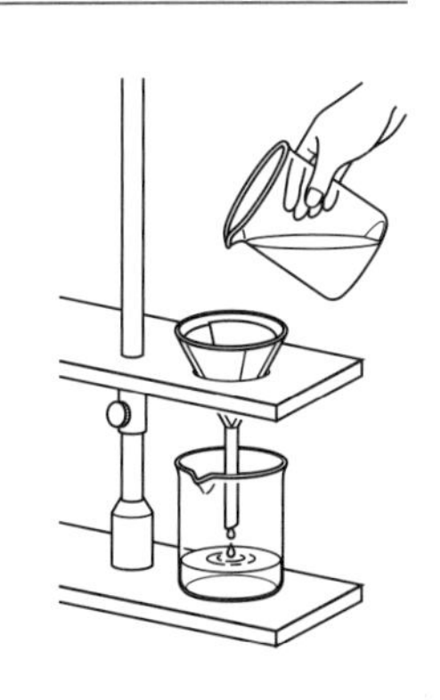

定番の問題だね。「あるもの」を使ってないことと「あること」をしていないこと…

問題の解説と答え

HOP 表の数字をよく見て計算しよう

まずは基本(きほん)問題ですね。水の量が100gで、表の数字そのままで計算できます。

(1)　40℃から20℃に温度が下がると、とけるホウ酸(さん)は8.9−4.9=4g少なくなります。

水温	水量	とける量
40℃	100g	8.9g
		)−□
20℃	100g	4.9g

(2)　20℃から80℃に温度が上がると、とけるホウ酸(さん)は23.5−4.9=18.6g多くなります。

水温	水量	とける量
20℃	100g	4.9g
		)+□
80℃	100g	23.5g

答え　(1) 4g　　(2) 18.6g

STEP もっと楽に解く方法はないかをを考えよう

(1)　60℃の水80gにとけるホウ酸(さん)の重さ、20℃の水80gにとけるホウ酸(さん)の重さを計算して、

水温	水量	とける量
60℃	100g	14.9g
		)×0.8
60℃	80g	□g

□=11.92

水温	水量	とける量
20℃	100g	4.9g
		)×0.8
20℃	80g	□g

□=3.92

とけ残る重さは、

11.92−3.92=8g

と計算することもできるのですが、もう少し「楽」な方法はないでしょうか…。

それぞれを0.8倍してから引き算をするのなら、あらかじめ「水が100gの場合のとけ残りの重さ」を計算し、それを0.8倍すればいいですね。

水温	水量	とける量
60℃	100g	14.9g
		)−□
20℃	100g	4.9g

□ ＝10

10×0.8＝8g

(2)　100℃のホウ酸の飽和水溶液は「水 100g に対してとけるホウ酸 38g」です。
ですからこの飽和水溶液 200g の「内訳」は、

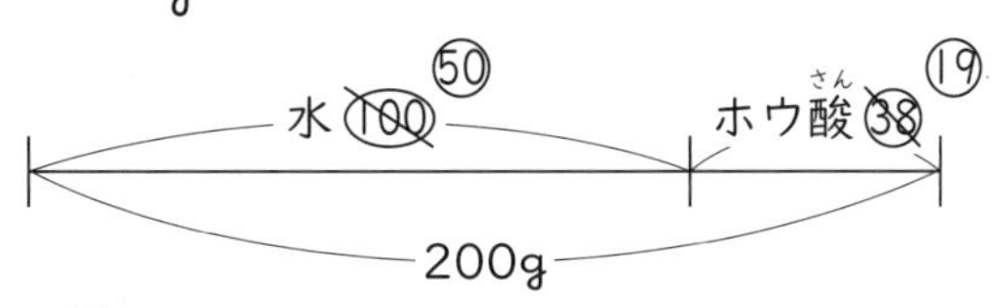

となり、水の重さ、ホウ酸の重さをそれぞれ計算することはできます。
しかし、ここでも工夫しましょう。

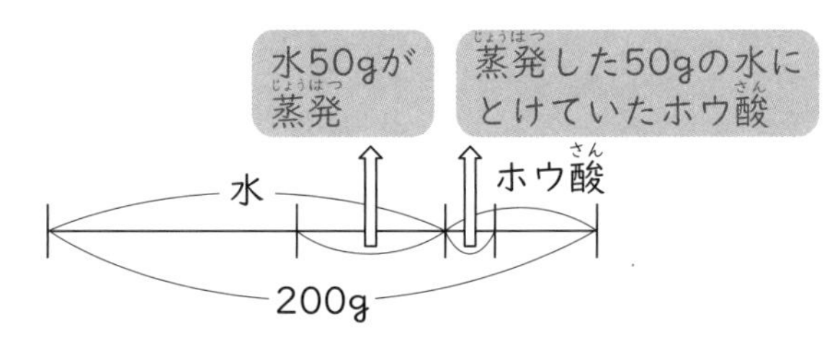

飽和水溶液から水が蒸発すると、蒸発した 50g の水にとけていたホウ酸はとけることができなくなる、と考えれば、とけ残るホウ酸は 50g の水にとけるホウ酸の最大量ということになります。

38.0×0.5＝19g とわかりますね。

答え　(1) 8g　　(2) 19g

JUMP　自分の言葉で説明してみよう

ろ過の方法に関しては入試頻出、定番ですね。右下のことを押さえておこう。

答え　ガラス棒を使っていないことと、ビーカーのかべにろうとの足のとがったほうをつけていないこと。

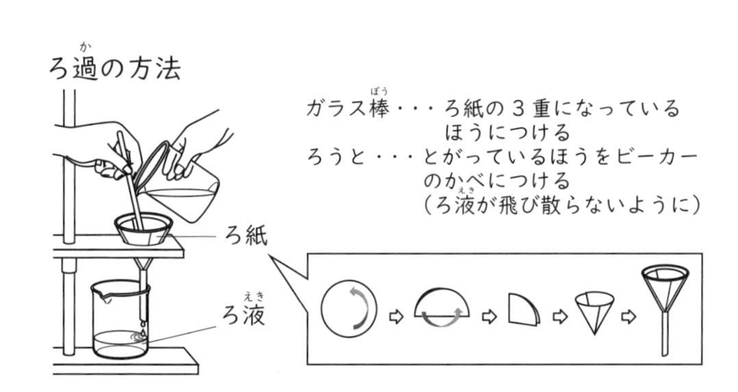

16 水溶液の性質

小4 小5 小6

このナゾがわかるかな？

水溶液A～Eは、食塩水、塩酸、水酸化ナトリウム水溶液、石灰水、炭酸水のいずれかです。どれがどの水溶液かを判別するため、次の実験をしました。

〈実験1〉 A～Eの水溶液をリトマス紙に数滴ずつたらすと、AとCは青色のリトマス紙が赤に、BとEは赤色のリトマス紙が青に、Dはどちらのリトマス紙も変化しませんでした。
〈実験2〉 BとCの水溶液を混ぜ合わせると、白いにごりができました。

A～Eの水溶液はそれぞれ何だと考えられる？

このナゾを解く魔法ワザ

水溶液の判別問題は「表を書いて整理する」が最も間違いにくく早い方法です。
実験1・2の結果を表に整理しましょう。
リトマス紙の色の変化から、AとCは酸性（塩酸・炭酸水）、BとEはアルカリ性（水酸化ナトリウム水溶液・石灰水）、Dは中性（食塩水）とわかります。
またBとCを混ぜると白くにごったことから、石灰水と炭酸水とわかりますね。
わかったことを書き込んで、表を完成させます。

	A	B	C	D	E
実験1	酸性	アルカリ性	酸性	中性	アルカリ性
実験2		●――	――●		

（B・C）混ぜると白くにごる

	A	B	C	D	E
↓	塩酸	石灰水	炭酸水	食塩水	水酸化ナトリウム水溶液

答え　A　塩酸　B　石灰水　C　炭酸水　D　食塩水　E　水酸化ナトリウム水溶液

ワンポイント 「急がば回れ」書いて整理して失点を防ごう

今回はシンプルな問題でしたが、複雑な問題になるほど表などに整理する技術が得点につながります（というより「ついうっかり」による無駄な失点を防ぐことで結果的に得点が伸びるというわけです）。

「頭の中でできそう」と思うことを「わざわざ」書き出して整理することで、結局「頭の中だけでやった結果、表に書いて整理するより時間がかかって、しかも間違った」といった悔しい失点をしっかり防いでいきましょう！

問題を解こう

HOP 表を書いて整理しよう

6つの水溶液A～Fについて、次のことがわかっています。

・6つの水溶液を、緑色にしたBTB溶液に数滴ずつたらすと、A、B、Eは青色に、D、Fは黄色に変化し、Cは緑色のまま変化しませんでした。

・6つの水溶液を少量ずつ蒸発皿にとり、アルコールランプで熱して水分を蒸発させると、A、C、Eは白色の固体が残り、他の水溶液では何も残りませんでした。

・6つの水溶液のにおいを確認したところ、BとFには強いにおいがありました。

6つの水溶液がアンモニア水、塩酸、食塩水、水酸化ナトリウム水溶液、石灰水、炭酸水のとき、A～Fの中で、このことからだけではわからないのはどの水溶液？

STEP 「生き残り図」を書いて整理しよう

6種類の固体（石灰石、食塩、砂糖、アルミニウム、ガラス、鉄、銅）の混合物と液体1～3（蒸留水・塩酸・水酸化ナトリウム水溶液）を使って、次のような実験をしました。

〈実験1〉混合物に60℃の液体1を十分に加え、とけるものはすべてとかすと、気体は発生しませんでした。混合液をろ過し、このとき、ろ液にとけたものをA、ろ紙上に残ったものをBとします。

〈実験2〉Bに液体2を十分に加え、とけるものをすべてとかすと、1種類の気体が発生しました。混合液をろ過し、このとき、ろ液にとけたものをC、ろ紙上に残ったものをDとします。

〈実験3〉Dに液体3を十分に加え、とけるものをすべてとかすと、2種類の気体が発生しました。混合液をろ過し、このとき、ろ液にとけたものをE、ろ紙上に残ったものをFとします。

液体1～3は何？　Fにふくまれるのは何？

JUMP　自分の言葉で説明してみよう

ピキくんの家では毎年、夏になると「赤しそジュース」を作ります。作り方は簡単で、次のような手順です。

手順1　なべに湯をわかし、ふっとうしたら赤しそを入れます。
手順2　しばらく煮てお湯の色がこいむらさき色になったら、赤しそを取り出して溶液を冷やします。
手順3　冷やした赤しそジュースにクエン酸やはちみつで味付けすると完成（ここでジュースがピンク色に変わる）。

ジュースの色が変化した仕組みを説明してみよう。

問題の解説と答え

HOP　表を書いて整理しよう

水溶液の判別は「表を書いて整理する」が鉄則ですね。

では、わかっていることを表にします。

	A	B	C	D	E	F
性質	アルカリ性	アルカリ性	中性	酸性	アルカリ性	酸性
とけているもの	白色固体		白色固体		白色固体	
におい		あり				あり
		↓	↓	↓		↓
		アンモニア水	食塩水	炭酸水		塩酸

	酸性	中性	アルカリ性
赤色リトマス紙	赤（変化なし）	赤（変化なし）	青
青色リトマス紙	赤	青（変化なし）	青（変化なし）
フェノールフタレイン液	無色透明（変化なし）	無色透明（変化なし）	赤
BTB溶液	黄	緑	青
覚えかた（キミどアホ）	キ	ミど	アホ
ムラサキキャベツ液	赤　ピンク	むらさき	緑　黄
覚えかた（あかぴん村の緑の木）	あかぴん	村の	緑の木
	塩酸／りゅう酸／酢酸水溶液（酢）／炭酸水／ホウ酸水／レモン汁	水／砂糖水／食塩水／アルコール水	水酸化ナトリウム水溶液／石灰水／アンモニア水／石けん水

このように整理してみると、「アルカリ性で固体がとけた水溶液」という条件が同じAとEは、どちらが水酸化ナトリウム水溶液か石灰水か、わからないですね。

答え　AとE

STEP 「生き残り図」を書いて整理しよう

この問題のように、水溶液にとけなかった固体を使って次の実験に進む、というタイプの問題には「生き残り図」を書いて整理していくのがいいですね。

【「生き残り図」の書き方】

まずは実験でわかったことを整理し、その結果を「生き残り図」に整理します。

ポイントは、実験1～3で気体が発生した実験があることです。

実験1…気体は発生しない⇒液体1は蒸留水、固体の中で水にとける食塩と砂糖がとけた
実験2…1種類の気体が発生⇒液体2は水酸化ナトリウム水溶液、アルミニウムが水酸化ナトリウム水溶液にとけて水素が発生した。(「13. 気体の発生」を思い出そう)
実験3…2種類の気体が発生⇒液体3は塩酸、塩酸に鉄がとけて水素が、石灰石がとけて二酸化炭素が発生した。(「12. 酸素と二酸化炭素」を思い出そう)

わかったことをすべて「生き残り図」に書き込むと、実験の全体がつかめますね。

答え　液体1　蒸留水
液体2　水酸化ナトリウム水溶液
液体3　塩酸
Fにふくまれる　銅・ガラス

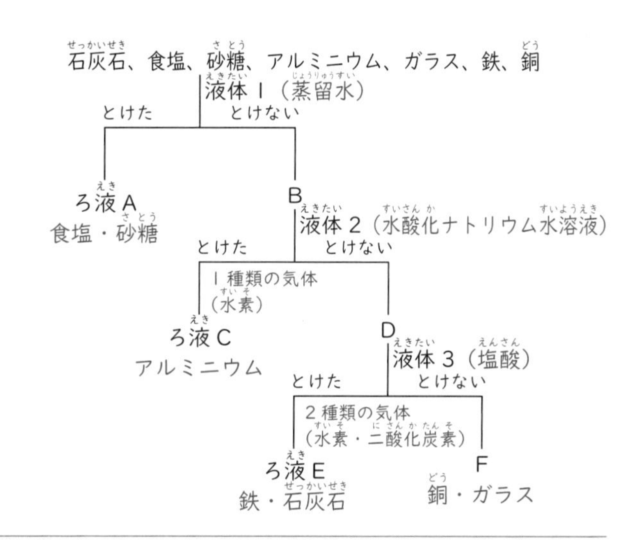

JUMP 自分の言葉で説明してみよう

赤しそには、アントシアニンというむらさき色の色素がふくまれています（ムラサキキャベツ、ナス、サツマイモ、アジサイ、アサガオなどにふくまれる色素と同じ）。
この色素は、酸性やアルカリ性の水溶液に反応して色が変わることが知られています。
理科の実験で使う「ムラサキキャベツ液」は、この性質を利用したものですね。

おうちでも簡単に実験できるので、ぜひ赤しそジュースを作ってみよう！

答え　赤しそにふくまれる色素（アントシアニン）が、クエン酸の酸性に反応して色が変わった。

82ページの表で、色の変化をしっかり覚えておこう！

17 中和

小4　小5　小6

このナゾがわかるかな？

塩酸 A90cm^3 と水酸化ナトリウム水溶液 B120cm^3 を混合した液に、BTB 溶液を数滴加えると緑色になり、溶液は中性になりました。中性になった溶液から水分を蒸発させると、白い固体が 3g 残りました。塩酸 A を 2 倍にうすめた塩酸 C、水酸化ナトリウム水溶液 B を 3 倍にうすめた水酸化ナトリウム水溶液 D を用意しました。塩酸 C120cm^3 と混ぜ合わせて完全に中性にするには、水酸化ナトリウム水溶液 D を何 cm^3 加えればいい？　また中性になった溶液から水分を蒸発させると、固体は何 g 残る？

このナゾを解く魔法ワザ

中和モーメントの考え方を使いましょう。

塩酸　　　水酸化ナトリウム水溶液

A90cm^3 [3]　　　B120cm^3 [4]

で中和するから、

A のこさを④　　　B のこさを③

とおくと、

④ ×90＝(360)　　　③ ×120＝(360)

と○の数字をそろえると中和、と考えられる

このとき固体が 3g できる

2 倍にうすめる　　　3 倍にうすめる

C のこさ②　　　D のこさ①

C120cm^3 ⇒② ×120＝(240)

を中和するのに必要な D（こさ①）は、

(240)÷ ① ＝240cm^3

(360) の中和でできる固体が 3g だから

(240) の中和でできる固体は $3\times\frac{2}{3}=2$g

答え　D　240cm^3　　固体　2g

ワンポイント　逆比をうまく使おう

中和モーメントの考え方は、塩酸や水酸化ナトリウム水溶液をうすめてこさを変える問題では便利に使えます。「こさが変わった」⇒「難しい！」と感じてしまうものですが、たとえば

「A30cm³ と B40cm³ で中和する」というときは、A と B のこさを（中和するときの体積比の逆比で）④：③とおけば、
A ④ ×30＝⑫⓪ と B ③ ×40＝⑫⓪ で中和
と考えられますね。

問題を解こう

HOP 完全中和点を表やグラフの中に見つけよう

水酸化ナトリウム水溶液 50g に、あるこさの塩酸をいろいろな量で加えてから水分を蒸発させ、残った固体の重さを表にすると、次のような結果になりました。

塩酸（cm³）	0	10	20	30	40	50
固体（g）	2	2.2	2.4	2.6	2.8	2.9

(1)　この水酸化ナトリウム水溶液のこさは何 %？
(2)　この水酸化ナトリウム水溶液 50g を完全中和するのに必要な塩酸は何 cm³？

STEP 「カレーライスの法則」を使いこなそう

塩酸 A30cm³ と水酸化ナトリウム水溶液 B50cm³ を混ぜ合わせるとちょうど中性になりました。この混合液から水分をすべて蒸発させると、あとに塩化ナトリウム（食塩）が 5.8g 残りました。また塩酸 A60cm³ と水酸化ナトリウム水溶液 B150cm³ を混ぜ合わせ、混合液から水分をすべて蒸発させると、あとに白色の固体が 15.1g 残りました。

(1)　白色の固体 15.1g のうち、食塩は何 g？
(2)　水酸化ナトリウム水溶液 B100cm³ にとけている水酸化ナトリウムは何 g？

JUMP 自分の言葉で説明してみよう

塩酸にいろいろな量の水酸化ナトリウム水溶液を加え、混ぜ合わせたあとの混合液が電流を通すか、実験によって確かめました。グラフ 1 は、そのときの様子を示しています。同じ実験を、炭酸水と石灰水で行ったときの結果を示しているのがグラフ 2 です。グラフ 1 とグラフ 2 の形の違いから、どのようなことがわかる？

説明してみよう！

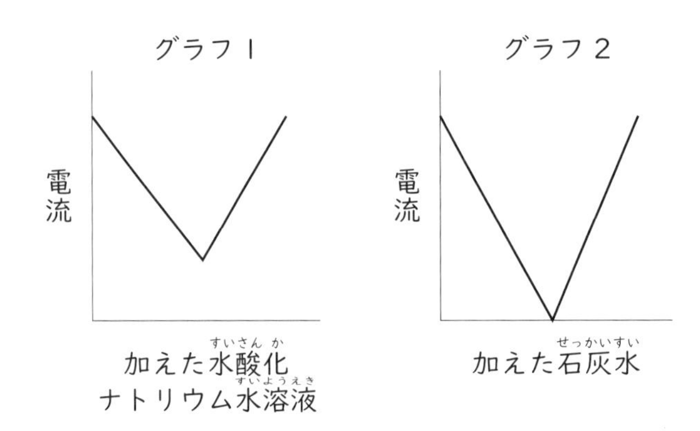

問題の解説と答え

HOP 完全中和点を表やグラフの中に見つけよう

まずは表の数値がどのように変化しているか、塩酸の量を増やしていったときの固体の重さの変化を書き込んでみましょう。

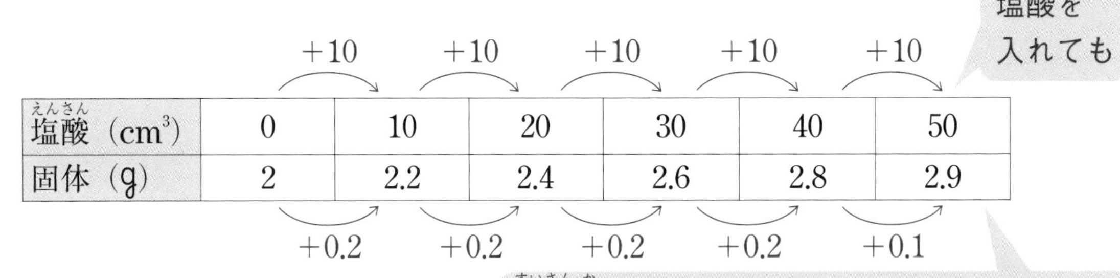

塩酸（cm^3）	0	10	20	30	40	50
固体（g）	2	2.2	2.4	2.6	2.8	2.9

$40cm^3$ までは、加える塩酸の量を $10cm^3$ 増やしたら、固体の重さが 0.2g ずつ増えています。ところが $40cm^3$ から $50cm^3$ に $10cm^3$ 増やしたところでは、固体は 0.1g しか増えていませんね。
これは、50g の水酸化ナトリウム水溶液にとけていた水酸化ナトリウムがすべて中和によってなくなってしまったことを示しています。

では、50g の水酸化ナトリウム水溶液を完全中和するのに必要な塩酸は、$50cm^3$ でしょうか？

$50cm^3$ は「ちょっと入れすぎ」ですね。増やした $10cm^3$ の塩酸がすべて反応に使われたら、固体は 0.2g 増えるはずです。固体が 0.1g しか増えていないということは、反応した塩酸は $10cm^3$ のうち半分の $5cm^3$ です。

つまり 50g の水酸化ナトリウム水溶液と過不足なく反応する塩酸は $45cm^3$ です。

この水酸化ナトリウム水溶液のこさですが、「加えた塩酸の量 0cm^3」の欄を見ればいいですね。50g 中に水酸化ナトリウムが 2g とけていることがわかります。

2÷50＝0.04 となり、4％です。

答え (1) 4％ (2) 45cm^3

STEP「カレーライスの法則」を使いこなそう

塩酸と水酸化ナトリウム水溶液が完全中和する組み合わせが示されているので、それを利用して考えます。

またここでは「13. 気体の発生」でも使った「カレーライスの法則」の考え方も使いましょう。

塩酸	水酸化ナトリウム水溶液	食塩
30cm^3	50cm^3	5.8g
60cm^3 (×2)	150cm^3 (×3)	□g (×2)

塩酸が「ちょうど」の組み合わせの 2 倍、水酸化ナトリウム水溶液が 3 倍の組み合わせですが、ここで「カレーライスの法則」ですね。
ご飯が 3 人前あっても、カレールウが 2 人前しかなければカレーライスは 2 人前しかできません。

カレーライスの法則

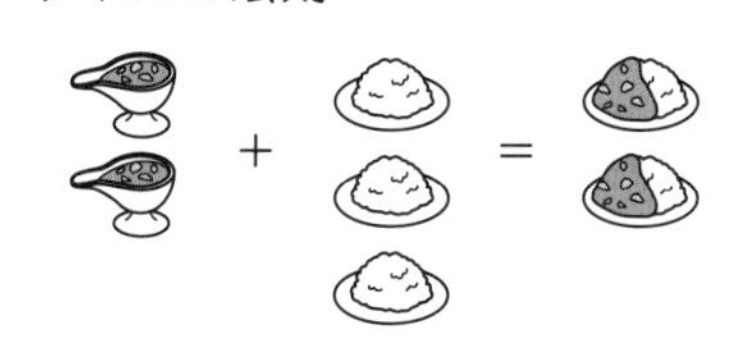

カレールウが2人前、ご飯が3人前なら
カレーライスは 2 人前しかできない！

どちらか少ないほうに合わせてカレーライスができる

つまり残った固体 15.1g のうち食塩は、

5.8×2＝11.6g となり、

15.1－11.6＝3.5g

カレーライスの法則は使いこなせるようにしておこう

は、反応せずに残った水酸化ナトリウムの固体ですね。

塩酸 60cm^3 とちょうど反応する水酸化ナトリウム水溶液は、

50×2＝100cm^3

なので、150cm^{3}のうちあまった50cm^{3}にとけていた水酸化ナトリウムが3.5gということです。

水酸化ナトリウム水溶液100cm^{3}にとけている水酸化ナトリウムは、

3.5×2＝7g

答え　(1) 11.6g　　(2) 7g

JUMP 自分の言葉で説明してみよう

塩酸と水酸化ナトリウム水溶液の中和では、次のような反応が起こっています。

塩化水素　＋　水酸化ナトリウム　→　塩化ナトリウム　＋　水

つまり塩酸と水酸化ナトリウム水溶液が完全中和すると、食塩水ができるということですね。食塩水は中性ですが、電気を通す水溶液です。

一方、石灰水（水酸化カルシウム水溶液）と炭酸水で起こっている反応は、次のようなものです。

水酸化カルシウム　＋　炭酸水　→　炭酸カルシウム　＋　水

炭酸カルシウムは石灰石の主成分で、水にとけません。

つまり完全中和すると水の中に炭酸カルシウムの沈殿ができている状態なので、電流が流れないのでグラフは電流が0になっています。

答え　塩酸と水酸化ナトリウム水溶液の中和では、完全中和のとき食塩水ができているので溶液は電流を通すが、石灰水と炭酸水の中和では炭酸カルシウムができ、完全中和のとき溶液は電流を通さないので、電流は0となっている。

Chapter

6

力のつり合いと運動

18 ばねののびと力

小4　小5　小6

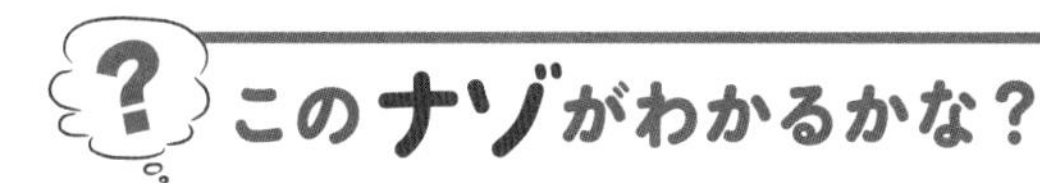

このナゾがわかるかな？

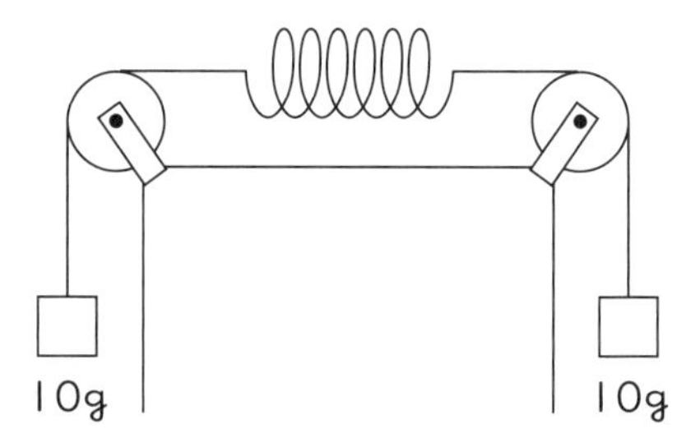

10g の力を加えると 1cm ののびるばねと、10g のおもりを 2 つ使って、右の図のようにつり合わせました。
このばねは、図の状態で何 cm のびている？

ア　左右から合計 20g で引っぱられているから 2cm
イ　左右から引く力がつり合っており、10g で引かれているから 1cm

このナゾを解く魔法ワザ

「ア」だと思った人は、一方のおもりを切りはなすことを考えよう。

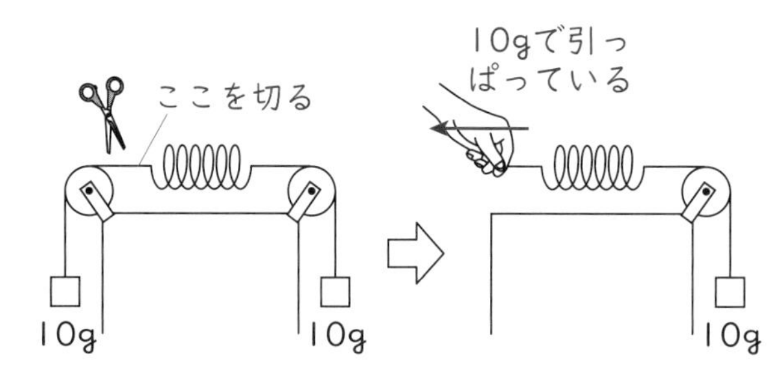

左側のおもりを切りはなしてしまう前に、右側のおもりが落ちないように、糸を手で支えておいて、そっと矢印の部分を切りはなすと…ばねののびは変わらず、おもりが落ちないように手で 10g の力でひもを引いています。
こう考えると、左側のおもりは右側のおもりが落ちないように（つり合わせるために）支えていた（右側の図で手がしていることと同じはたらき）と考えることができますね。

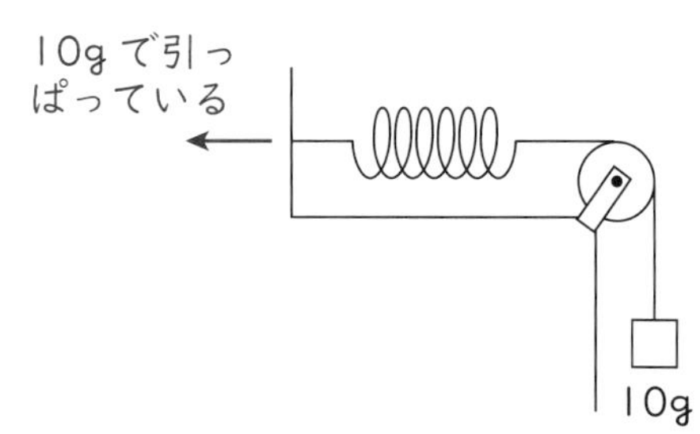

手で支えている部分がかべになっても、その役割は同じで、右のおもりが落ちないようにかべが 10g の力で引っぱっているんですね。

答え　イ

ワンポイント　静止している＝つり合っている　と考えよう！

たとえば机の上に本を置いているとき、本がじっと静止しているということは、本の重さ（地球の重力によって引かれる力）と何かがつり合っている、と考えよう。

何がつり合っているのかというと、机が本を（本の重さと同じ大きさの力で）押し返している力が、本の重さ（重力）とつり合っているんですね。
机ではなく手で持っている場合は手が、ひもでつり下げている場合はひもが、そしてそのひもを持っている手が、本の重さ（重力）とつり合っているんです。

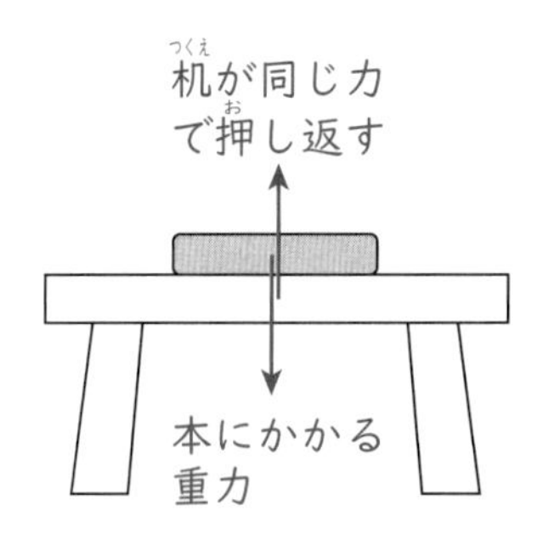

問題を解こう

HOP ばねの自然長とのびを書き出して解こう

自然長が20cmで、10gの力を加えると2cmのびるばねA、自然長が30cmで、10gの力を加えると1cmのびるばねB、30gと50gのおもりを使って、図のようにつなぎました。（おもり以外のものの重さは考えない）
ばねAとばねBの全長はそれぞれ何cmになっている？

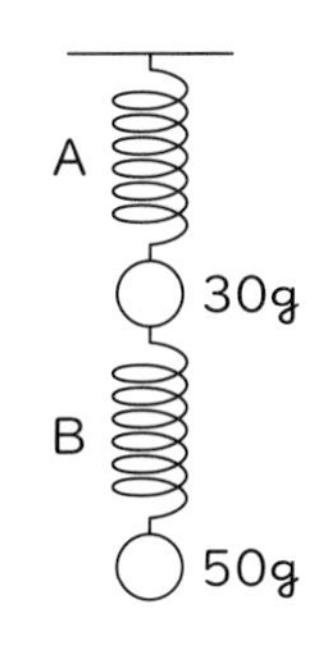

STEP グラフの交点に注目しよう！

図1のグラフは、自然長が20cmのばねAと、30cmのばねBに、いろいろな重さのおもりをつり下げたときの全長の様子を示しています。（おもり以外のものの重さは考えない）

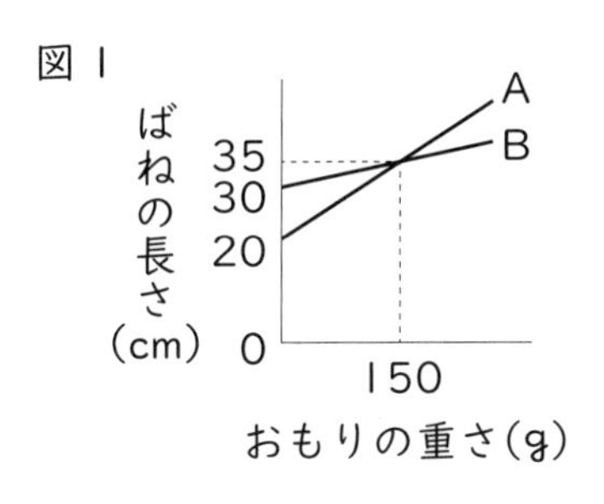

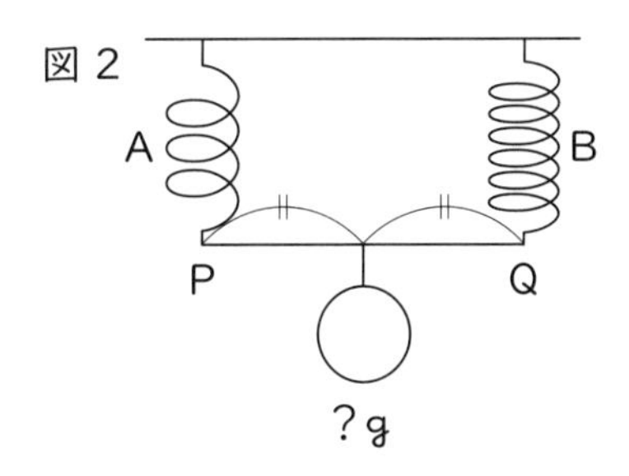

(1)　ばねA、ばねBをそれぞれ1cmのばすには、何gの力が必要？
(2)　図2のようにおもりをつり下げると、ばねAとBの全長が等しくなりました。このときおもりは何g？　またばねAとばねBの全長は何cmになっている？

JUMP 自分の言葉で説明してみよう

身の回りで、ばねの性質を利用した道具はたくさんあります。この項目で学習した、植物のつるが巻き付いているような形の「つるまきばね（コイルばね）」、空気の性質を利用した「空気ばね」、金属の板を利用した「板ばね」などです。
身近なもので、つるまきばねを利用している道具に、ベッドのマット（クッション）があります。どのように利用されているか説明してみよう！　図を書いて説明してもOK！

問題の解説と答え

HOP ばねの自然長とのびを書き出して解こう

まずはそれぞれのばねの自然長とのびを、図の中に書き込んでから解き始めるようにしよう。解いている途中で何度も「ええと、のびは何gで何cmだっけ…」と本文に帰るのは面倒ですし、ミスの原因になります。
そして、それぞれのばねにかかる力の大きさがわかっているなら、それも書き込んでおきます。
右のような書き込みができているといいですね。

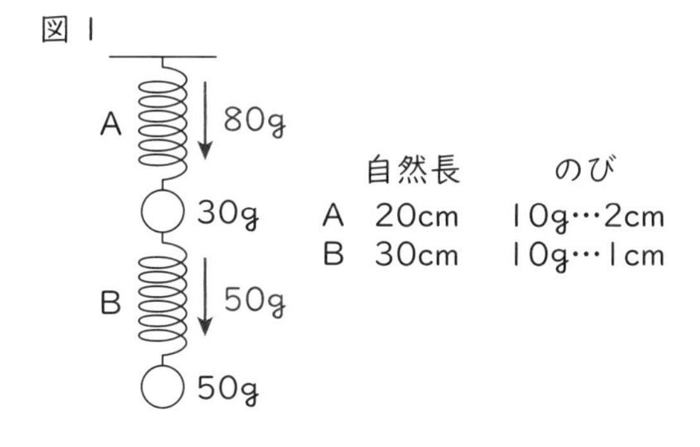

ばねAの下には30gと50gのおもり、ばねBの下には50gのおもりがつり下がっています。

AとBのばねののびは、

A　10g…2cm ⟩×8
　80g…16cm

B　10g…1cm ⟩×5
　50g…5cm

となります。

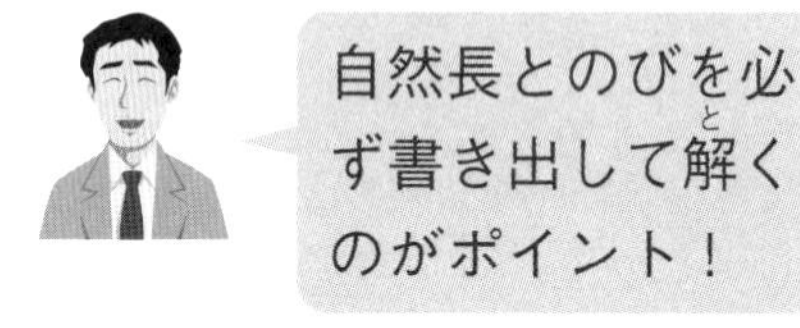

問われているのは「全長」なので、自然長にのびの長さを足しましょう。

A　20＋16＝36cm　　B　30＋5＝35cm

答え　ばねA　36cm　　ばねB　35cm

STEP グラフの交点に注目しよう！

(1)　それぞれのばねののびに関しては、HOPの問題と同じく、書き出して比例計算ですね。

A　150g…15cm
÷15
　10g…1cm

B　150g…5cm
÷5
　30g…1cm

(2)　図では、おもりがばねAとばねBの真ん中につり下げられていて、ばねAとばねBが同じ長さになっていますね。
つまり、ばねAとばねBに同じ大きさの力がかかっていて、同じ長さになる点を探せばいいのです。

２本のグラフが交わっている点に注目です！

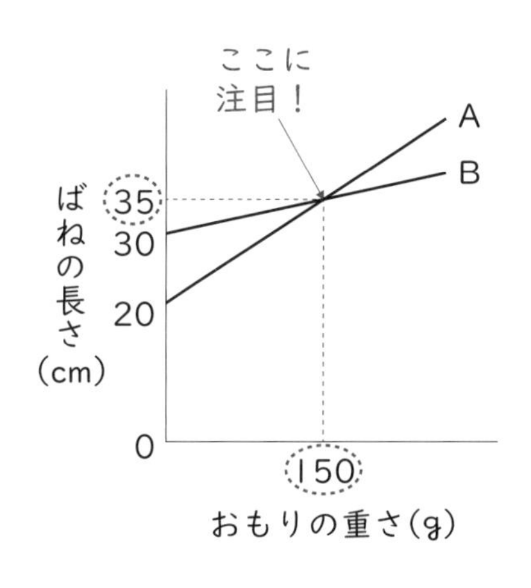

グラフから、ばねＡとばねＢに同じ大きさの力がかかっていて、どちらも同じ長さになるのは、それぞれのばねに150gの力が加わっているときとわかりますね。

ただし注意したいのは、あわてて「おもりの重さは150g」と答えてしまってはいけないということです。

ばねＡとばねＢそれぞれに150gの力が加わっているんですね。

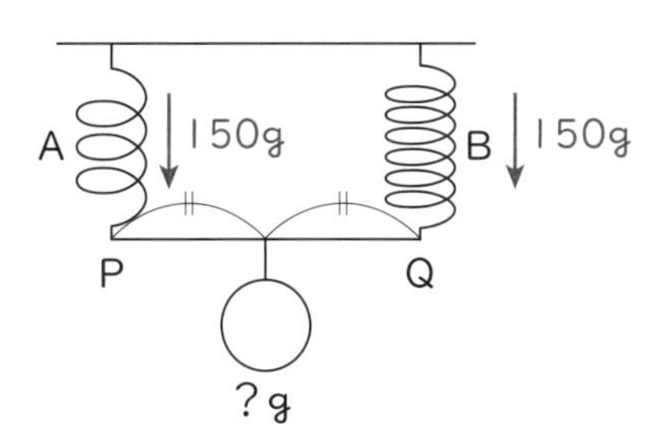

おもりの重さは、
150×2＝300g　です。

ばねＡとばねＢの全長は、グラフからわかりますね。

答え　(1) ばねＡ　10g　　ばねＢ　30g
(2) おもりの重さ　300g　ばねＡとばねＢの全長　35cm

JUMP 自分の言葉で説明してみよう

身の回りのものの中で、いろいろなばねの性質（せいしつ）を利用しているものは、たくさんあります。

金属（きんぞく）のつるまきばね（コイルばね）を利用したものには、自動車や自転車のサスペンションからノック式ボールペンや機械式時計まで、大小さまざまなものがありますし、空気ばねはバスやトラックや台車のサスペンションなどに利用されています。

ベッドのマットの中にもつるまきばねが内蔵（ないぞう）されているものがあり、寝（ね）ている人の体重によって縮（ちぢ）み、もとに戻（もど）ろうとする性質（せいしつ）で体を支（ささ）える仕組みになっています。

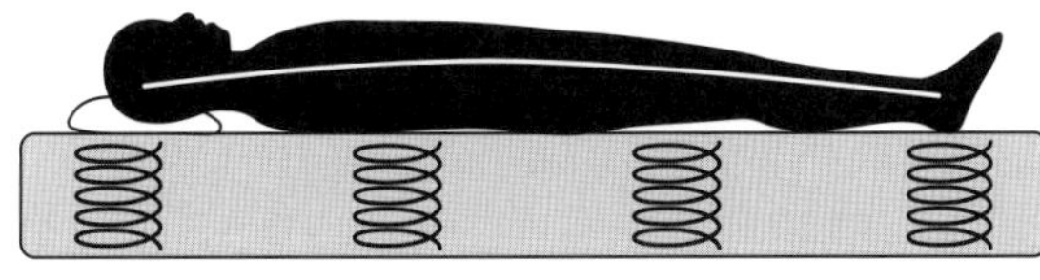

答え　寝（ね）ている人の体重によって内蔵（ないぞう）されているつるまきばねが縮（ちぢ）み、それがもとに戻（もど）ろうとする力で体を支（ささ）える仕組みになっている。

19 てこのつり合い（1）

小4　小5　小6

このナゾがわかるかな？

長さ30cmで重さを考えなくてよい棒、10gの皿、30gの分銅を使って、図のようなさおばかりを作りました。
まず、左側の皿の重さとつり合うように□の長さ（支点から分銅までの長さ）を決め、皿に重さをはかりたいものをのせたら、分銅を動かしてつり合う点を探します。

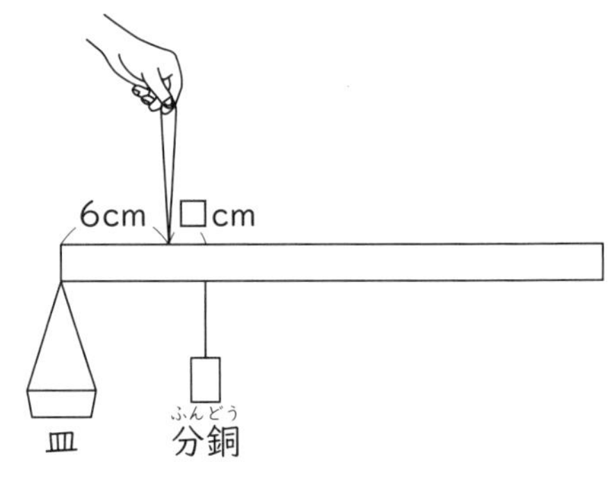

このさおばかりで、最大何gまではかることができる？

このナゾを解く魔法ワザ

皿にのせるものの重さが最大＝右側のモーメント（分銅の重さ×支点までの長さ）が最大と考えよう。

まず□の長さですが、棒の重さを考えなくていいので、左側の皿（10g）と右側の分銅（30g）をつり合わせるとよいですね。

10×6＝30×□　　□＝2cm

右の図が「スタート」の状態です（このときの分銅の位置を「0gの目盛り」という）。左の皿にはかりたいものをのせ、分銅を右に動かしてつり合わせます。「最大何gまで」とあるので、分銅を右はしまで移動させましょう。

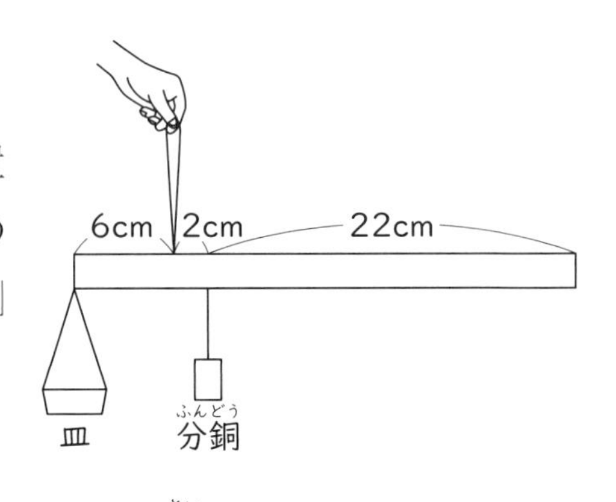

さて、ここで注意です。
皿にのせるものの重さを最大■gとしてつり合いの計算式を立てる際、

(10＋■)×6＝30×(22＋2)

も間違いではないのですが、皿の重さは分銅の位置が支点から2cmでつり合っていたので、

■×6＝30×22

で計算できますね。細かいことですが、こういう工夫でミスを防ぐことは大切です。

30×22÷6＝110　　■＝110g

答え　110g

ワンポイント さおばかりの問題では、皿の重さを無視して計算する工夫をしよう

この問題で□の長さを計算したのは「ここから分銅を何 cm 移動させたかだけで考える」ためです。これが「0g の目盛り」の意味です。このさおばかりは分銅を 22cm 移動させることで、110g までの重さのものをはかることができるので、目盛り 1cm が 110÷22＝5g の目盛りということになりますね。

問題を解こう

HOP 必ず「かかる力の大きさ×支点までの長さ」で計算しよう

長さ 90cm で重さを考えなくてよい棒、おもり、ばねばかりを使って、右の図のように棒をつり合わせました。
ばねばかりにかかる力の大きさ（Ag）と右はしのおもりの重さ（Bg）はそれぞれ何 g？

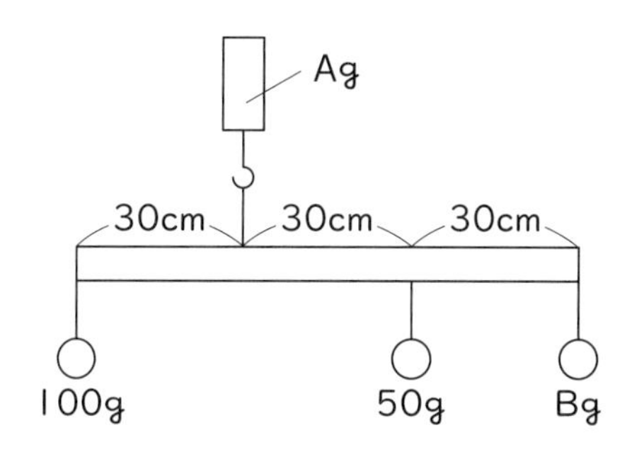

STEP 支点を自分で決めて計算しよう

長さ 100cm で重さを考えなくてよい棒、おもり、ばねばかりを使って、右の図のように棒をつり合わせました。
2 つのばねばかりにかかる力の大きさ（Ag と Bg）はそれぞれ何 g？

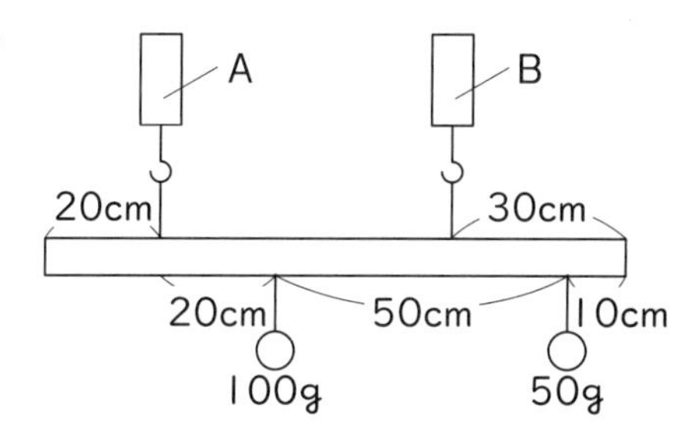

JUMP 自分の言葉で説明してみよう

「やじろべえ」というおもちゃを知っていますか？　右の図のように、同じ重さのものを支点から左右に等しい距離につり下げると、ゆらゆらゆれてもつり合いを保つ、というものです。

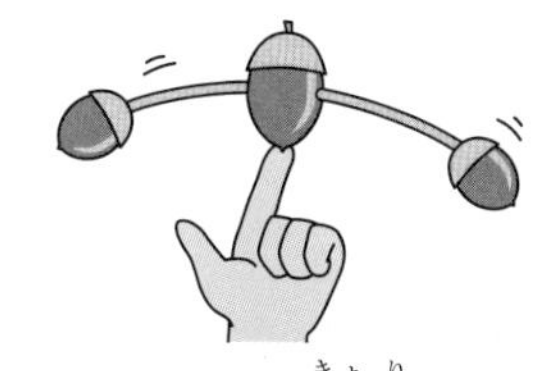

この仕組みを確かめるために、図のように自由に回転する円ばんの中心から等しい距離に 2 つのおもりを A、B のようにつり下げました。

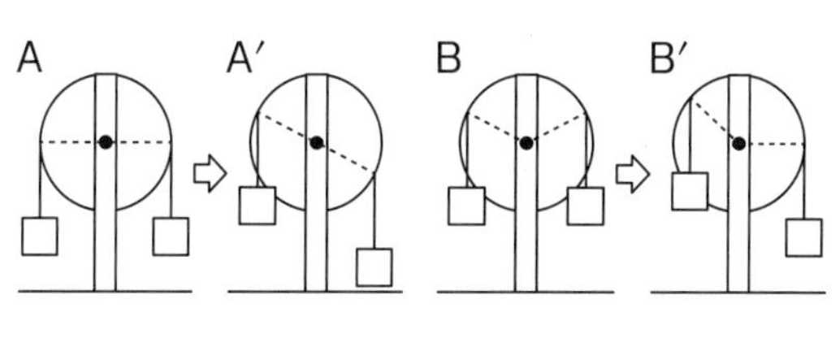

つり合っている状態から、手で円ばんを少し右に回したところ、A′ はつり合ったままでしたが、B′ はそのまま右に回転してしまいました。
A と B、どのような違いがあったのか、説明してみよう！

問題の解説と答え

HOP 必ず「かかる力の大きさ×支点までの長さ」で計算しよう

棒を左に回転させようとするはたらきと、右へ回転させようとするはたらきのつり合いを「かかる力の大きさ × 支点までの長さ」で計算します（これをモーメント計算といいます）。

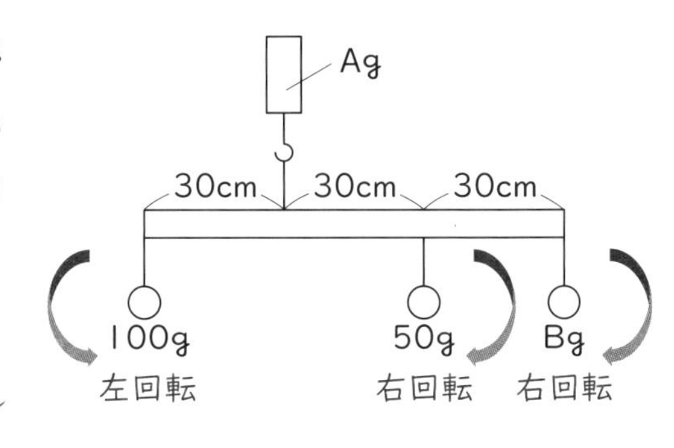

支点までの長さが図に書かれていない部分は、計算して書き込んでおきましょう。

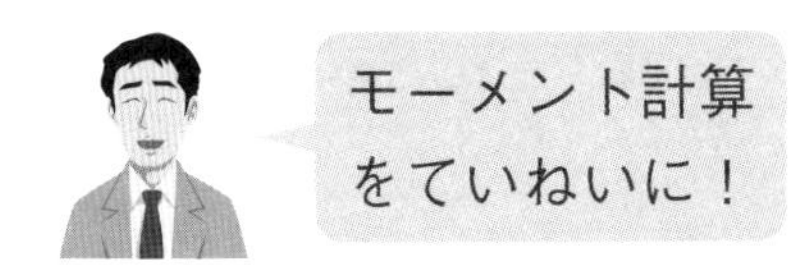

つり合いの式は、

$100 \times 30 = 50 \times 30 + B \times 60$
右回転　　　左回転

$3000 = 1500 + B \times 60$

$B \times 60 = 3000 - 1500 = 1500$

$B = 1500 \div 60 = 25$

Aにかかる力の大きさを考えるときは、上下のつり合いを考えましょう。

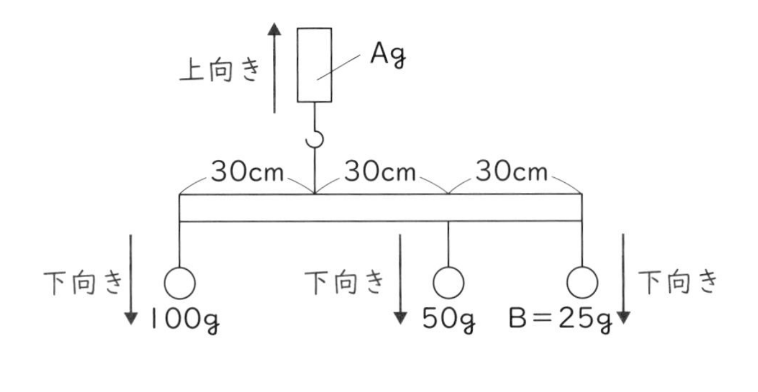

$A = 100 + 50 + 25 = 175$g

答え　A　175g　　B　25g

STEP 支点を自分で決めて計算しよう

棒をつり下げているばねばかり、ひもなどの場所を支点と考える問題は多いのですが、この問題はばねばかりが2つありますね。どちらを支点と考えようか…と悩むかもしれませんが、実はどちらでもいいんです。ここでは、左のばねばかりAを支点と考えて計算してみましょう。（支点と考えたA点には、必ず「支点マーク（▲）」を書いておきましょう）

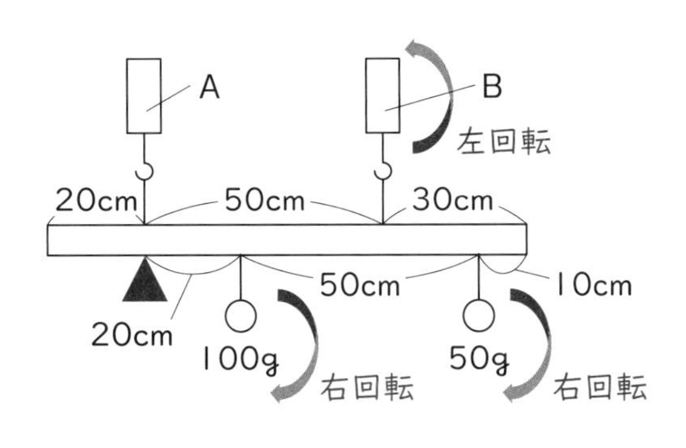

Aを支点と考えることで、モーメント計算のときに「Aにかかる力」を考えなくてよくな

るため、わからないのがBにかかる力の大きさのみとなり、計算で求めることができるようになります。

B×50＝100×20＋50×70
左回転　　　右回転

B×50＝2000＋3500＝5500
　B＝5500÷50＝110g

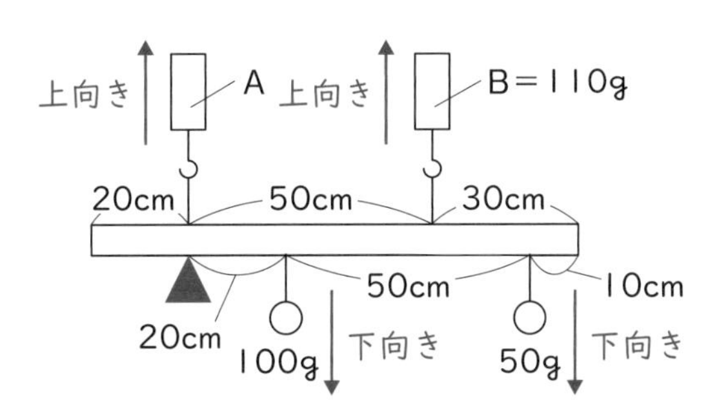

Aのばねばかりにかかる力の大きさを考えるときは、上下のつり合いを考えるといいですね。

A＝100＋50－110＝40

答え　A　40g　　B　110g

JUMP 自分の言葉で説明してみよう

右の図のように、円ばんを右に回転させたとき、A′は左右のうでの長さ（支点までの距離）が等しくなっているのに対して、B′では回転させたほう、右側のほうがうでの長さが長くなっています。つまり右のモーメント（力の大きさ × 支点までの長さ）が左より大きくなるため、右へ回転し続けてしまいます。

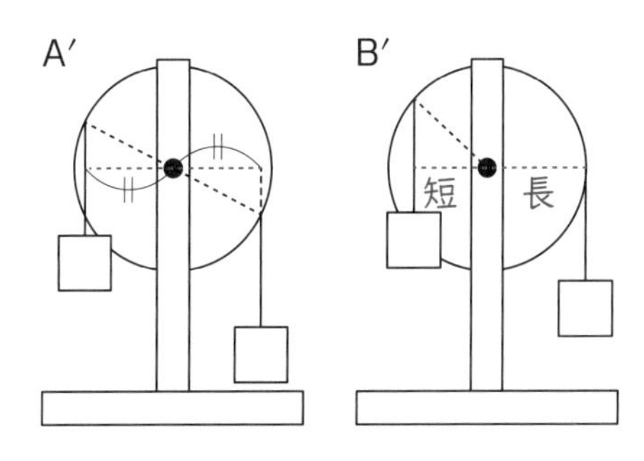

ここでもう一度、やじろべえを見直してみましょう、左右のおもり（ここではどんぐり）は、どちらも支点より低い位置につけていますね。こうするとBの図とは逆に、右にかたむけると左のモーメントが大きくなり、かたむけたほうとは逆側に回転しようとして、水平を保つんですね。

答え　Aはおもりをつけた位置が支点と同じ高さだから、かたむけても左右のうでの長さが変わらない。Bはおもりをつけた位置が支点より高い位置だから、右にかたむけると右のうでの長さのほうが長くなり、そのまま右に回転を続ける。

20 てこのつり合い（2）

小4 小5 小6

太さが一様でない長さ 90cm、重さ 360g の棒があります。この棒を、一方のはしを床につけたまま、もう一方のはしをばねばかりでつるすと、ばねばかりの目盛りが 200g を示していました。この棒を 1 点でつり下げた場合に水平につり合う点（この点を重心といいます）は棒の左はしから何 cm か、求めてください。

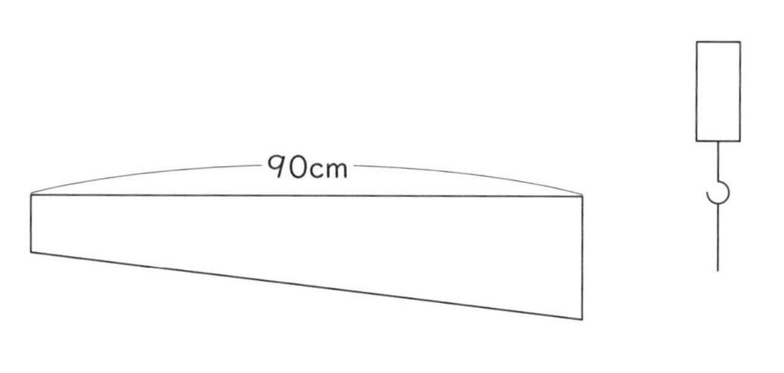

このナゾを解く魔法ワザ

重心 ＝ 棒の重さがかかっている 1 点

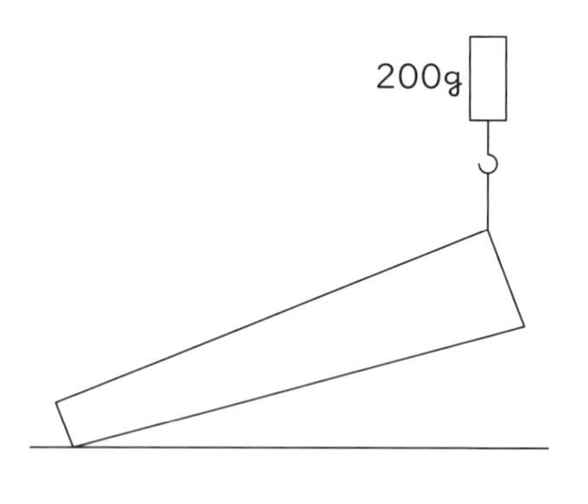

この棒を、一方のはしを床につけたまま、もう一方のはしをばねばかりでつるしたとき床についている点を支点と考えると、モーメント計算ができます。

棒を右、左に回転させるはたらきのつり合いを式に表すと、

200×90 ＝ $360 \times \square$

左回転　　右回転

$\square = 18000 \div 360$

$\square = 50$

答え　50cm

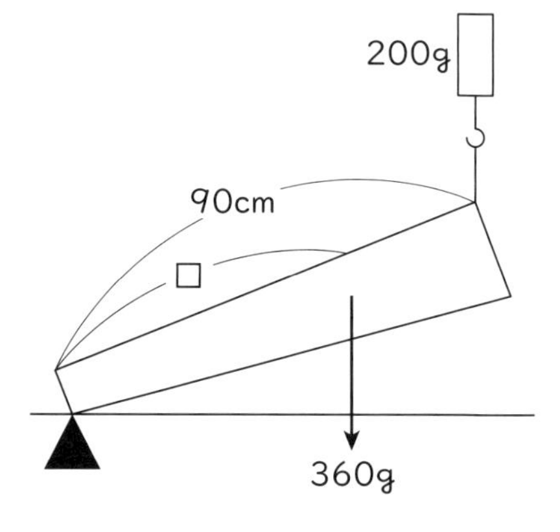

ワンポイント 高学年では逆比を使って求められるようにしておこう

棒の重心は、逆比を使って求めることもできます。

右の図で棒の右はしにかかっている力が200gであれば、左はしにかかる力は、

360−200＝160gとなります。

このとき重心の位置は、棒の左右にかかる力の大きさの比の逆比となります。重心の位置は、

⑨＝90cm　①＝10cm　⑤＝50cm

のように求めることができますね。

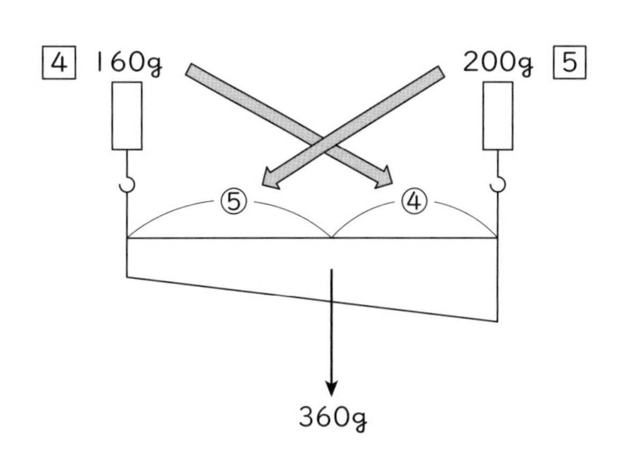

問題を解こう

HOP 必ず「棒の重さを表す矢印」を図に書き込んで計算しよう

長さ90cmで太さがどこも一様な棒、おもり、ばねばかりを使って、右の図のように棒をつり合わせました。ばねばかりにかかる力の大きさ（Ag）は何g？

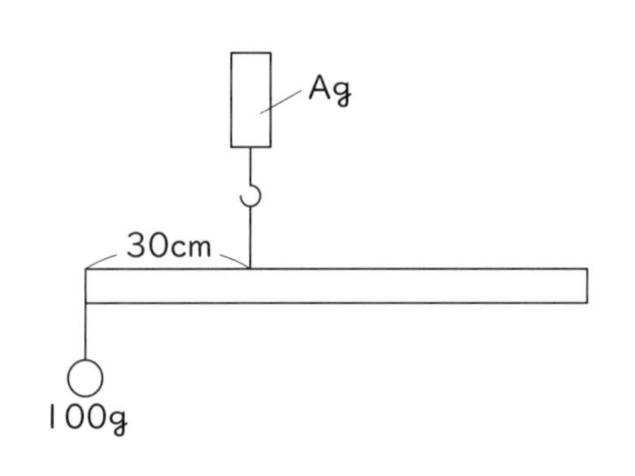

STEP 板の重心にかかる力をおもりと考えて計算しよう

右の図のように、長さ10m、重さ125kgでうすい直方体の板を、台から右に4m出しています。体重50kgのピキくんが板の上を右に動いていくと、ピキくんは台のはしから何mまで（図の□m）右に動くことができる？

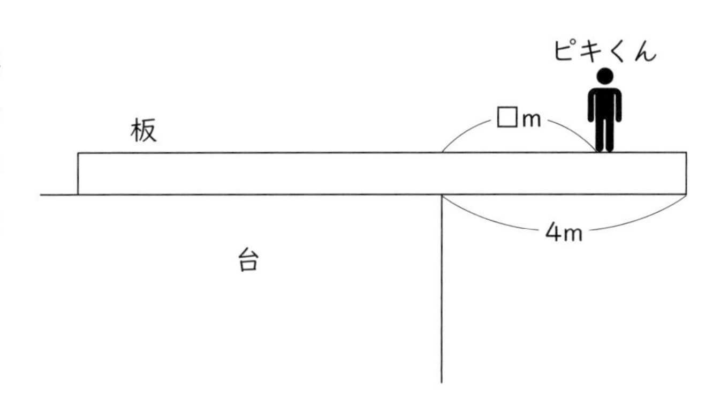

JUMP 自分の言葉で説明してみよう

長さ50cmで太さがどこも一様な針金を、図のように直角に折り曲げました。このL形の針金の重心がどこにあるか、作図や計算によって求める方法を説明してみよう。

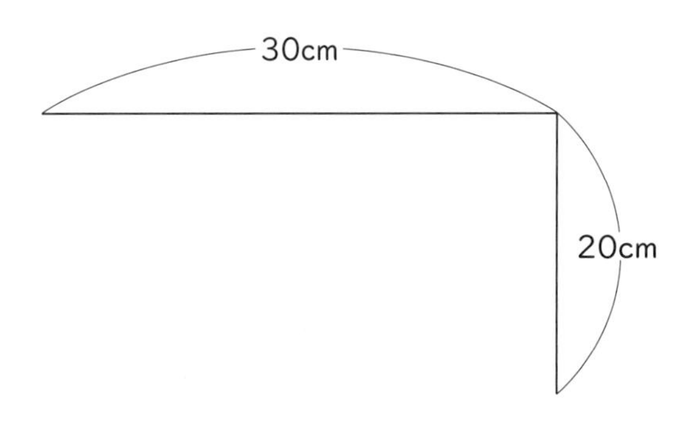

問題の解説と答え

HOP 必ず「棒の重さを表す矢印」を図に書き込んで計算しよう

棒の重さを考える問題を考えるときの鉄則として、棒の重心にかかる棒の重さを、矢印を使って図に書き込んで考えるというものがあります。

この問題で、棒の左側だけにおもりがつり下がっていてつり合っているのは、ばねばかりよりも右側に棒の重心があり、そこに棒の重さにあたる力が下向きにかかっているためです。

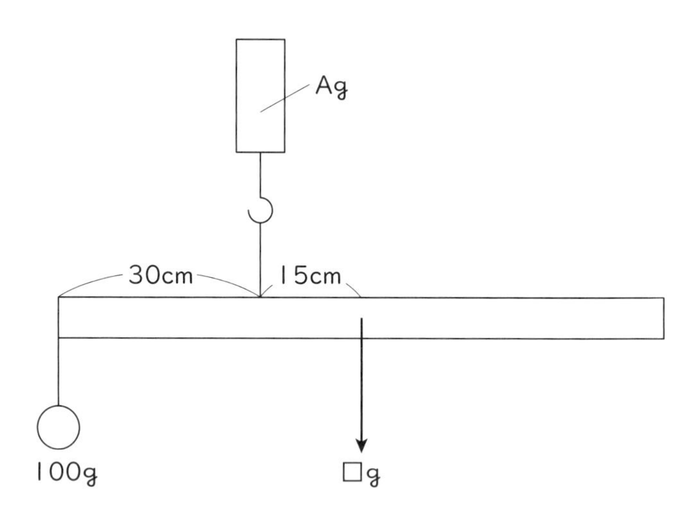

このとき、太さが一様な棒の重心は90cmの中央、左はしから45cmにあるので、ばねばかりから右に、

45－30＝15cm　のところにあります（右上図）。

このことがわかるように、右のように棒の重心に下向きの矢印を書き込んでおきましょう。

この棒の重さと、左側のおもりがつり合っているんですね。

つり合いの式は、

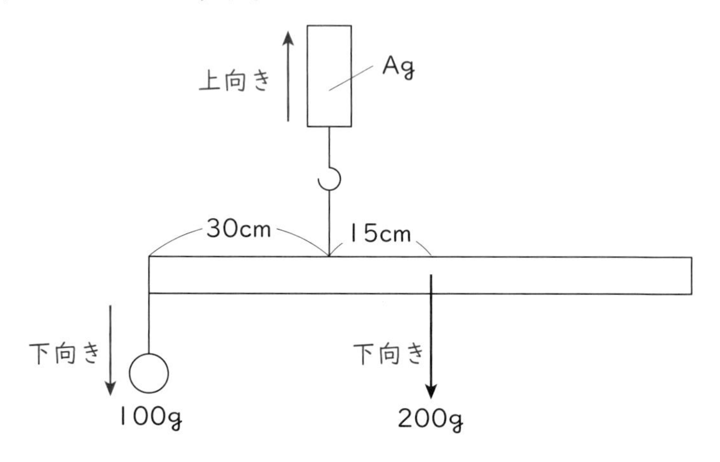

100×30 ＝ □×15
左回転　　右回転

3000＝□×15
□＝3000÷15
□＝200

Aにかかる力の大きさは、棒の重さとおもりの重さの合計となりますね。

A＝100＋200＝300g

答え　300g

STEP 板の重心にかかる力をおもりと考えて計算しよう

板の重心は板の中央、板の右はしから5mのところにあります。まずはここに板の重さを表す矢印を書き込みましょう。

台の右はしを支点として板の重さとピキくんの体重がつり合うところまで、ピキくんは右に動いていくことができますね。

ピキくん
□m
板
4m
1m
台
125kg
50kg

$\underline{125\times1}$ ＝ $\underline{50\times\square}$
左回転　　右回転

$\square=125\div50=2.5$

答え　2.5m

JUMP 自分の言葉で説明してみよう

この針金を、30cmの針金と20cmの針金がくっついたものと考えてみましょう。

それぞれの部分は太さが一様な針金と同じで、その中央に重心があります。
長さの比が　3：2　ですから、それぞれの重心にかかる重さの比も　3：2　ですね。

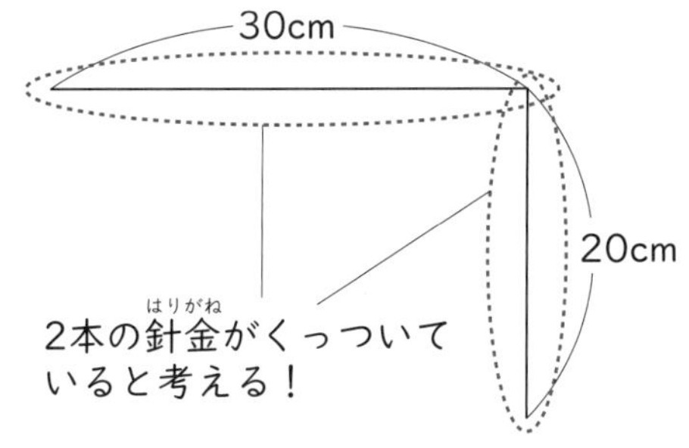

この2つの重心にかかる力をつり合わせる点を求めると、この針金の重心がわかります（これを「重心の合成」といいます）。

答え　下図

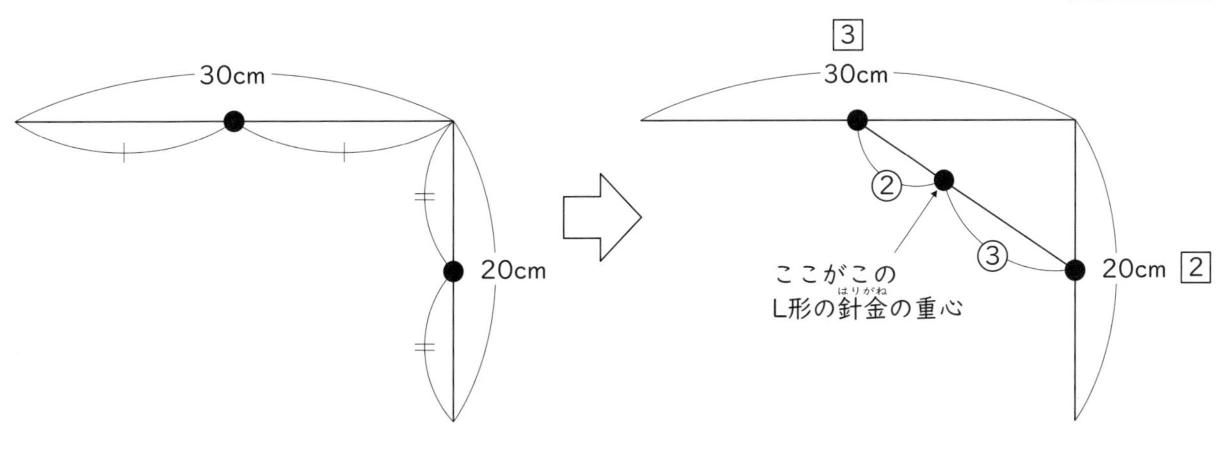

21 ふりこともののの運動

小4　小5　小6

このナゾがわかるかな？

図のような時計を「ふりこ時計」といいます。ふりこが左右にふれることで歯車を回し、時計が動く仕組みになっています。
夏、暑い毎日が続き、だんだん時計がおくれるようになってきました。どのようにして調整すればいいでしょうか。

A　ふりこのおもりを上げる
B　ふりこのおもりを下げる

このナゾを解く魔法ワザ

「ふりこの等時性（とうじせい）」を考えよう。

「ふりこの等時性（とうじせい）」とは、ふりこが1往復（おうふく）するのにかかる時間（周期といいます）は、ふれ幅（はば）やおもりの重さなどに関係なく、ふりこの長さだけによって決まる、というものです。
ふりこの長さと周期の関係は、下の表のようになります。

長さ（cm）	25	50	75	100	125	150	175	200	225
周期（秒）	1.0	1.4	1.7	2.0	2.4	2.4	2.6	2.8	3.0

（長さ 25→100：×2×2、25→225：×3×3／周期 1.0→2.0：×2、1.0→3.0：×3）

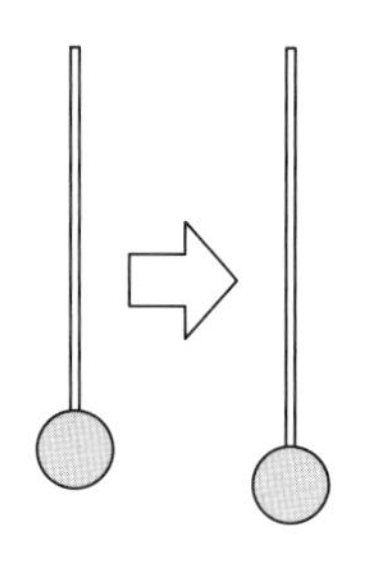

ふりこの長さが長いほど、周期が長くなっていますね。時計がおくれるようになったということは、周期が長くなった、つまりふりこが長くなったということです。

ですから、ふりこのおもりを上げて、ふりこを短くするといいですね。

答え　A

ワンポイント　どうして時計がおくれるようになった？

では、なぜふりこ時計がおくれるようになったか（なぜふりこが長くなったか）を考えてみましょう。

問題には「夏、暑い毎日が続き、だんだん時計がおくれるようになってきました」とあります。つまり、暑いとふりこの金属がぼう張し、その結果ふりこの長さが長くなっていたんですね。

季節による金属のぼう張（体積が大きくなる）と収縮（体積が小さくなる）の例には、右のような電線のたるみなどもあります。

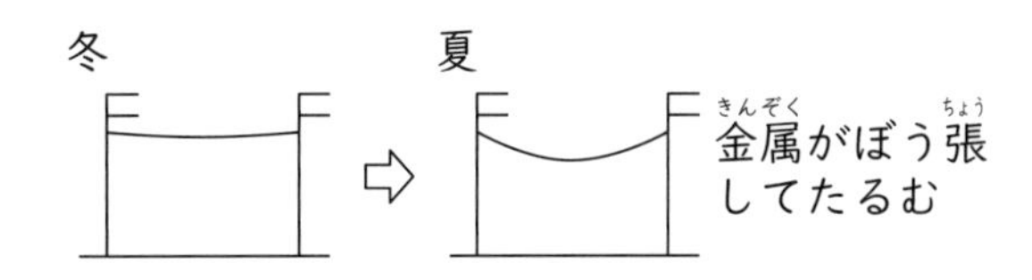

問題を解こう

HOP 「ふりこの等時性」を活用して解こう

図1のように、ふりこのふれ幅を10cmに固定し、ふりこの長さをいろいろ変えて、ふりこが1往復するのにかかる時間を測定すると、図2のようになりました。

また、長さ100cmのふりこのひもの上から75cmのところにくぎを打ち、ひもが引っかかるようにして、ふりこを左はしからはなしたところ、ひもがくぎに引っかかって図3のようにふれました。

図1

10cm

図2

長さ（cm）	1往復の時間（秒）
25	1
50	1.4
100	2
150	2.4
200	（ア）

図3

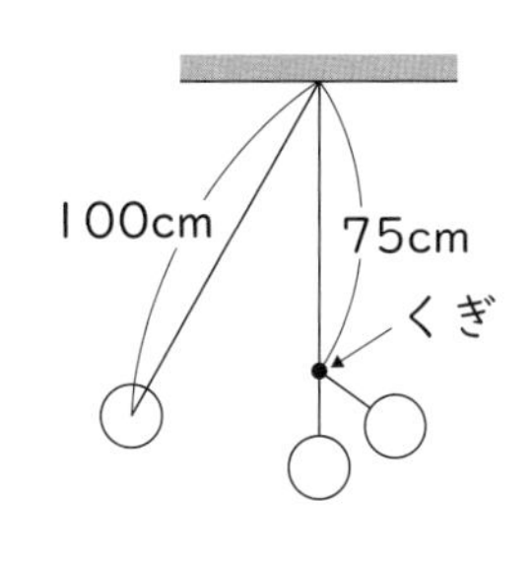

(1)　図2の（ア）にあてはまる数字は？
(2)　周期が3秒のふりこを作るには、長さを何cmにすればいい？
(3)　図3のふりこの周期は何秒？

STEP 図を見て考えよう

図のようなふりこを作って、Aの位置からおもりをはなすと、B→C→D→Eと移動してEで止まり、またAまで戻ってきました。
おもりがAからEまで移動するとき、DとEの位置でひもを切断すると、おもりはどのように動く？

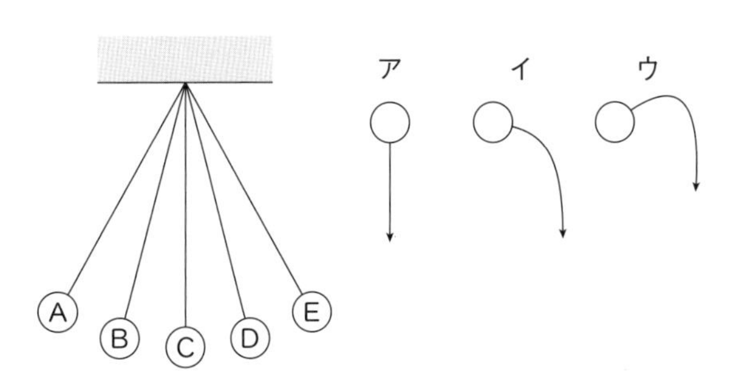

JUMP 自分の言葉で説明してみよう

同じ材質で同じ大きさ、重さの球をPからQまで転がします。A、B 2種類の斜面を使って転がしたとき、どちらが短い時間で球はQまで到達する？
結果とその理由を説明しよう。

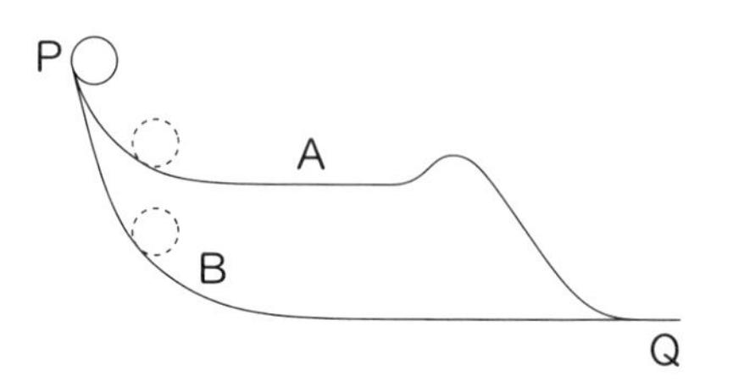

ただし、AもBもPからQまでの道のりは同じ長さとします。

問題の解説と答え

HOP 「ふりこの等時性」を活用して解こう

(1)　図2から、ふりこの周期を2倍にするには、長さを2×2倍にすればいいことがわかります。

長さ（cm）	1往復の時間（秒）
25	1
50	1.4
100	2
150	2.4
200	（ア）

×2×2　×2×2　×2　×2

周期が（ア）のふりこは長さが 50×2×2＝200cm

だから周期は　1.4×2＝2.8（秒）

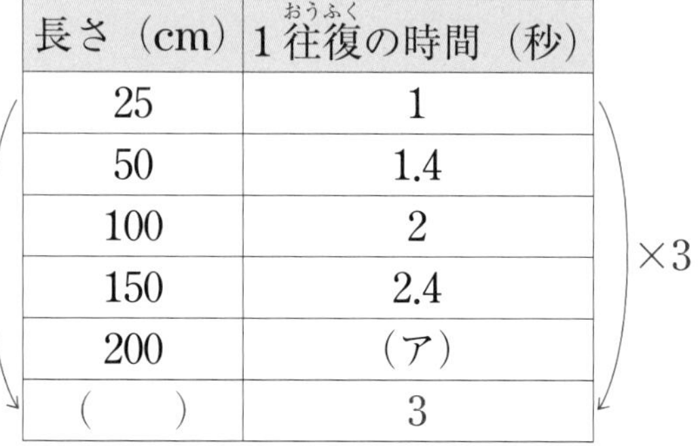

長さ（cm）	1往復の時間（秒）
25	1
50	1.4
100	2
150	2.4
200	（ア）
（　　）	3

×3×3　×3

(2)　周期3秒のふりこは、長さ25cmのふりこ（周期1秒）の3倍なので、ふりこの長さは、

25×3×3＝225（cm）

(3)　ふりこの左側は100cmの長さ（周期2秒）、右側は、くぎから下25cmの長さ（周期1秒）です。

周期は　(2＋1)÷2＝1.5秒

答え　(1) 2.8　　(2) 225cm　　(3) 1.5秒

STEP 図を見て考えよう

おもりがAからEまで動くとき、B・C・Dでおもりがどの向きに移動(いどう)しているかを矢印で書き込(こ)んでみます。A・Eにおもりがきたとき、おもりは一度静止します。

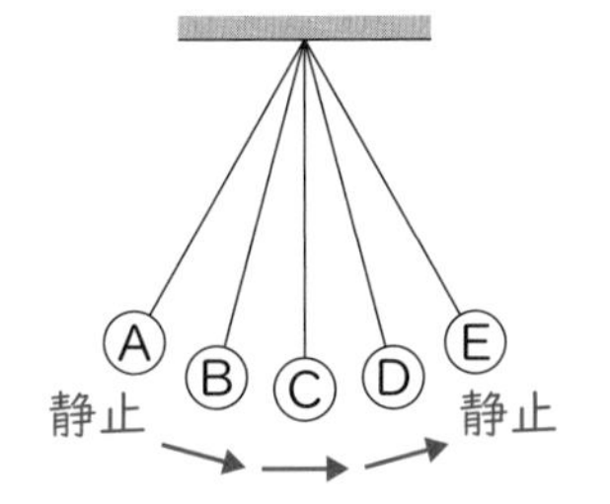

Dでひもを切ると、おもりは右上に飛び出すように落下します。
Eでひもを切ると、おもりが静止しているため、おもりは真下に落下します。

答え　D　ウ　　E　ア

JUMP 自分の言葉で説明してみよう

AとB、同じ高さから斜面(しゃめん)を転がしますが、どちらもおもりが最下点に達したときに最も速くなります。

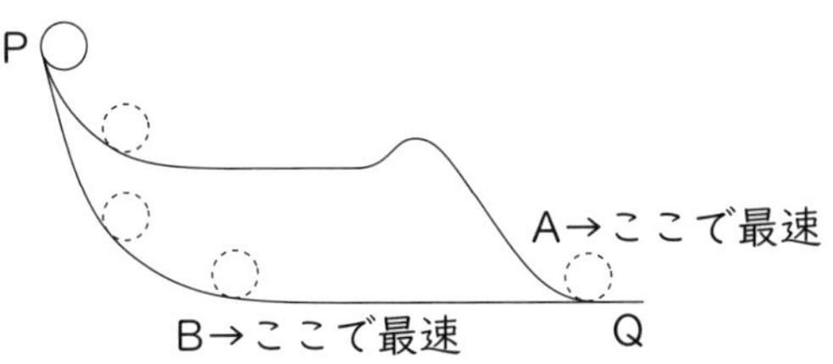

スタート後、AよりもBのほうが短い時間で速さが最大になるためPからQまでの道のりが同じ長さであれば、Bのほうが先にQに到達(とうたつ)すると考えられます。

おもりが最下点きたときに速さが最大になるのは、おもりがP点にあったときに持っていた「位置エネルギー」が、転がり落ちるに従(したが)って「運動エネルギー」に変換(へんかん)されるためです。

この原理を利用しているのがジェットコースターですね。

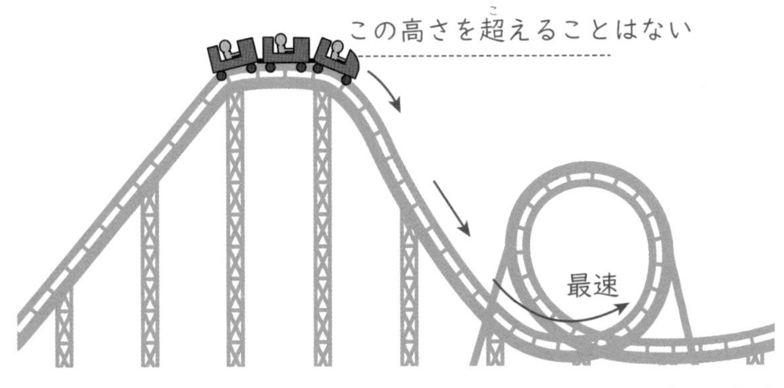

スタート地点の高さによって「位置エネルギー」が決まり、これを「運動エネルギー」に変換(へんかん)しながら進んでいくので、スタート地点より高い地点を通ることはありません。
また、コースの中でもっとも低い地点を通るとき、速さが最大になります。

答え　B　AよりもBのほうがスタート後、短い時間で速さが最大になるため。

Chapter

7

熱・音・光

22 熱の伝わり方

小4　小5　小6

このナゾがわかるかな？

冬の公園。気温は0℃、いてつく寒さです。
あなたは半ズボンを履いていて、ベンチに座って一休みしようと考えています。
木のベンチ、鉄のベンチ、どっちに座りたい？

A　木のベンチのほうが冷たくなさそう
B　鉄のベンチのほうが冷たくなさそう
C　どちらも同じだからどっちでもいい

このナゾを解く魔法ワザ

「熱の伝わりやすさ」を考えよう！

なべややかんに、なぜ金属が使われるか考えてみよう。
もちろん、熱に強いといった特徴もあるけれど、熱を伝えやすいということも大きな理由の一つです。
逆に、なべややかんの「取っ手」には、やけどをしないように金属のまわりにプラスチックなどが巻かれています。
これは逆に、プラスチックの熱を伝えにくいという性質を利用しています。

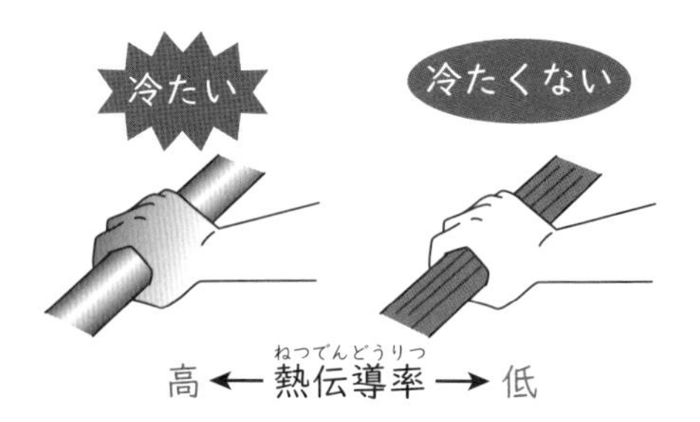

熱の伝わりやすさを「熱伝導率」といいますが、鉄は木材の数百倍になります。
それだけ急速に、体の熱をうばってしまうんですね。

答え　A

ワンポイント　3つの熱の伝わり方を理解しておこう

上記のように、金属などの中を順に伝わる熱の伝わり方を伝導、液体や気体の温まった部分が上に移動し、動きながら熱が伝わるのが対流、炎や太陽の熱などのように、はなれたところに直接熱が伝わるのを放射といいます。

次の身近な現象が、どの熱の伝わり方によるものか、考えてみよう！

A　日なたの地面の温度は、日かげよりも高くなる。

B　お風呂のお湯の水面に近い部分は熱かったが、入ってみると底のほうは冷たかった。

C　たき火にあたると暖かい。

D　おみそ汁を温めているのを観察すると、底のほうからモヤモヤと上がってくるのが見えた。

E　ホットプレートにお肉をのせると、こんがりと焼けた。

F　寒い日は、ふかふかの毛布をかけて寝ると暖かい。

答え　A　放射　B　対流　C　放射　D　対流　E　伝導　F　伝導

問題を解こう

HOP　伝導について考えよう

図のように、2種類の金属A、Bに3cmごとにろうをぬって、マッチ棒をつけました。そして金属のはしをアルコールランプで熱すると、熱しているところに近いほうからマッチ棒が落ちました。表は、この実験で2つの金属のマッチ棒が落ちるまでにかかった時間を示しています。

図

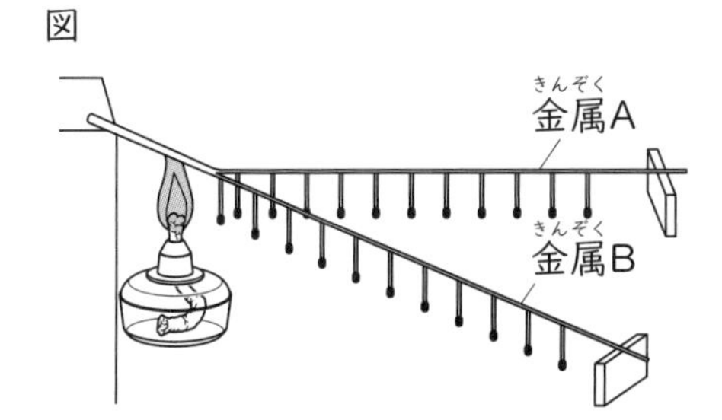

表

熱しているところからマッチ棒までの長さ（cm）	3	6	9	12	15	18	21
金属A（秒）	4	8	12	（ア）	20	24	28
金属B（秒）	6	12	18	24	（イ）	36	42

(1)　表の（ア）（イ）にあてはまる数字は？

(2)　金属Bでマッチ棒が3本落ちたとき、金属Aではマッチ棒が何本落ちる？

(3)　金属A、Bがアルミニウムと銅だとすると、どっちがアルミニウム？

STEP　実験結果から考えよう

図のような金属球と、金属の輪を用意しました。はじめ、金属球を金属の輪に通そうとしましたが、通りませんでした。そこで、金属の輪をガスバーナーで熱したところ、金属球は金属の輪を通り抜けました。

図

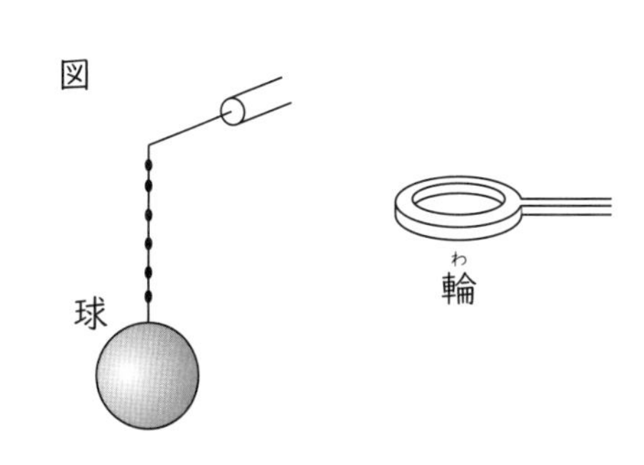

(1)　もう1つ、金属球を金属の輪に通す方法があるとすれば、どんなことが考えられる？

(2)　この実験から考えて、五円玉を熱すると、全体の形はどのように変化する？

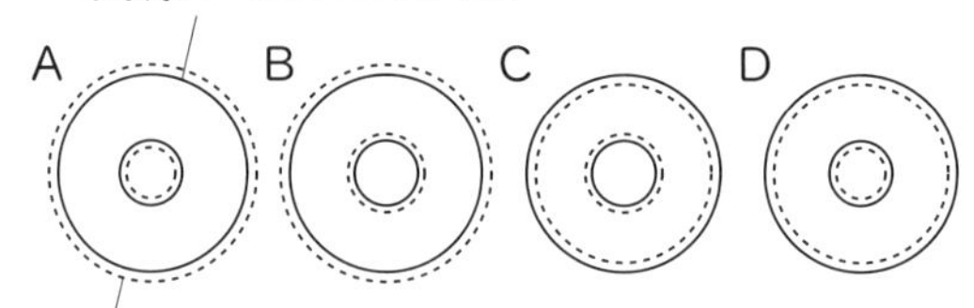

JUMP 自分の言葉で説明してみよう

図1、図2は、ある魔法びんメーカーのホームページで示されているものです。
魔法びんとは、中に入れた熱い飲み物が時間がたっても冷めないように工夫された容器で、その工夫を説明しています。

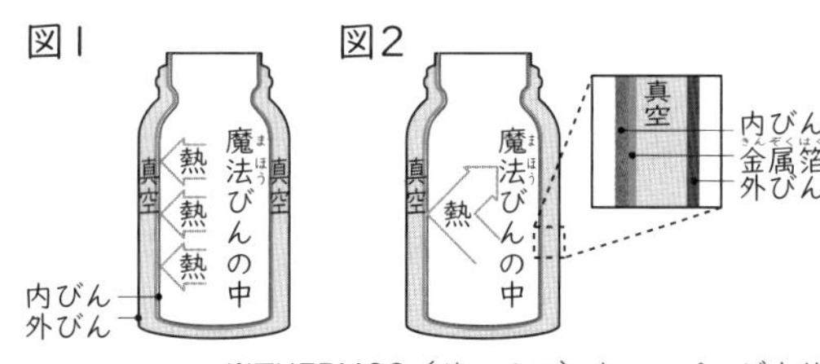

※THERMOS（サーモス）ホームページより

図を見て、図1、図2からわかることをそれぞれ説明しよう。
※金属箔とは、金属をうすく引き延ばしてはりつけたもの。

問題の解説と答え

HOP 伝導について考えよう

ろうは温まると液体に、冷えると固体になるので、温めたろうを接着剤代わりに、金属棒にマッチ棒を一定の間隔（3cm ごと）につけています。
熱伝導によりマッチ棒をつけていたろうがとけると、マッチ棒が順に落ちていきます。

(1)　金属 A では 4 秒ごとに、金属 B では 6 秒ごとにマッチ棒が落ちています。
(2)　金属 B で 3 本のマッチ棒が落ちるのは 18 秒後、金属 A では 16 秒後までにすでに 4 本のマッチ棒が落ちています。
(3)　熱の伝わりやすさを「熱伝導率」といい、金属は木材やガラスなどに比べると、非常に高い数値になります。金属の中にも熱伝導率の順位はあり、銅のほうがアルミニウムよりも熱伝導率が高く、その性質を利用して調理器具（なべなど）にも使われます。

> 金属の熱伝導率の順位の覚え方
> 熱出た。　銀は　どこに　あるっ　　て？
> 　　　　　銀　　銅　アルミニウム　鉄

答え　(1)（ア）16　（イ）30　(2) 4 本　(3) B

STEP 実験結果から考えよう

金属の輪を熱すると、金属球が通った ＝ 金属の輪が広がった、ということですね。
熱することで金属がぼう張して、金属の輪がのびて穴が広がったんですね。

(1)　もう一つ方法があるとすれば、金属の輪を大きくするのではなく、金属球を小さくするという方法ですね。金属も熱するとぼう張（体積が大きくなる）し、冷やすと収縮（体積が小さくなる）します。

(2)　五円玉も金属の輪と同じ、と考えると、五円玉の穴が大きくなるはずですね。
答えはBかCになりますが、ぼう張により全体の体積も大きくなるので、答えはBです。
五円玉を「穴のあいた板」と考えず「針金の輪っかと同じ」と考えれば、針金がのびるだけなので、外側も内側も大きくなることがわかりますね。

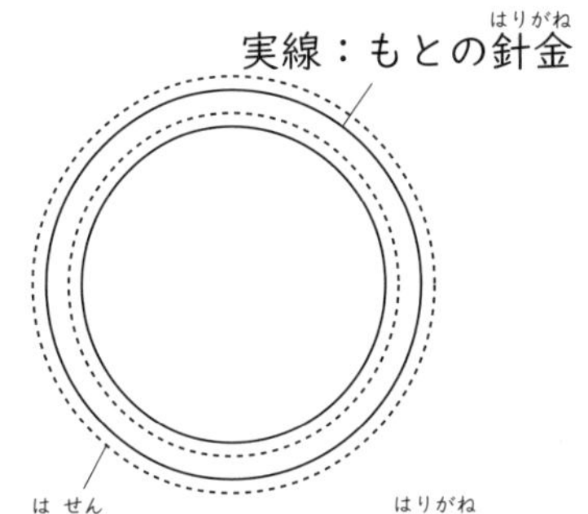

答え　(1) 金属球を冷やす　　(2) B

JUMP 自分の言葉で説明してみよう

1873年、イギリスのジェームズ・デュワーという学者が、金属びんを2重にしてその間を真空にすると、断熱効果があることを発見します。

1892年、デュワーは2重の真空ガラスびんの内側に銀メッキをし、中の熱を逃しにくいようにしたものを作り、これが現在の魔法びんの原型となっています。

答え　図1から内びんと外びんの間を真空にし、空気による熱の伝導と対流を防いでいること、図2から内びんに金属箔をはりつけることで内部の熱が逃げないように反射させていることがわかる。

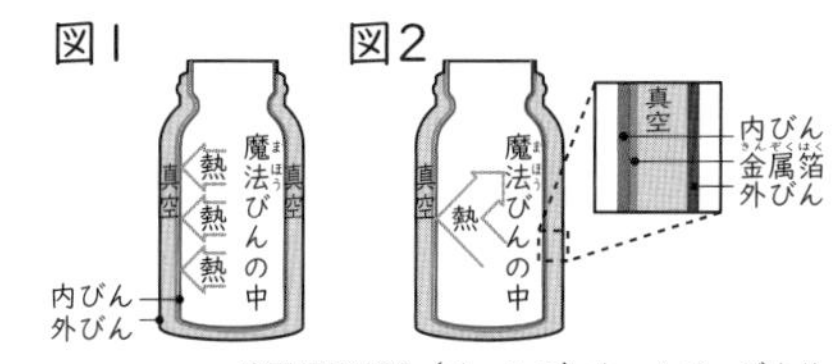

※THERMOS（サーモス）ホームページより

はじめて魔法びんが発売されたのはドイツで、「テルモス」という商品名でした（「テルモス」はギリシャ語で「熱」の意味）。その商標をゆずりうけたイギリスの会社が、英語読みの「サーモス」として、現在でも魔法びんの生産と販売を続けています。

23 水・氷・水蒸気

小4　小5　小6

このナゾがわかるかな？

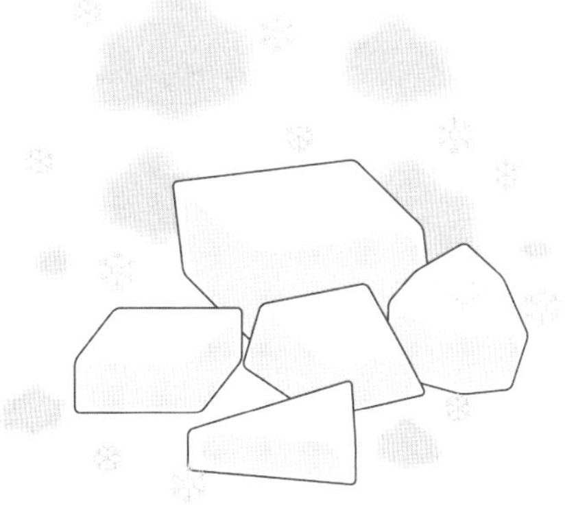

夏の暑い日、ピキくんが冷凍庫を開けると、白いけむりのようなものが出てきました。ピキくんが「もしも冷凍庫の中で過ごすとしたら、けむりだらけで前が見えないね」と言うと、にゃん太郎くんが「そんなことはないよ。このけむりは冷凍庫を開けたときだけできるんだよ」と教えてくれました。ピキくんは「そういえば、アイスを食べるときにもちょっとけむりができているな」と思いました。
さて、このけむりの正体は？

このナゾを解く魔法ワザ

目に見えているということは、二酸化炭素ではない !?

冷たいもので「けむり」といえば、ドライアイスを思い浮かべる人も多いのではないでしょうか。ドライアイスを水に入れると、ブクブクと気体の泡が発生します。そして水面からは白いけむりのようなものが発生しますね。このけむりは、冷凍庫を開けたときのけむり、そしてアイスを食べるときにできるけむりと同じものです。

空気

空気中の水蒸気が冷やされてできた氷や水の粒

ドライアイスなど冷たいもの

ドライアイスは、二酸化炭素を冷やして氷のような固体にしたものだと知っている人もいると思いますが、このけむりは二酸化炭素なのでしょうか？　でも二酸化炭素は、無色とう明の気体なので、目に見えるはずがありませんね。

実はドライアイスのけむりは、空気中の水蒸気が冷やされて小さな氷や水の粒になったものです。
冷凍庫を開けた瞬間にできるけむりも同じ原理で、冷凍庫の前にあった空気中の水蒸気が冷やされるんですね。
冷凍庫（約 −20℃）はドライアイス（約 −80℃）ほど温度が低くないので、けむりの大部分は水の粒でしょう。

答え　冷凍庫の前にあった空気中の水蒸気が冷やされて、小さな水（や氷）の粒になったもの。

ワンポイント 氷⇔水⇔水蒸気 の変化を意識しよう

ドライアイスは二酸化炭素を冷やして固体にしたものですが、二酸化炭素は水のように「気体（水蒸気）→液体（水）→固体（氷）」と変化せず、いきなり気体から固体に変化します（この変化を「昇華」といいます）。

気体
凝縮
昇華
蒸発（気化）
昇華
融解
液体
固体
凝固（固化）

身の回りで、洗たく物がかわいたり、寒い日に部屋のガラスがくもったりするのは、右のどれにあたるでしょうか。
考えてみよう！

問題を解こう

HOP グラフから考えよう

図1のように、ビーカーに氷を入れて電熱器でとかす実験をしました。図2は、そのときの熱した時間とビーカー内の温度計が示した温度の関係を表しています。

図1

図2

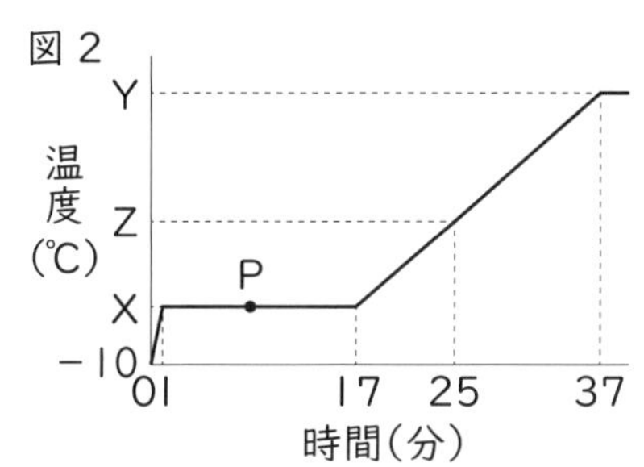

(1)　グラフのX、Yの温度は？
(2)　グラフのP点では、ビーカーの中はどのような状態になっている？
(3)　熱した時間から計算すると、グラフのZの温度は？
(4)　熱し始めて1分後から17分後まで、熱し続けているのに温度が一定なのはどうして？
(5)　熱し始めて37分後からあとは、熱し続けているのに温度が一定なのはどうして？

STEP 実験結果から考えよう

図1のように、ビーカーに氷を入れて、ある物質を氷にまぜました。そこに水を入れた試験管をさし、温度変化を測定しました。図2は、そのときの時間と試験管内の温度計が示した温度の関係を表しています。

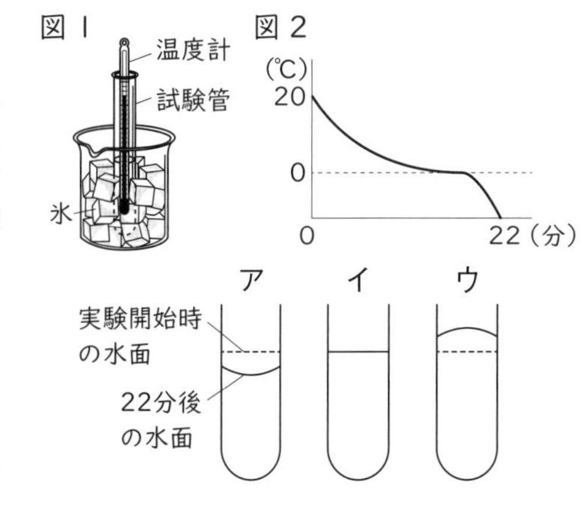

(1)　ビーカーの氷にまぜた「ある物質」は何？
(2)　実験から22分後、試験管の水面はア〜ウのどれになっている？

JUMP 自分の言葉で説明してみよう

図のような装置を使って、フラスコの水を熱してふっとうさせました。水がふっとうしているとき、ガラス管の先から少しはなれたところに湯気が観察できましたが、よく見るとAの部分には湯気がなく、Bの部分で観察できた湯気は、少しはなれたCの部分ではまた見えなくなっていました。このとき起こっている水の変化を説明してみよう。

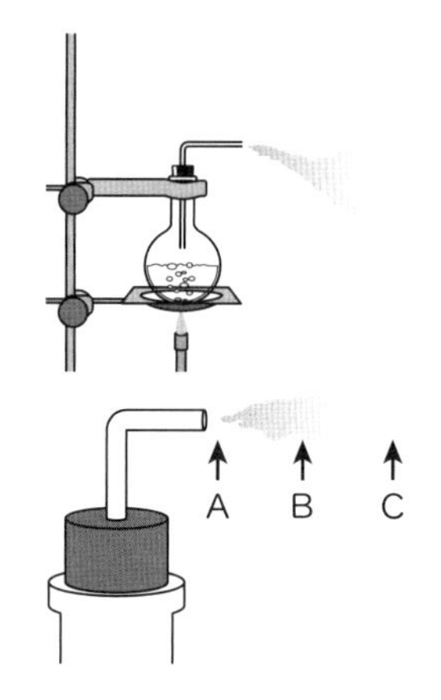

問題の解説と答え

HOP グラフから考えよう

図2のグラフで、1分後から17分後まで温度が変わらないのは氷がとけている時間、37分後から温度が変わらないのは水がふっとうしている時間ですね。

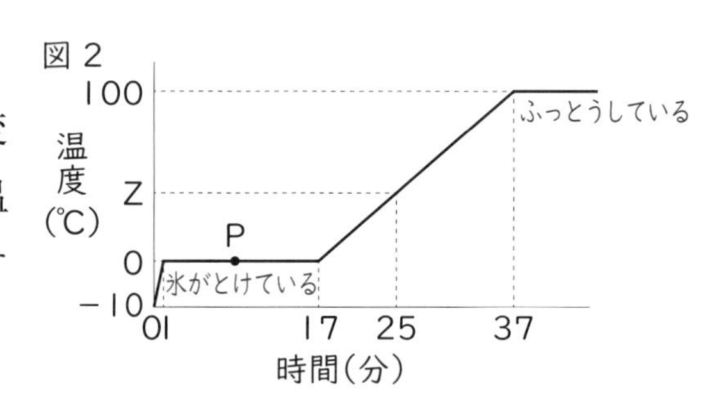

(1)　Xは氷がとける温度、Yは水がふっとうする温度ですね。

(2)　氷がとけ始めてからすべてとけて水になるまで、氷と水がまざった状態です。

(3)　水の温度が上がり始めてからふっとうするまでの時間は、

37−17＝20分

Zの温度になるまでの時間は、

25−17＝8分　です。

右のように計算すると、

100×0.4＝40℃

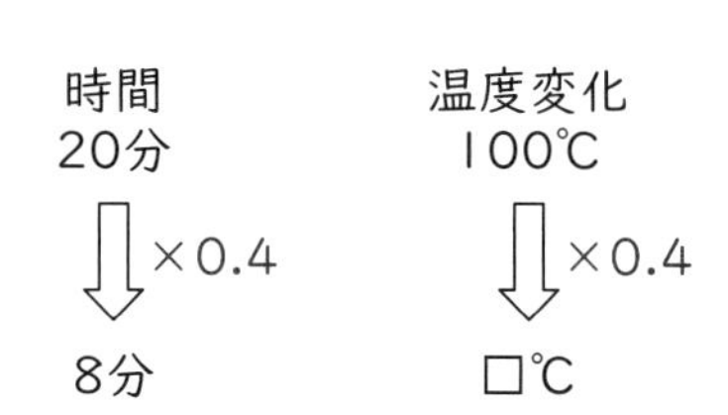

(4)　氷を水にする（とかす）のに熱が必要なので、電熱器で加えた熱がそのために使われてしまいます。だから氷がすべてとけてしまうまでは、熱しても温度は0℃のまま一定になります。

(5)　(4)と同じように、水を水蒸気にするのに熱が使われるため、水の温度は100℃より上には上がりません。

答え　(1) X　0℃　Y　100℃　(2) 氷と水がまざった状態　(3) 40℃　(4) 氷をとかす（水に変える）ために加えた熱が使われるため。　(5) 水を水蒸気に変えるために加えた熱が使われるため。

STEP 実験結果から考えよう

(1)　図2のグラフが0℃になっていることから、試験管の中の水がこおったことがわかります。図1のビーカーに入れるのが氷だけでは、試験管の水をこおらせることはできません。氷に食塩をまぜることで、氷の温度が −20℃くらいまで下がり、試験管の水をこおらせることができます。

このように氷の温度を下げるために使う食塩のような物質を「寒剤」といいます。

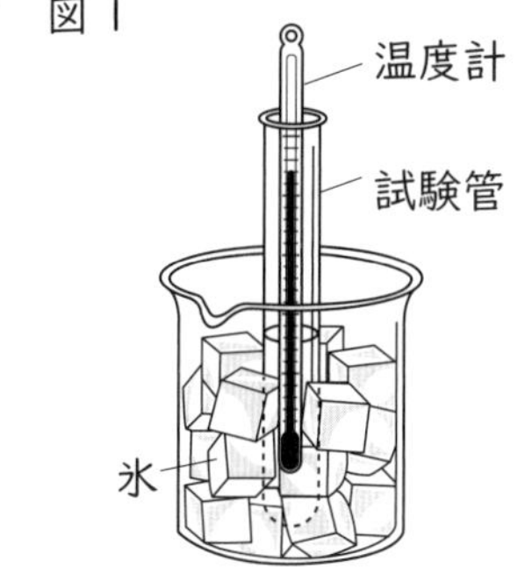

(2)　水がこおると、その体積は約1.1倍になります。

缶ジュースなどに「こおらせないでください」とあるのは、中身の体積が増えて破裂するおそれがあるからですね。

また水はこおらせると体積が増えますが、重さはもとのままなので、同じ体積あたりの重さ（密度といいます）が小さくなり、結果として氷は水に浮きます。

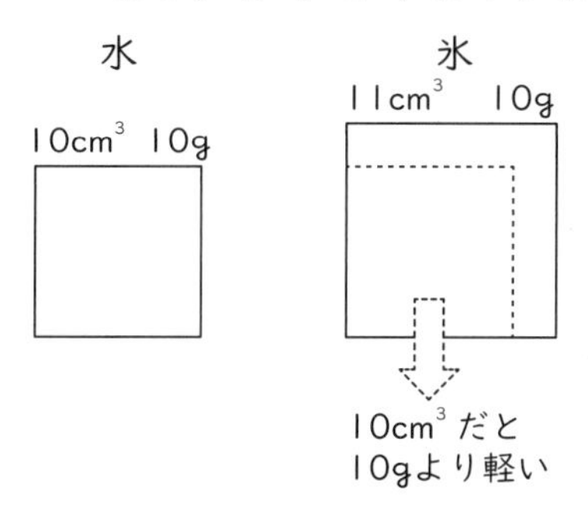

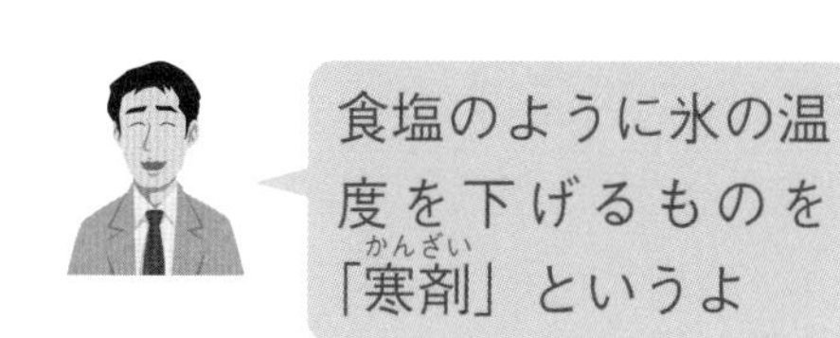

答え　(1) 食塩　　(2) ウ

JUMP 自分の言葉で説明してみよう

ふっとうした水が水蒸気に変わり、ガラス管の先からは高温の水蒸気がふき出しています。水蒸気は気体で目には見えないため、Aの部分は何もないように見えます。

空気にふれた水蒸気は冷やされ、小さな水の粒に変わります。これが湯気（Bの部分）です。

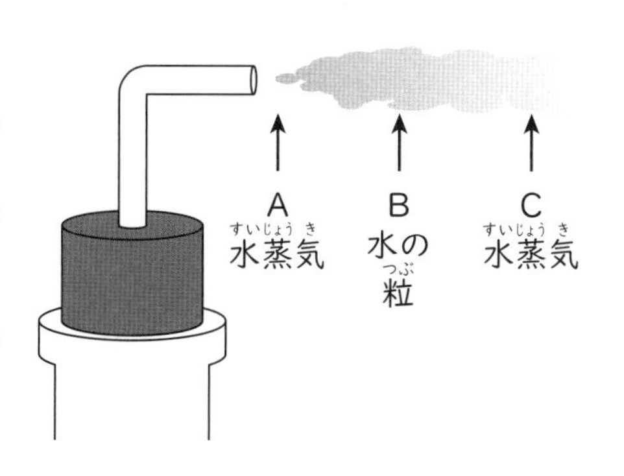

湯気の水の粒はやがて蒸発して水蒸気になり、空気中に広がっていくため、Cの部分では再び目に見えなくなっていきます。

答え　ガラス管のすぐ近くのAでは高温の水蒸気なので目に見えず、それが空気で冷やされて水の粒になったのがBで、その小さな水の粒が蒸発して再び水蒸気になるため、Cの部分では目に見えなくなる。

24 音

小4　小5　小6

このナゾがわかるかな？

ピキくんが公園の前に立っていると、救急車がサイレンを鳴らしながら近づいてきて、そのまま通り過ぎていきました。
このとき、ピキくんにはサイレンの音がどのように聞こえた？

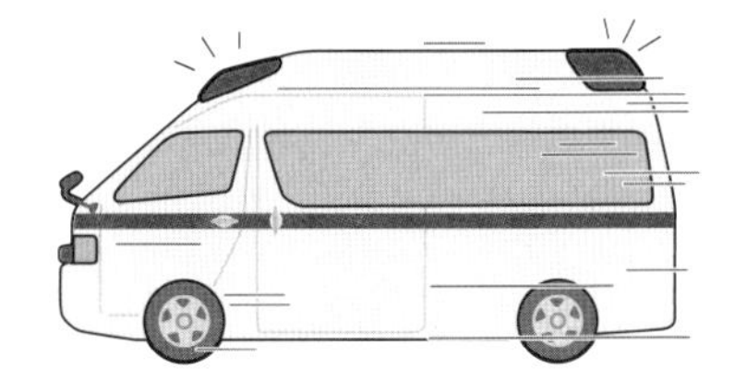

A　近づいてくるときは低い音で一定、遠ざかっていくときには高い音で一定に聞こえる
B　近づいてくるときは高い音で一定、遠ざかっていくときには低い音で一定に聞こえる
C　近づいてくるときも遠ざかっていくときも、一定の高さに聞こえる

このナゾを解く魔法ワザ

音の高さは振動数の多さ（振動の速さ）で決まり、振動数が多い ＝ 振動が速い（図の「波長」が短い）ほど高い音として聞こえます。
救急車が近づいても遠ざかりもしないときは、ピキくんには救急車のサイレンが「出したままの音の高さ」で聞こえます。
しかし、救急車が近づいてくる場合は、図のように救急車とピキくんの間の距離が縮まることで音の波長が短くなり、出した音よりも高い音が聞こえます。
また遠ざかっていく場合は、逆のことが起こります。

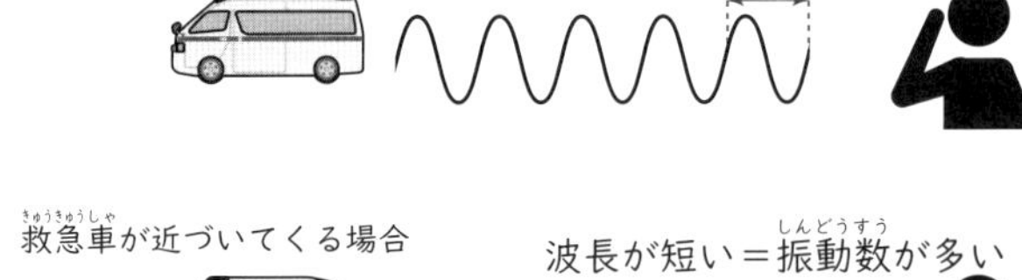

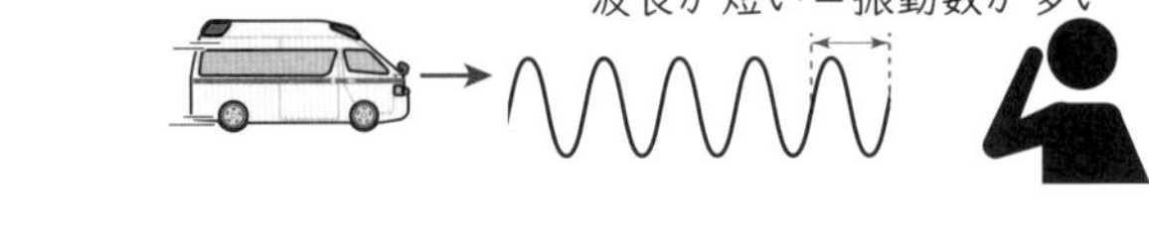

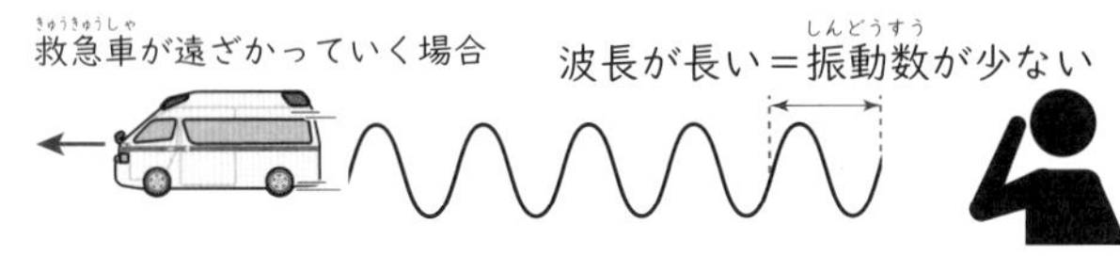

答え　B

ワンポイント　振動数と音の高さの関係を確かめよう

同じ材質のものであれば、小さく軽いものをはじいた場合は速く振動し、高い音が出ます。たとえば水筒に水やお茶を移すとき「トクトクトク…」と音がしますが、これは水筒の中の空気が振動して音が鳴っているんですね。だんだん水筒がいっぱいになってくると中の空気が少なくなり、空気がたくさんあったときに比べて速く振動するので、音が高くなってきます。
この他にも、身近にあるまわりの音の高さに注意し、耳をかたむけてみよう！

問題を解こう

HOP 実験の目的から様子を考えよう

空気がなければ音は伝わらない、ということを調べるため、右のような実験をしました。まず図1のように、丸底フラスコに少量の水を入れ、糸で鈴をつるしました。フラスコのゴムせんにはコックの付いたガラス管を通し、コックを閉めずに熱します。熱する前、フラスコを軽くふると、鈴の音が聞こえました。このことについて考えてみましょう。

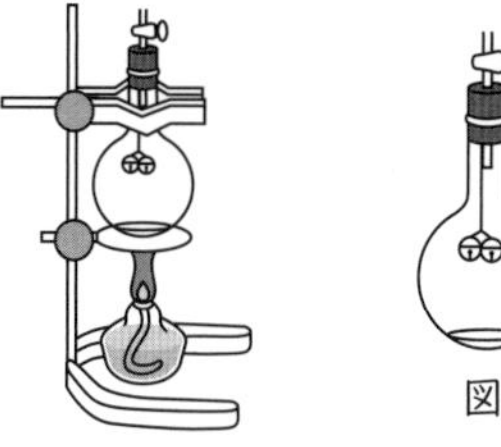

図1

図2
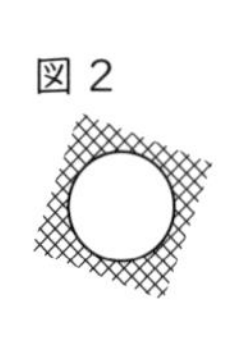

(1) フラスコを熱するときは、直接火を当てず、図2のようなものにのせて火にかけます。図2の器具の名前と、使う理由は？

(2) 図1、2以外で実験に必要なものは？（図を参考にすべて選ぼう）

A ビーカー　B わに口クリップ　C スタンド　D メスシリンダー

E アルコールランプ　F ピンセット　G ろうと

(3) フラスコの水がふっとうしてしばらくしてから、火を消すときの順序は？

A 先にコックを閉めてから火を消す　B 先に火を消してからコックを閉める

(4) ピンチコックを閉めてからフラスコを水で冷やすと、鈴の音は聞こえる？ 聞こえない？ そしてその理由は？

STEP 書き出して整理しよう

図のような「モノコード」という装置を使って、音の高さを調べる実験をしました。はじく部分の弦の長さとおもりの重さをいろいろ変えて、同じ高さの音が出る組み合わせをまとめたのが右の表です。

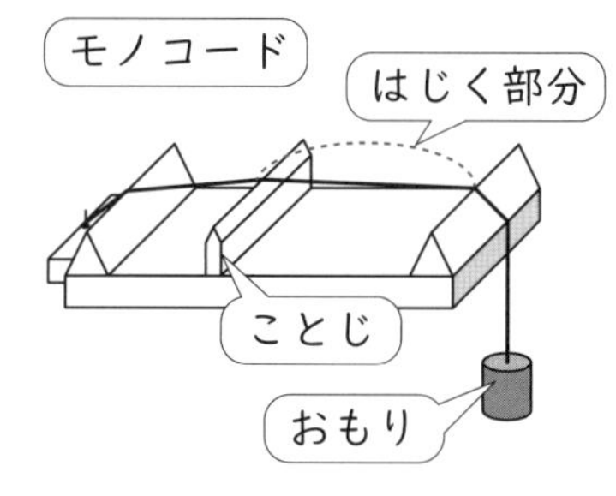

同じ高さの音が出る弦の長さ、おもりの重さ

	弦の長さ (cm)	おもりの重さ (g)
A	48	120
B	24	60
C	16	40
D	12	（ア）
E	（イ）	100
F	36	（ウ）
G	50	（エ）

(1) はじく部分の弦の長さを $\frac{1}{2}$、$\frac{1}{3}$倍にした場合、同じ高さの音を出すにはおもりの重さをそれぞれ何倍にすればいい？

(2) はじく部分の弦の長さが同じなら、重いおもりのときと軽いおもりのときでは、どちらが高い音が出る？

(3) （ア）～（エ）に入る数字は？

JUMP 自分の言葉で説明してみよう

夏の夕方、空が暗くなり雨が降ってきました。雷も鳴りましたが、稲妻が光ってすぐに「ゴロゴロ」と音が聞こえる場合と、稲妻が光ってしばらくしてから音が聞こえる場合がありました。なぜこんな違いがある？

問題の解説と答え

HOP 実験の目的から様子を考えよう

どうしてこの実験で、空気がなければ音は伝わらないことが確かめられるのか、図を見ながら考えてみましょう。

水がふっとうして水蒸気になると、体積は約1650倍になります。
フラスコの中の水がふっとうすると、フラスコの中は水蒸気でいっぱいになりますね。はじめにフラスコの中にあった空気は、水蒸気に押し出されてしまいます。火を止め、外から空気が入らないようにコックを閉め、フラスコに水をかけて冷やすと、水蒸気が水に戻って体積が小さくなり、フラスコの中が真空（空気がない状態）に近くなります。

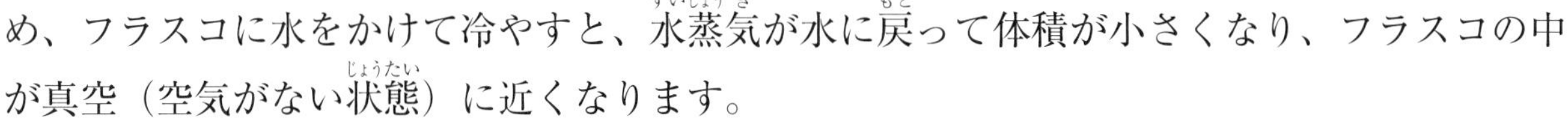

(1)　ビーカーやフラスコなどにじかに炎を当てると、その部分だけが非常に高温になって割れてしまうことがあります。そのため直火には当てずセラミック付き金網などを使います。

(2)　図を見て、フラスコとセラミック付き金網以外に必要なものを探せばいいですね。

(3)　水がふっとうして水蒸気になると、体積は約1650倍になるので、火を消すより前にコックを閉じてしまうと、水蒸気が出ていくことができず、フラスコが割れるなどのおそれがあります。

(4)　フラスコの中の空気がなくなると、音を伝えるものがなくなるため、鈴の音は聞こえなくなります。
同じように、宇宙も空気など音を伝えるものがないため、音は聞こえません。アニメなどのように宇宙船が「バーン」と音をたてて爆発したり、光線銃をうつと「ビュン！　ビュン！」と音が出るのはありえないんですね。

答え　(1) セラミック付き金網　　使う理由　フラスコにじかに炎を当てると、当てた部分だけが非常に高温になり割れてしまうことがあるから。　(2) B　C　E　(3) B　(4) 聞こえない　　理由　フラスコの中が真空になったから。

真空中では音は伝わらないんだね

STEP 書き出して整理しよう

(1)　AとB、Cを比べると、弦の長さとおもりの重さの関係がわかりますね。

(2)　おもりを重いものにすると、弦をより強く張ることになります。強く張られた弦は、はじかれたときにもとに戻ろうとする力が大きくなり、速く振動するようになります。

両手で輪ゴムをピンと張って、誰かにはじいてみてもらいましょう。強く張っているときほど、高い音が出ることがわかるはずです。

	弦の長さ（cm）	おもりの重さ（g）
A	48	120
B	24	60
C	16	40
D	12	ア
E	イ	100
F	36	ウ
G	50	エ

（A→B：$\frac{1}{2}$、A→C：$\frac{1}{3}$）

(3)　ア　$48 \div 12 = 4$　　$120 \div 4 = 30$

　　イ　$120 \div 48 = 2.5$　を利用してもいいですね。

　　　　$100 \div 2.5 = 40$

　　ウ　$36 \times 2.5 = 90$

　　エ　$50 \times 2.5 = 125$

答え　(1) $\frac{1}{2}$、$\frac{1}{3}$にすればいい　(2) 重いおもりのとき　(3)（ア）30　（イ）40　（ウ）90　（エ）125

JUMP 自分の言葉で説明してみよう

雷が鳴るとき、同時に稲妻も光ります。雷は音、稲妻は光ですね。

音は空気中を、1秒間に約340m（気温15℃のとき）進みます（これを「音速」といいます）。

それに対し、光は1秒間に約30万kmも進みます（これが「光速」です）。

つまり稲妻の光は雷が鳴ったところから一瞬で届くのに対して、音は少しおくれて届くというわけです。

たとえば雷が鳴ったところが家から1kmくらい離れていたら、稲妻が光ってから音が聞こえるまでに約3秒程度（$1000 \div 340 = 2.94\cdots$）かかります。

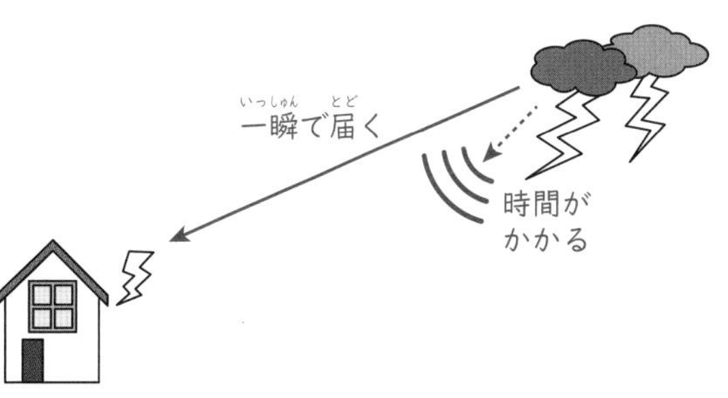

答え　音よりも光は進むのが非常に速いので、雷が光ったところが遠いほど、光が届くまでの時間と音が届くまでの時間の差が大きくなるから。

25 光

小4　小5　小6

このナゾがわかるかな？

にゃん太郎くんは散歩をしていて、信号機、自動車やバイクの後ろについているランプに、共通した意味で赤いランプが使われていることに気づきました。家に帰ってさっそく光と色について調べてみると、【図】のようなものを見つけました。そこでこの図を見て、信号機や自動車に共通して赤いランプが使われている理由を推理しました。
あなたもぜひ推理してみてください。

図

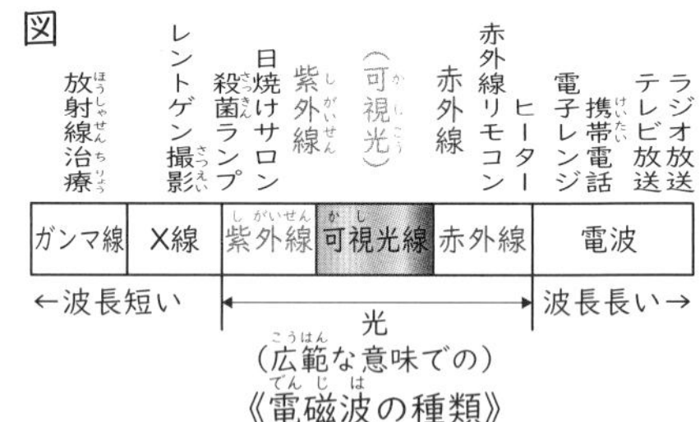

《電磁波の種類》

このナゾを解く魔法ワザ

赤色の光は波長が長い ＝ 遠くまで届く

にゃん太郎くんは、信号機の赤いランプと、自動車やバイクがブレーキを踏んだときに光る赤いランプに、共通した「止まれ」の意味があることに気づいたんですね。

そして図からは
・光は電磁波の一種であること
・赤色の光は青色の光よりも波長が長いこと
などがわかります。
「可視光線」（目に見える光）の赤よりも右側に赤外線があり、さらに波長が長い電磁波にはテレビやラジオの放送で使用する電波があります。
このことから、波長の長い電磁波は、より遠くまで届くことがわかりますね。

答え　赤色の光は波長が長く、他の色の光よりも遠くまで届くため。

ワンポイント　虹を自分で作ってみよう

光は、図１のように水面やガラスに当たると反射したり屈折します。
虹は、雨上がりなどの空気中の水の粒に当たった太陽の光が図２のように屈折、反射してできるのですが、屈折のしかたが色によって違うんですね。

虹の7色を全部ふくんだ白色の太陽の光が、水の粒に当たって屈折することで7色に分かれて見えるため、虹は7色に見えるんです

水の粒に当たって反射した光を観察すればいいので、虹を作るには太陽を背にして霧ふきやホースで水まきをすればいいのです。

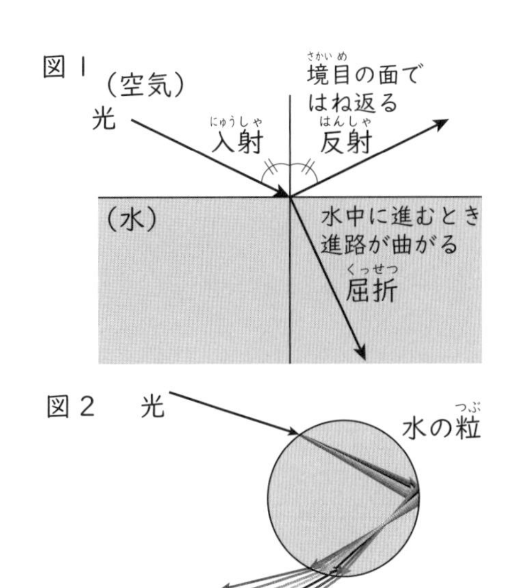

問題を解こう

HOP 「上下左右逆」とはどういうことか、よく考えよう

とつレンズは、中央部分がふくらんだレンズで、図1のように光軸に平行に進んできた光(太陽の光など)を1点(しょう点といいます)に集める性質があります。
また図2のように、とつレンズのしょう点距離の2倍の位置にものを置くと、反対側のしょう点距離の2倍の位置に、上下左右が逆になった像が映ります。

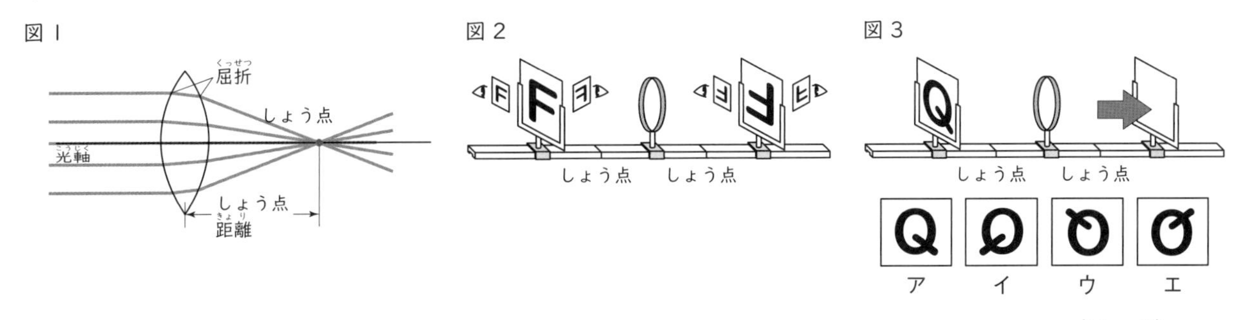

では図3のように「Q」と書いたカードを左側に立てると、右側の矢印の部分に映る像はア～エのどれになる？

STEP 図を書いて考えよう

鏡に映った自分の姿を見ると、まるで自分の「分身」が、鏡の中の世界に入ったようです。自分から鏡の面までの距離は、鏡の裏側にいる「分身」から鏡の面までの距離と等しくなっています。

鏡に映る＝鏡の中に入る

このことを利用して、作図によって問題を解いてみましょう。
大きな鏡のある部屋に、Aさん、Bさん、Cさんがいます。3人と鏡の位置を、真上から見たのが次の図です。(方眼1目盛の長さは1mです)

(1)　Aさんから鏡に映ったBさんを見ると、鏡のア～スのどの位置に見える？

(2)　Bさんから鏡に映ったCさんを見ると、鏡のア～スのどの位置に見える？

(3)　Aさんは鏡の中の自分まで、何mあるように見えている？

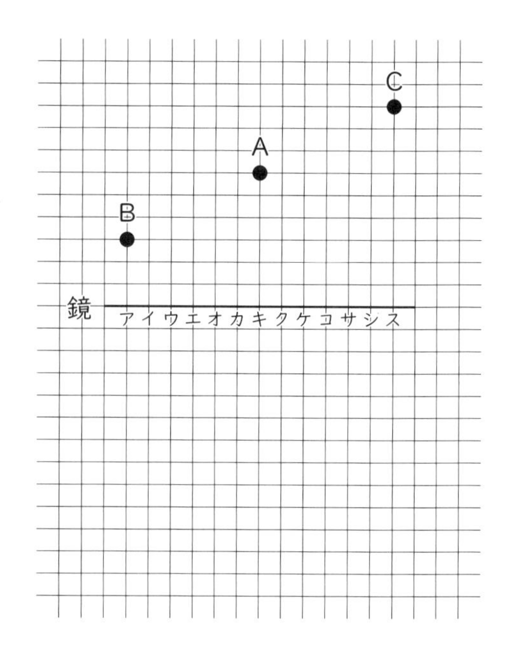

JUMP 自分の言葉で説明してみよう

夏、ピキくんはプールで「宝探しゲーム」をしました。プールにしずめた宝物をプールサイドで探して、見つけたらもぐって取りに行くのです。うまくプールサイドから宝物を見つけたピキくんは、もぐって取ろうとしたのですが、思ったよりも深いところにあったので「もっと浅いところにあるように見えたのに」と思いました。
さて、このナゾを説明してみてください。右の図を使ってもかまいません。

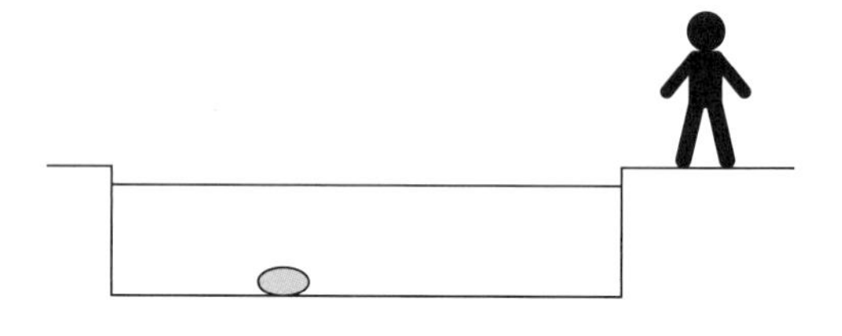

問題の解説と答え

HOP 「上下左右逆」とはどういうことか、よく考えよう

とつレンズを通すと、レンズの前にあるものを「上下左右逆」にした像を映し出すことができます。これは光の屈折によって、レンズに当たった光をしょう点に集める性質によるもので、レンズの上に当たった光はしょう点を通って下に、レンズの右に当たった光はしょう点を通って左に進むことになるからです。

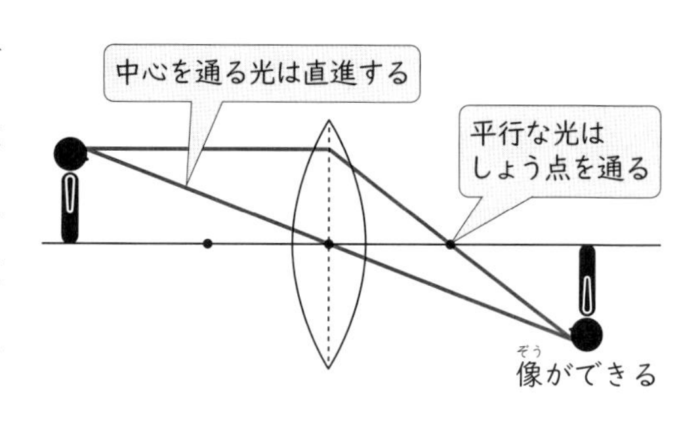

人間の目にもレンズはあり、やはり人間の目の前の光景はレンズを通して、もうまくに「上下左右逆」に映っています。これを脳で、正しく見えるように補正しているんですね。

「上下も左右も逆」ということは、簡単に言えば「180 度回転させればよい」ということになります。180 度回転させれば上下は逆さになりますし、回転することで左右も入れかわります。

上下左右逆

図 3 の「Q」も、同じように回転させるといいですね。
ここで大切なのは「回転」させるのであり、「裏返し」にはしないようにするということですね。

上下左右逆

答え　ウ

STEP 図を書いて考えよう

問題にもあるように「鏡に映る ＝ 鏡の中に入る」を作図するといいですね。

鏡に映る＝鏡の中に入る

(1)（2） A さん、B さん、C さんそれぞれを、鏡をはさんだ反対側の同じ距離の場所に置いて作図します。（それぞれ A′、B′、C′ とします）

この図で、A さんから鏡の中の B さん（B′）を見るので、2 人を直線で結んでみます。この直線と鏡が交わる点が、A さんから見える鏡の中の B さんの位置です。
B さんから鏡の中の C さん（C′）を見る場合も同じですね。

鏡の中に入れてしまうのがポイントだよ！

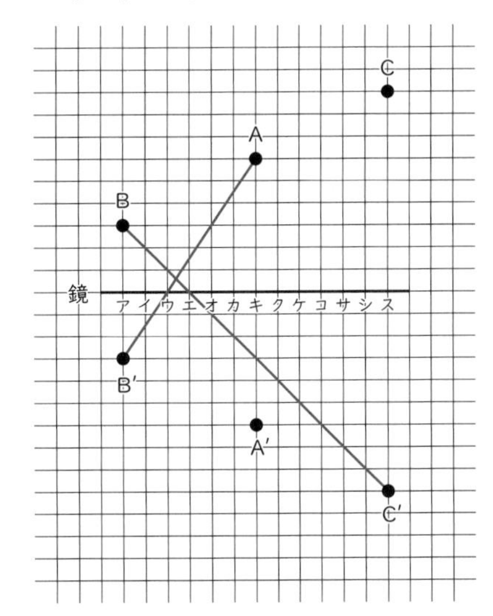

(3) A さんは鏡から 6m はなれているので、A さんから鏡の中の A′ までの距離は、
$6\times2=12$m

答え　(1) ウ　(2) エ　(3) 12m

JUMP 自分の言葉で説明してみよう

水中にあるものを水面上（ななめ上）から見ると、実際よりも浅いところにあるように（浮き上がって）見えます。
これは光の屈折によるものです。
目に見えるということは、見えている物体から出た光（実際には太陽などの光を反射したもの）が人の目まで届いたということですが、その途中で図のような屈折が起こるんですね。

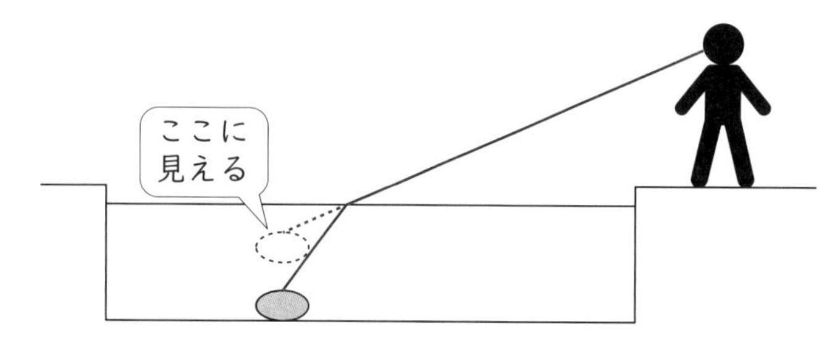

答え　プールの底にある「宝物」の光が目に届くまでに光が屈折することで、図のように実際よりも浅い位置にあるように見える。

Chapter

8

植物

26 植物のつくりとはたらき（1）

小4　小5　小6

このナゾがわかるかな？

種子が発芽するためには何が必要かを調べるために、インゲンマメの種子を使って実験をしました。A～Dは、インゲンマメの種子を条件を変えてまいた様子を示しています。結果、発芽したのはAのみでした。このことから、種子の発芽に必要な3つの要素「水・空気・適当な温度」のうち、2つは必要だと説明できるのですが、もう1つは説明できません。説明できない要素は何か、考えてください。

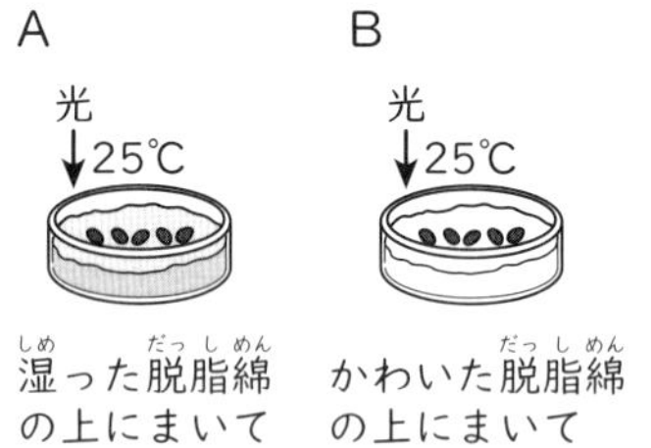

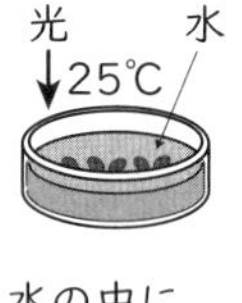

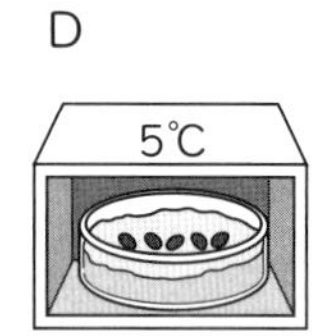

A：湿った脱脂綿の上にまいて光を当てる

B：かわいた脱脂綿の上にまいて光を当てる

C：水の中にしずめて光を当てる

D：湿った脱脂綿の上にまいて冷蔵庫（5℃）に入れる

このナゾを解く魔法ワザ

対照実験は表に整理しよう。

この実験で、A～Dの種子に与えられた条件と、与えられなかった条件を、表にして整理してみましょう。

	A	B	C	D
水	○	×	○	○
空気	○	○	×	○
光	○	○	○	×
温度	25℃	25℃	25℃	5℃

AとB、AとCをそれぞれ比べると、発芽したAと比べてBは水が、Cは空気が足りなかったことがわかります。それに対してDは、Aと比べて足りない要素が「光」と「適当な温度」の2つあり、どちらが原因で発芽しなかったのかが説明できませんね。

上記のように、条件をいろいろ変えて行う実験（対照実験）の問題は、表に整理すると見やすく、考えやすくなります。

答え　適当な温度

ワンポイント もう1つ必要な実験を考えよう

上記の実験で、発芽には「適当な温度」が必要だと説明するためには、もう1つどのような実験をすればいいかを考えてみましょう。「適当な温度」が発芽に必要ということを説明するには、Aの条件から「適当な温度」をとったもの（Eの図：発芽しない）またはDの条件に「適当な温度」を加えたもの（Fの図：発芽する）を用意するといいですね。

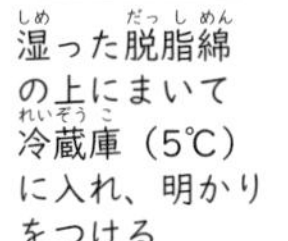

問題を解こう

HOP 2種類の植物のつくりを整理しよう

□にあてはまる言葉や数字を書き込んで、図を完成させよう。

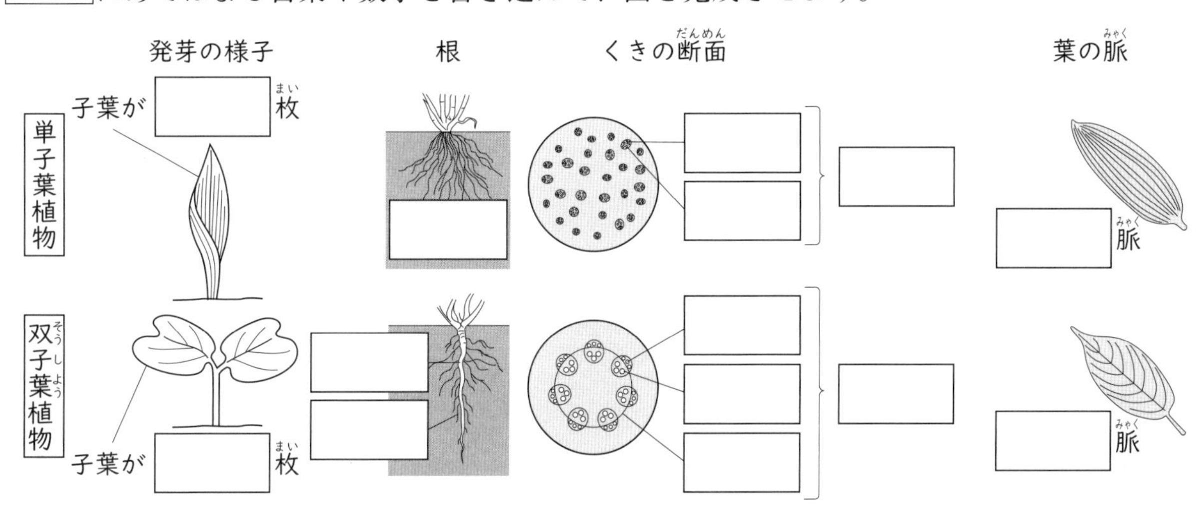

STEP 2つの植物の分け方の関係を整理しよう

□にあてはまる言葉を書き込んで、図を完成させよう。

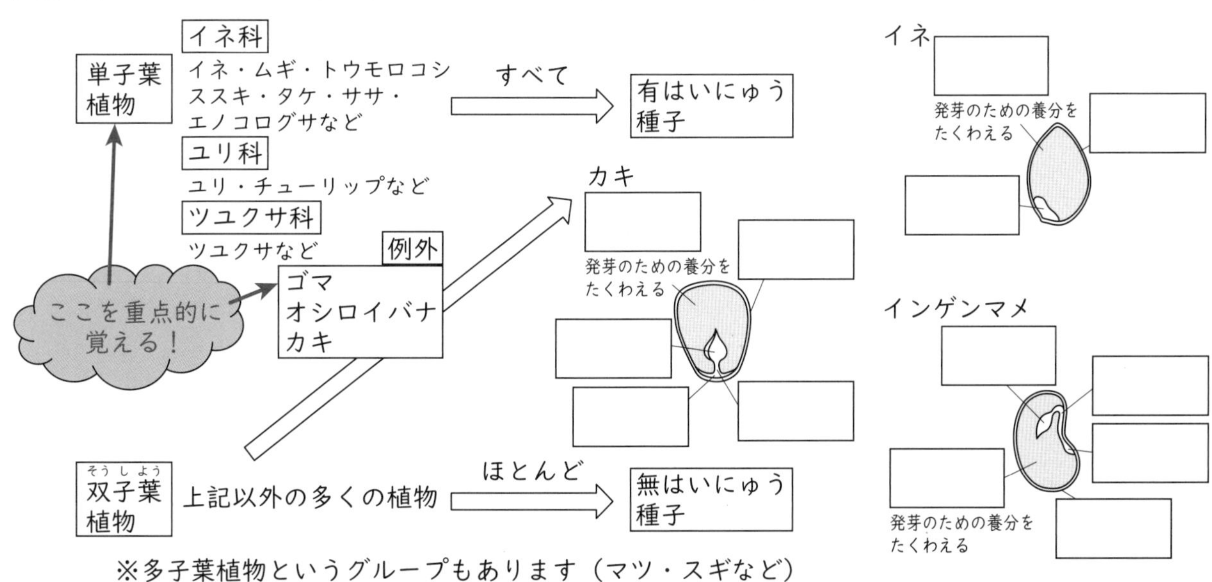

※多子葉植物というグループもあります（マツ・スギなど）

JUMP 自分の言葉で説明してみよう

スーパーや八百屋さんで「もやし」という野菜が売られています。大豆や緑豆などの豆を発芽させたものですが、野菜なのに真っ白で緑ではありません。
どうして真っ白なの？

問題の解説と答え

HOP 2種類の植物のつくりを整理しよう

図を完成させると、次のようになります。

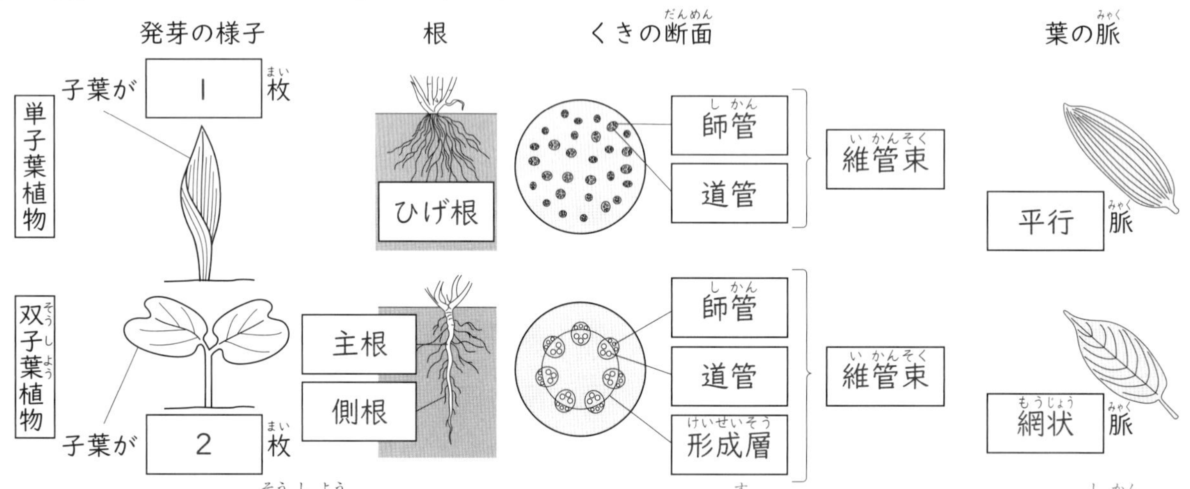

単子葉植物の場合も双子葉植物の場合も、道管は根から吸い上げた水が流れる管、師管は葉で作った養分が流れる管です。

道管のほうが太く、くきの内側を通っているので「内のでっかい水道管」と覚えるといいですね。

道管の位置と役割の覚え方

内の	でっかい	水	道管
内側にある	太くて	水が流れるのが	道管

最大のポイントは「単子葉植物は体のつくりが簡単」ということです。子葉も1枚だけだし、くきにも形成層（細胞分裂によりくきを太らせる部分）がありません。葉の脈だって単純な平行脈です。

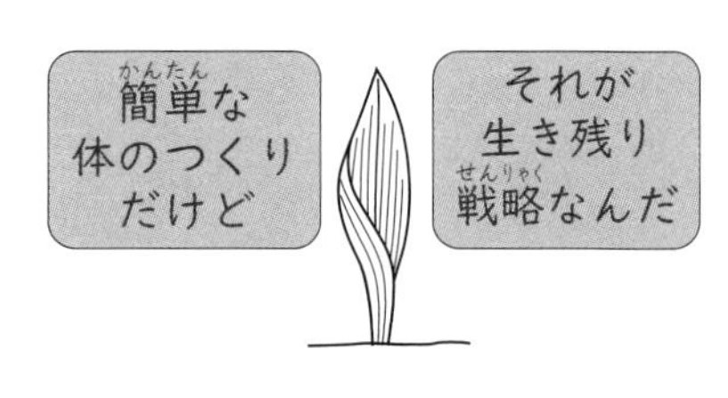

この簡単な体のつくりによって、成長速度が速く、たびたび掘り返されてしまうような場所でも生き残れる可能性を高めているんですね。

答え　上の図

STEP 2つの植物の分け方の関係を整理しよう

図を完成させると、次のようになります。

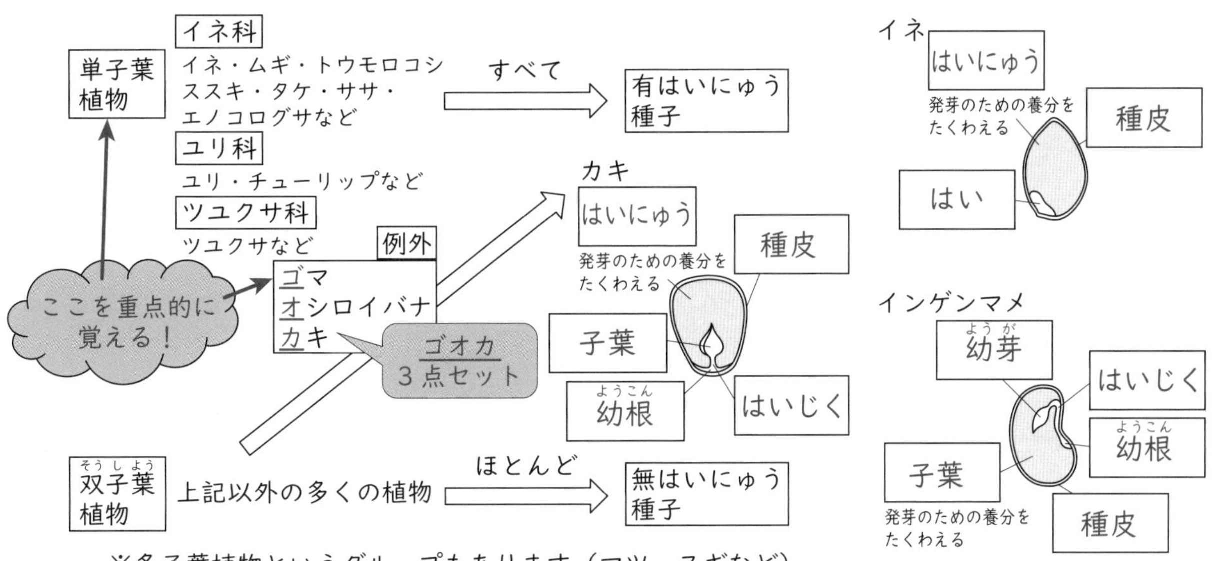

※多子葉植物というグループもあります（マツ・スギなど）

ここでの最大のポイントは、ほぼ「単子葉植物なら有はいにゅう種子」「双子葉植物なら無はいにゅう種子」となっていることですね。

単子葉植物は「体のつくりを簡単にして成長スピードを速める」という戦略で進化した新しいグループで、まだ数が多くありません。単子葉植物を徹底的に覚えるといいですね！

「双子葉植物なのに有はいにゅう種子」という数少ない「例外」が「ゴマ・オシロイバナ・カキ」なので、これは「ゴオカ3点セット」として別に覚えておきましょう！

単子葉植物を徹底的に覚えよう！

答え　上の図

JUMP 自分の言葉で説明してみよう

光合成
光のエネルギー
水 + 二酸化炭素
→ でんぷん + 酸素

スーパーや八百屋さんで売っている「もやし」は、大豆や緑豆を発芽させたものですが、たしかに植物なのに緑色ではありませんね。

植物が緑色なのは、植物の体の中に葉緑体というつくりがあり、その中に葉緑素という緑色の色素があるためです。そしてその葉緑体では、光合成をしてデンプンや酸素を作っているのは知っていますね。

さて、その葉緑素はもやしの中にはないのかというと、売っている状態のもやしにはありません。しかし、もやしに日光を当てて育てると、ちゃんと緑色の葉が出て（光合成をして養分を作り出すため葉緑素ができる）どんどん成長していきます。

売っているもやしは、やわらかい芽を食べるために、光を当てずに育てているんですね。

答え　光に当てずに育てているので、体の中に葉緑素ができないから。

27 植物のつくりとはたらき（2）

小4　小5　小6

4本の同じ大きさの植物の枝に、下のようにワセリン（ぬると水分が蒸発しない）をぬって、24時間後の水の減少量を調べると、図のようになりました。
この植物の24時間のくきからの蒸散量はいくら？

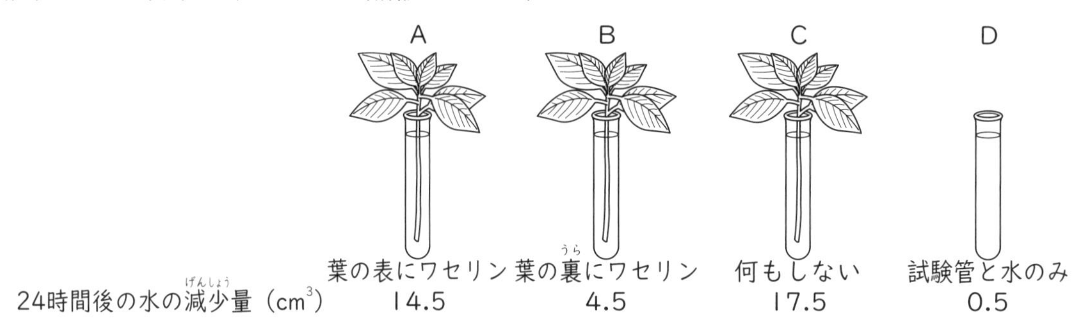

このナゾを解く魔法ワザ

蒸散量の計算は表に整理しよう。
この実験の、A～Dの試験管で、どこから水分が蒸発していくかを、表にして整理してみましょう。

	葉の表	葉の裏	くき	水面	減った水（cm^3）
A	×	○	○	○	14.5
B	○	×	○	○	4.5
C	○	○	○	○	17.5
D	×	×	×	○	0.5

見やすく表にするのが最大のポイントだね！

Cの結果からAの結果を引くと、葉の表からの蒸散量が計算できます。
$17.5-14.5=3$
また、Cの結果からBの結果を引くと、葉の裏からの蒸散量が計算できます。
$17.5-4.5=13$

$17.5-(3+13+0.5)=1$

植物の葉の裏側のほうが、表側よりも気こうの数が多く、蒸散作用がさかんに行われることを覚えておくと、それぞれの計算が正しいかどうかの判断ができますね。

答え　$1cm^3$

ワンポイント　もう１つ必要な実験を考えよう

蒸散量の計算問題では、試験管の水面に油を浮かべる理由を問う記述問題もよく出題されます。
油は水に浮くのでふたの役割をしてくれるんですね。
答えは「水面からの水の蒸発を防ぐため」です。

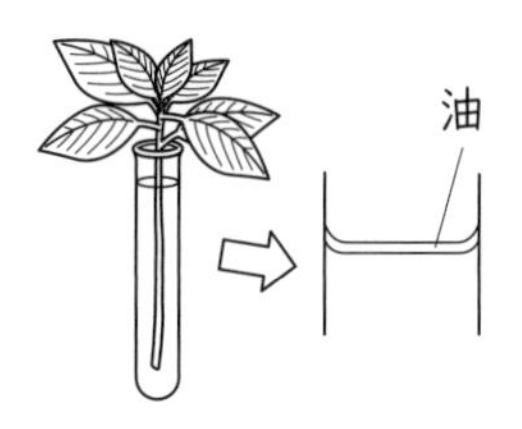

問題を解こう

HOP　光合成の実験の全体像を理解しよう

植物の光合成について調べるために、次のような実験をしました。

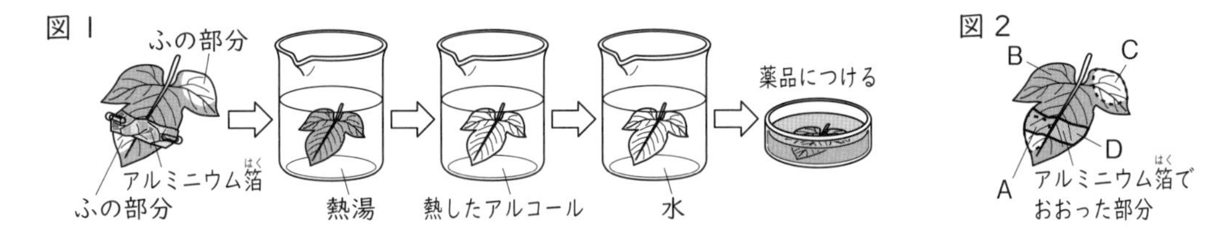

【実験】
1　葉にふの入ったアサガオのはち植えを、はちごと１昼夜、暗い部屋に置いておく
2　実験に使いたい葉の一部を、アルミニウム箔でおおう
3　早朝、アサガオのはちを日光のよく当たる場所に出し、午後２時頃まで放置する
4　午後２時に葉をつみとり、熱湯につける
5　葉を熱したアルコールにひたす
6　葉を水で洗い、ある薬品にひたして色の変化を観察する

(1)　１で、はち植えを１昼夜、暗い部屋に置いておくのはなぜ？
(2)　４で、葉を熱湯につけるのはなぜ？
(3)　５で、葉を熱したアルコールにひたすのはなぜ？
(4)　６で使った「ある薬品」は何？　また図２のA～Dは何色になった？
　ア　青むらさき色　　イ　茶かっ色

STEP　図を見て実験の仕組みを理解しよう

三角フラスコA・Bに発芽しかけたダイズと水を入れ、フラスコAには少量の水酸化カリウム水溶液（二酸化炭素をよく吸収する）、フラスコBには同じ量の水を入れて、コックとガラス管のついたゴムせんをしっかりとはめました。ガラス管の中の赤インクは、フラスコの中の気体の増減によって左右に動きます。

赤インクが大きく左に動くのはどっち？　またそれはどうして？

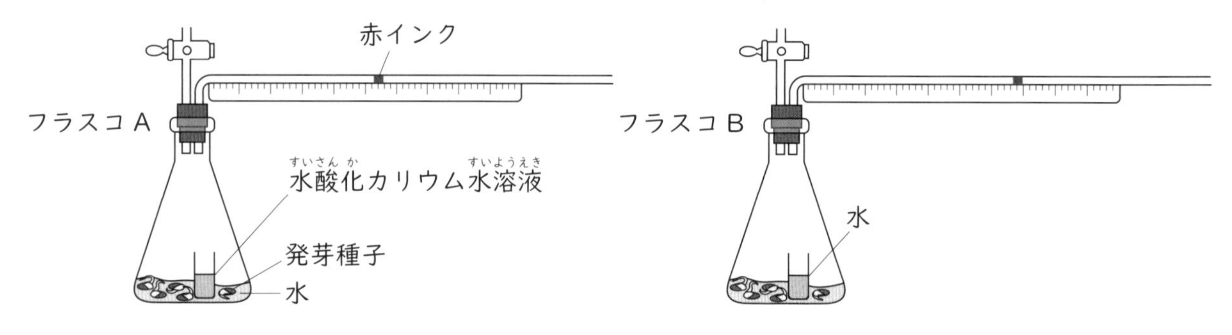

JUMP　**自分の言葉で説明してみよう**

「HOP」の光合成の実験の5でアルコールを熱するとき、どんなことに気をつけなければならない？　理由をつけて説明しよう。

問題の解説と答え

HOP　**光合成の実験の全体像を理解しよう**

この光合成の実験は、定番問題ですね。葉を熱湯、熱したアルコールにつける理由などをしっかり理解しておこう！

(1)　葉に光が当たると次々にでんぷんが作られるため、どんどん糖分に作り変えられて水にとかされ、葉の師管を通って体の他の部分に運ばれていきます。光合成の実験を行うときは、それまでに作られたでんぷんが葉の中に残らないように、光を当てない時間をとるんですね。

(2)　(1) とは逆に、実験によってできたでんぷんが他の部分に運ばれてしまわないように、熱湯につけて葉のはたらきを止めます。

(3)　アルコールには脱色（色素を抜く）作用があるんですね。色素ですから、抜くのは「葉緑体」ではなく「葉緑素」です。

(4)　アサガオの葉の「ふ」は、葉緑体がなく白っぽくなった部分のこと。葉緑体がないから光合成ができないんですね。日光が当たり、葉緑体がある部分にでんぷんができていて、ヨウ素液にひたすと青むらさき色に変化します。でんぷんができていない部分は、ヨウ素液の色（茶かっ色）になります。

いずれも超定番問題で重要な問題です。それぞれの手順の理由をしっかり理解しておくことが大切です。(アルコールにひたしたあと、6で水で洗うのは、アルコールを落とすためと、

アルコールにつけると葉が固くなるので葉をやわらかくするためです）

答え　(1) 葉の中のでんぷんをなくすため。　(2) 葉の中のでんぷんが他の物質に変わるのを防ぐため。　(3) 葉の緑色を抜く（葉緑素をとかし出す）ため。
(4) 薬品　ヨウ素液　A　イ　B　ア　C　イ　D　イ

STEP　図を見て実験の仕組みを理解しよう

植物も生物ですから、もちろん呼吸をしています。呼吸とは、酸素と栄養分を使って（生きるのに必要な）エネルギーを作り出すことです。呼吸は光合成とはまったく逆のはたらきです。呼吸ができないと、生きるのに必要なエネルギーを作り出すことができないので、植物も動物も死んでしまいます。
特に植物の種子は、まだ葉緑体がなく光合成はしていません。さかんに呼吸をしてエネルギーを作り出し、そのエネルギーで発芽するのです。

呼吸によって空気中から吸い込む酸素と、はき出す二酸化炭素の量はだいたい同じくらいですが、フラスコＡではその二酸化炭素が水酸化カリウム水溶液によって吸収されてしまいます。

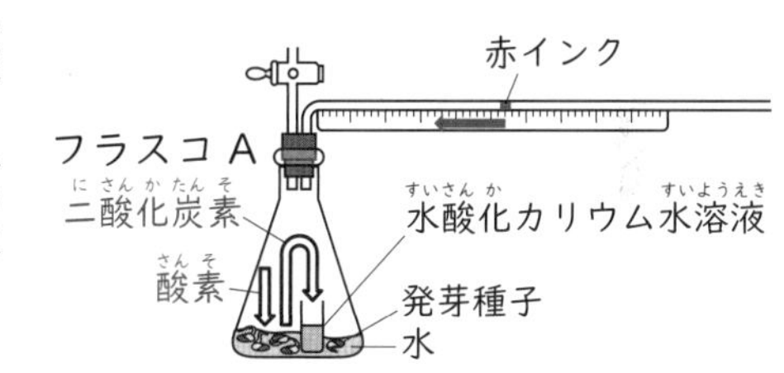

だからフラスコの中の気体が少なくなり、赤インクが引っぱられて左に動くんですね。

答え　フラスコＡ　理由　フラスコＡもＢも種子が呼吸によって酸素を吸収して二酸化炭素を排出するが、フラスコＡではその二酸化炭素が水酸化カリウム水溶液に吸収されて、フラスコ内の気体が少なくなるため。

JUMP　自分の言葉で説明してみよう

アルコールランプなどがあることからも、アルコールは燃えるということをみなさん知っていますね。アルコールランプでは、しんの部分からアルコールが気体になり、気体のアルコールが燃えているんです（気体が燃えると炎が出るんですね）。ということは、図のようにじかに火で熱すると非常に危険！　アルコールがふっとうし、気体になったアルコールに引火すると大変なことになります。

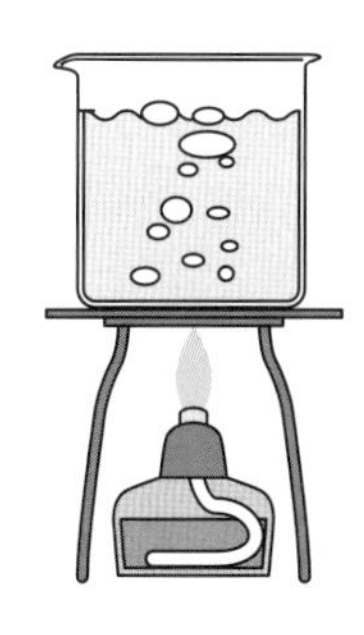

そこでアルコールを熱するときは、右の図のようにアルコールを入れた容器をお湯につけて熱するんですね（このような方法を「湯せん」といいます）。

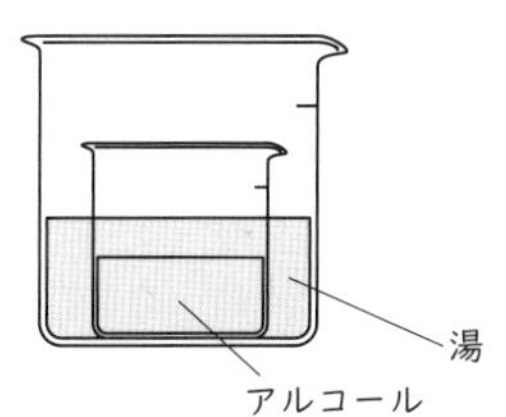

答え　アルコールを入れた容器をお湯につけて熱する（湯せんで熱する）。

28 植物のつくりとはたらき（3）

小4　小5　小6

このナゾがわかるかな？

アサガオの開花の仕組みを調べるため、実験をしました。
A～Eの5つのアサガオのはち植えを、はちごと明るさを自由に変えられる部屋に置き、光の当たる時間（昼）と当たらない時間（夜）をいろいろ変えて育てたところ、A、D、Eはつぼみがつかず、BとCはつぼみがつきました。Bのつぼみは4時に、Cのつぼみは3時に開花しました。
ではFはつぼみがついて開花する？　するなら何時？

A 開花せず　0（時）　6　12　18　夜　昼
B　0　6　12　18　開花
C　0　6　12　18　開花
D 開花せず　0　6　12　18
E 開花せず　0　6　12　18
F ？　0　6　12　18

このナゾを解く魔法ワザ

アサガオの開花には「連続暗期」が関係しています。

Aは開花せずB、Cは開花していますが、Aとの違いは夜の時間がAに比べて長く（Bは8時間、Cは10時間）、昼の時間が短いことです。
D、EもAに比べて夜の時間が長く昼の時間は短いですが、B、Cと違うのは夜の時間が連続していないことです。

このことから、アサガオの開花には「連続した夜の時間」（連続暗期といいます）が必要と考えられます。
Bから、少なくとも8時間の連続暗期が必要と考えられ、Fの連続暗期が9時間であることから、開花すると考えられます。

また開花の時刻ですが、B、Cとも夜が始まってから10時間後に開花しています。
Fでは夜が16時に始まっていますから、開花はその10時間後と考えられます。

16＋10＝26時（2時）

答え　開花する　　開花時刻　2時

ワンポイント 社会科で学習する「電照菊」も短日植物

アサガオのような性質を持つ植物を、短日植物といいます。自然な状態では秋に開花するキクも、短日植物です。

日照時間（連続暗期の変化）によって花をつける性質を利用して、電球の光を当てて生産される「電照菊」。日本全国で一年中栽培されますが、特に中部地方の渥美半島や沖縄など、温暖な地域でよく栽培されています。

仏花としてだけでなく、さしみに添えられるなど料理にも欠かせないためですね。

問題を解こう

HOP いろんな花のつくりを理解しよう

□にあてはまる言葉を書き込んで、図を完成させよう。

アブラナ（完全花・両性花）

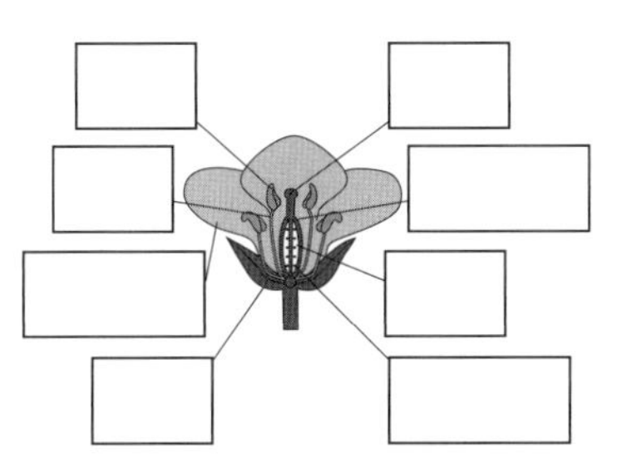

マツ（不完全花・単性花）

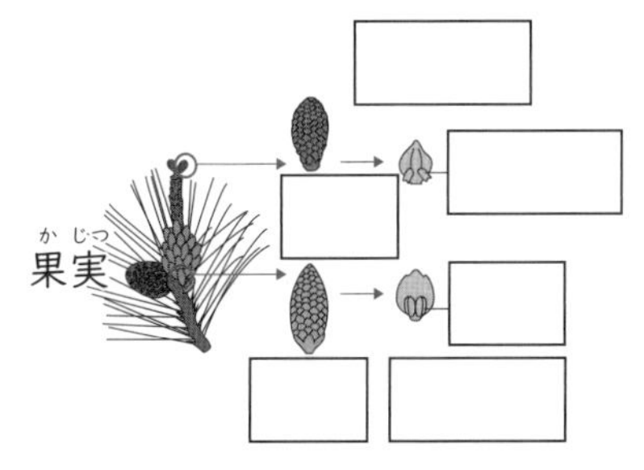

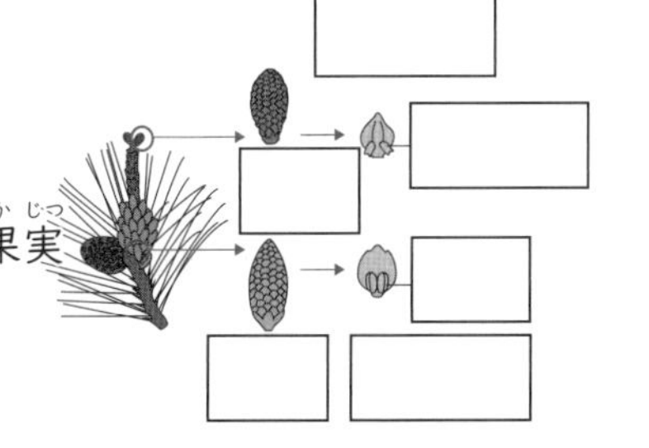

エンドウ（完全花・両性花）

イネ（不完全花・両性花）

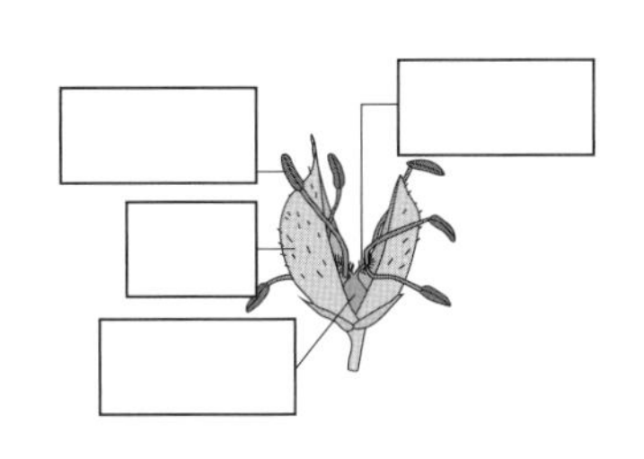

サクラ（完全花・両性花）

タンポポ（完全花・両性花）

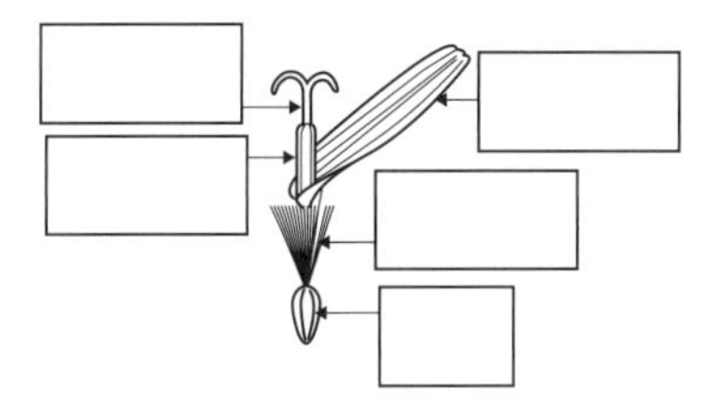

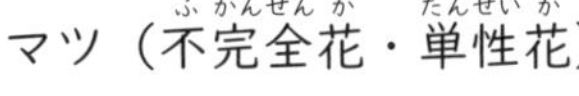

STEP 図を見て何の花のつくりかを考えよう

右のア、イの図は、植物の花を構成する要素を、上から見た模式図で表したもので「花式図」といいます。
A〜Dは何を表している？
またア、イはそれぞれ何の花を表しているか、次の〈　〉から選ぼう。
〈エンドウ　サクラ　キク　ヘチマ　アブラナ　アサガオ〉

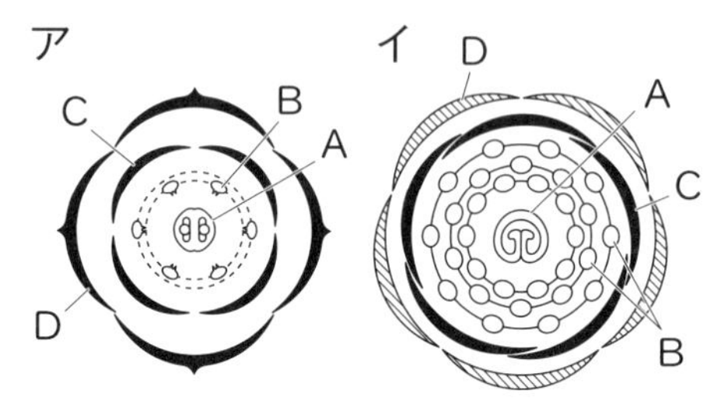

JUMP 自分の言葉で説明してみよう

どちらがカントウタンポポで、どちらがセイヨウタンポポか、理由をつけて説明しよう。

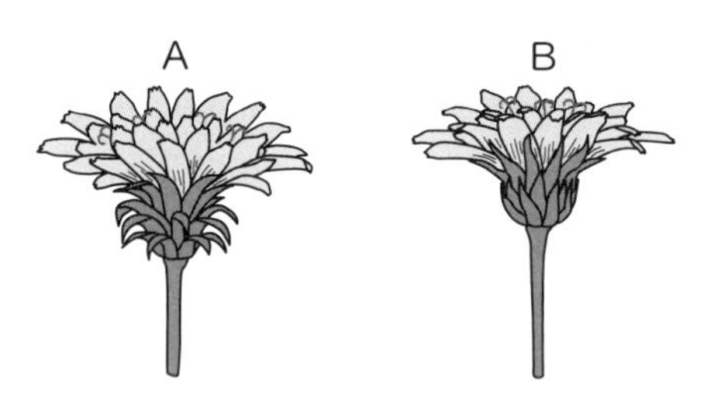

問題の解説と答え

HOP いろんな花のつくりを理解しよう

図を完成させると、次のようになります。

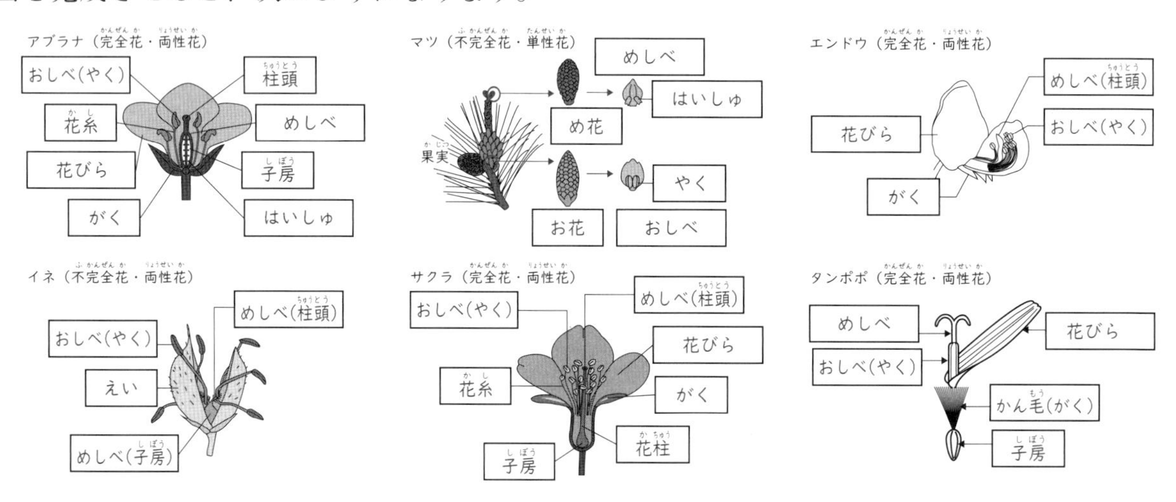

アブラナ科、バラ科、マメ科、キク科のように、1つの花にめしべ、おしべ、花びら、がくがそろっているものを完全花、そうでないものを不完全花といいます。
マツのようにお花、め花に分かれているものを単性花、1つの花にめしべとおしべがあるものを両性花といいます。

おもな科の花のつくりをまとめました。

花の名前	分類		めしべ	おしべ		花びら	がく	
マツ	裸子植物	マツ科	め花に多数	お花に多数		0枚	0枚	マツ・スギなど
イネ	単子葉類	イネ科	1本	6本		0枚	0枚	イネ・ムギ・トウモロコシ・ススキ・エノコログサなど主食になるものが多い
ユリ	単子葉類	ユリ科	1本	6本		3枚	3枚	ユリ・チューリップ・カタクリなど
ヘチマ	双子葉類	ウリ科	め花に1本	お花に1本	合弁花	5枚	5枚	キュウリ・カボチャ・メロン・スイカなど
アサガオ	双子葉類	ヒルガオ科	1本	5本	合弁花	5枚	5枚	アサガオ・ヒルガオ・サツマイモなど
タンポポ	双子葉類	キク科	1本	5本	合弁花	5枚	多数	キク・タンポポ・ダリア・ヒマワリ・コスモスなど
サクラ	双子葉類	バラ科	1本	多数	離弁花	5枚	5枚	バラ・サクラ・ウメ・モモ・リンゴ・イチゴなど果物が多い
アブラナ	双子葉類	アブラナ科	1本	6本	離弁花	4枚	4枚	アブラナ・ナズナ・コマツナ・カラシナなど
エンドウ	双子葉類	マメ科	1本	10本	離弁花	5枚	5枚	エンドウ・ソラマメ・ダイズ・インゲンマメ・クズなど食用になる豆類が多数

答え　前のページの図

STEP　図を見て何の花のつくりかを考えよう

花の外側から、がく（D）・花びら（C）・おしべ（B）・めしべ（A）の順です。
アは花びらが4枚、おしべが6本（正確には長いものが4本、短いものが2本です。「4長2短」と覚えておきましょう）の植物、アブラナですね。イは花びらが5枚、おしべがたくさんある植物、サクラです。

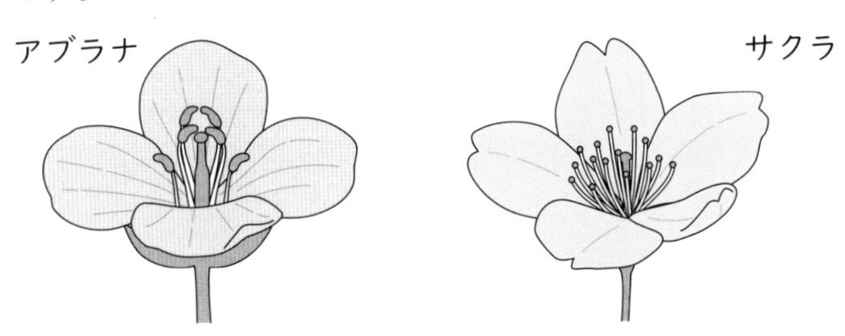

答え　A　めしべ　B　おしべ　C　花びら　D　がく
ア　アブラナ　イ　サクラ

JUMP　自分の言葉で説明してみよう

日本には、もともと自生している固有種であるカントウタンポポやカンサイタンポポがありますが、明治時代に渡来したセイヨウタンポポも現在では定着しています。
ぱっと見た目は似ていますが、判別のポイントは「総ほう」という部分です。
タンポポは小さな花がたくさん集まって「頭花」という部分になっているのですが、その頭花を束ねている部分を総ほうといいます。

カントウタンポポやカンサイタンポポなどは、総(そう)ほうがきゅっとしまっているのに対し、セイヨウタンポポは総(そう)ほうが外側に反り返っています。
ここが見分けるポイントです。

答え　頭花を支(ささ)える部分（総(そう)ほう）が反り返っているAがセイヨウタンポポ、しまっているBがカントウタンポポ。

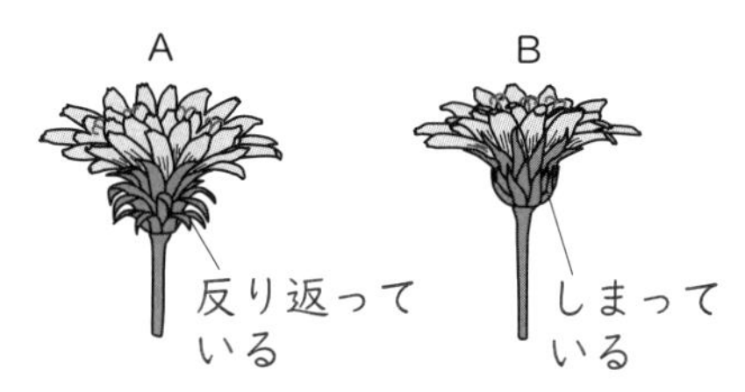

Chapter

9

動物

29 メダカ

小4 小5 小6

このナゾがわかるかな？

ピキくんは数匹のメダカを水そうに入れ、ぐるぐると水の流れを作ってみました。すると、メダカたちはすべて、流れに逆らうように泳ぎました。そこでピキくんは、水そうのまわりを白と黒の模様を書いた紙で取り囲み、その紙をぐるぐると回し「きっとまた、紙の動きに逆らうように泳ぐに違いないぞ」と予想しました。

水の流れに逆らって泳ぐ

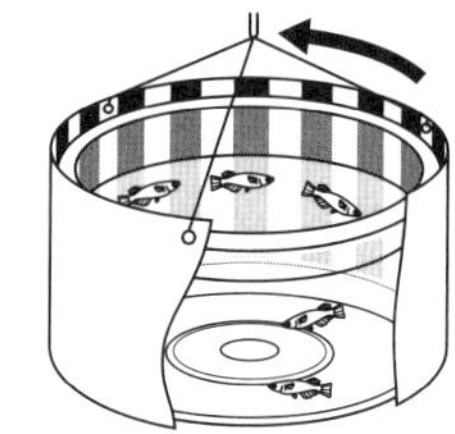

水そうのまわりの模様を動かすと？

それを見ていたにゃん太郎くんが「きっと紙の動きと同じ方向に泳ぐよ」と言いました。どっちが正しい？

このナゾを解く魔法ワザ

メダカがすんでいる環境に注目しよう。

メダカが流れに逆らって泳ぐ（この性質を走流性といいます）のは、メダカがすんでいる環境に関係があります。

小川や小さな水路にすんでいるメダカは、流されて大きな川や海にいくと生きていけません。だから今すんでいる場所からはなれないように、流れに逆らって泳ぐんですね。
流れが速くなってくると、水草などのかげで流れが遅くなっているところを見つけて過ごします。だからコンクリートで固められた水路などでは生きていけません。

では、水そうのまわりの模様が動くとどうでしょう。まわりの景色が変わると「流されている」と感じるメダカは、流されないように、つまり景色が変わらないように、模様の動きに合わせて泳ぎます。

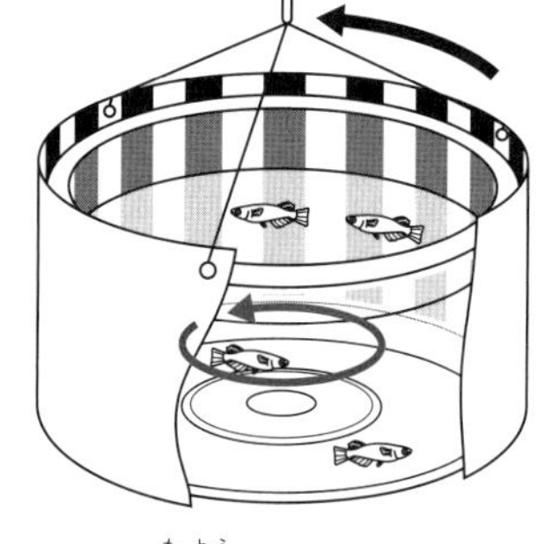

模様と同じ向きに泳ぐ

このようにメダカは、目でよくまわりの様子を観察して、環境に合わせているんですね。

答え　にゃん太郎くんが正しい。

メダカ（目高）はとても目がいい魚なんだね

ワンポイント メダカは絶滅危惧種？

日本にもともと生息している自然のメダカを「クロメダカ」といい、現在は2種（兵庫県から東北の日本海側・青森県に生息する「キタノメダカ」と、それ以外の地域に生息する「ミナミメダカ」）であることがわかっています。

いずれも現在は数が減っていて、環境省レッドリストの絶滅危惧種に指定されています。
原因は上記のような用水路のコンクリート化や農薬、外来種の影響などと考えられています。
ペットショップやホームセンターなどで売られているのは、「ヒメダカ」という観賞用の種類で、古くは江戸時代から親しまれていました。

問題を解こう

HOP メダカの体のつくりを理解しよう

□にあてはまる言葉や数字を書き込んで、図を完成させよう。

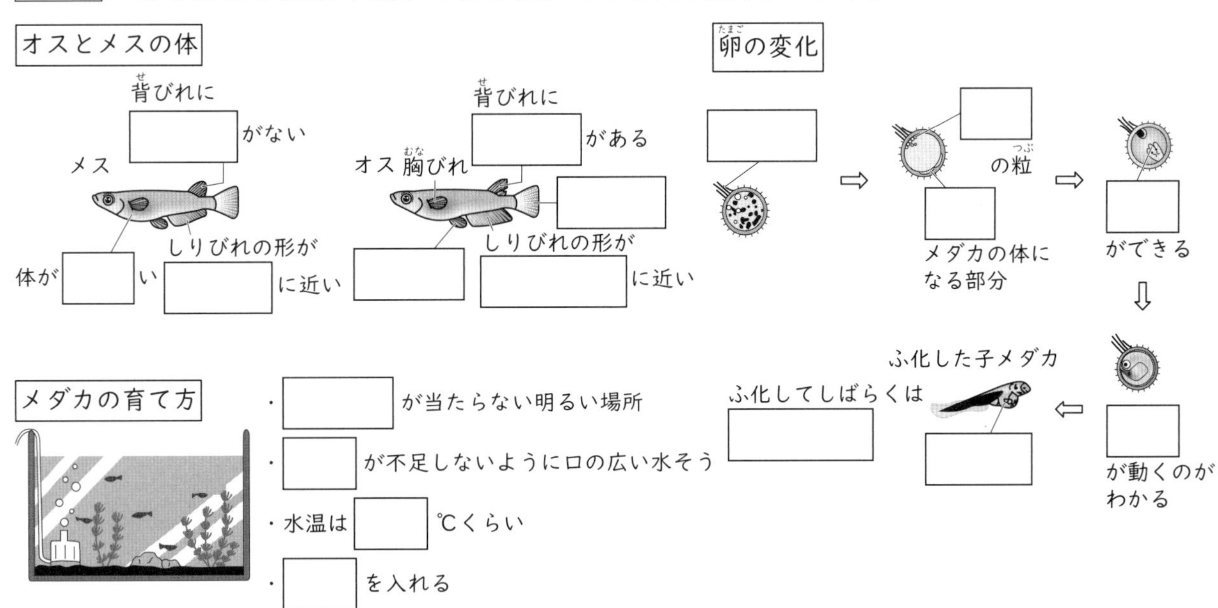

STEP 図を見て血液の流れを考えよう

チャック付きのポリエチレンのふくろに、少量の水とメダカを入れ、尾びれの部分を顕微鏡で観察しました。すると、図のように尾びれの骨や毛細血管が見られました。

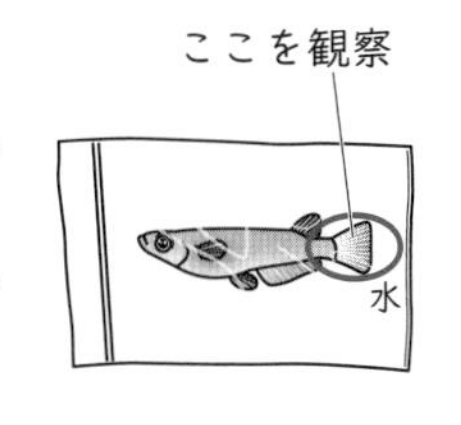

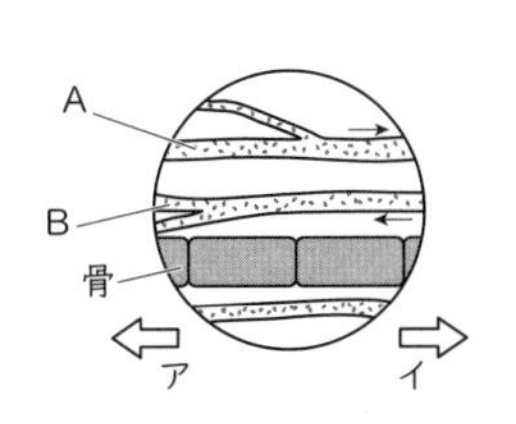

(1)　ふくろに水を入れる理由は？

(2)　ア、イのどっちがしっぽの先？

(3)　A、Bのどちらが静脈？

(4)　毛細血管の中を流れている、小さな粒の名前と役割は？

JUMP　自分の言葉で説明してみよう

メダカの卵は直径が1mmほどあるのに対して、人の卵は直径が0.14mmほどしかありません。
人のほうがはるかに体の大きな生物ですが、この卵の大きさの違いはなぜ？　説明してください。

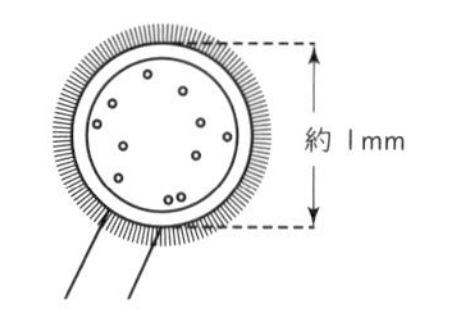

問題の解説と答え

HOP　メダカの体のつくりを理解しよう

図を完成させると、次のようになります。

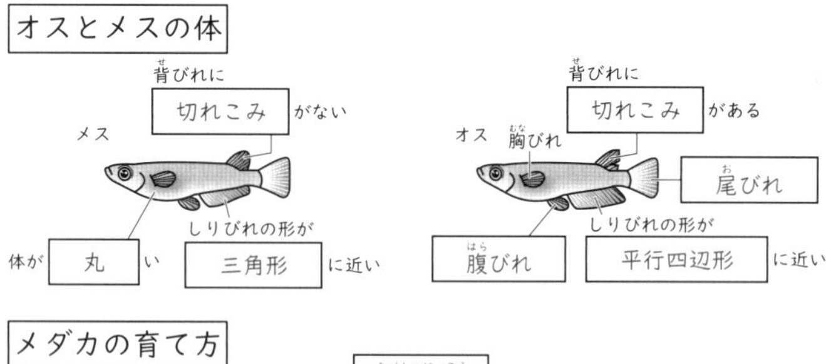

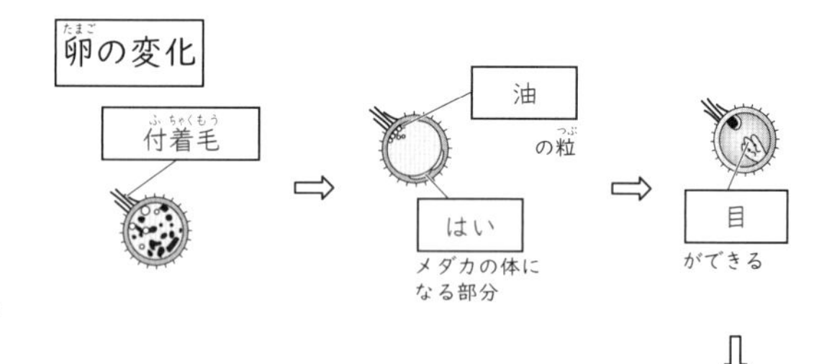

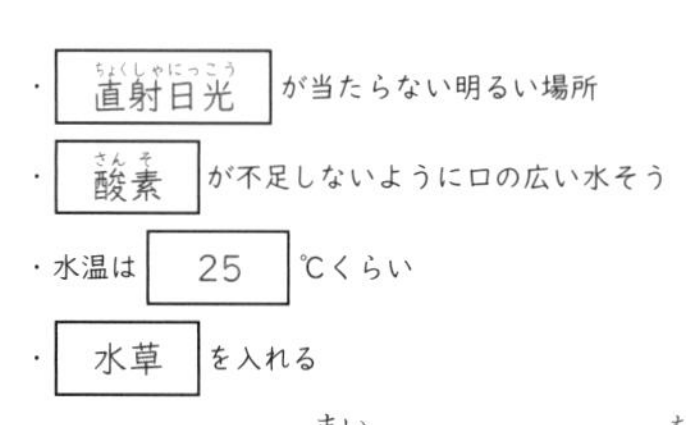

メダカには、ひれが5種類、7枚あります。胸びれと腹びれが2枚ずつ、他のひれは1枚ずつです。
メスが卵を生むときは、→の部分に卵がつきます。

胸びれ（2枚）
背びれ
尾びれ
しりびれ
腹びれ（2枚）

答え　上の図

【メダカとカダヤシ】

メダカによく似た魚に「カダヤシ」があります。カダヤシとは「蚊絶やし」の意味で、名前のとおり蚊の幼虫であるボウフラを駆除するために1970年代に全国に広められました。
メダカに近い大きさで、その体つきは熱帯魚のグッピーに似ています。

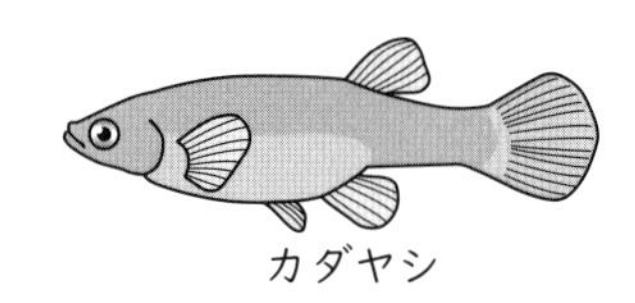
カダヤシ

もともとはアメリカ産の魚ですが、肉食で他の魚の稚魚や卵などを食べてしまうため、メダカなどの存在をおびやかすようになっています。
現在は特定外来生物に指定され、飼育することも放流することも固く禁止されています。

STEP 図を見て血液の流れを考えよう

メダカの尾びれはうすく、小さな骨や毛細血管を観察しやすいため、入試によく取り上げられます。

(1)　この問題で観察しているのは、メダカの毛細血管を血液が流れる様子です。生きて呼吸しているメダカの毛細血管の様子を観察するため、ふくろに少量の水を入れ、メダカが呼吸できるようにしています。

(2)　ポイントは「血管は、体の末端に向かうほど枝分かれして細くなっていく」ということです。図では、枝分かれしている左側（ア）がしっぽの先だとわかります。

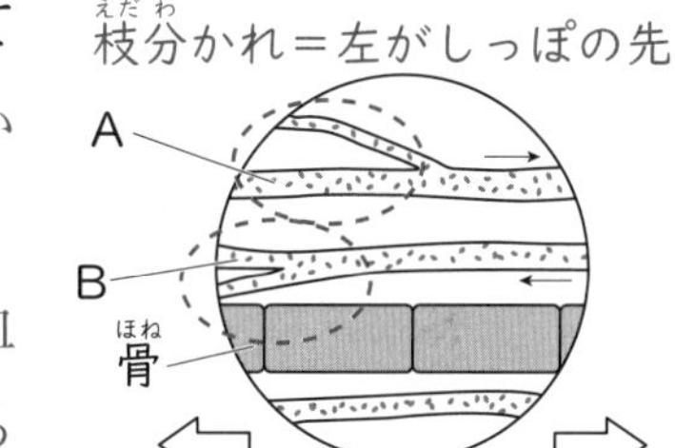

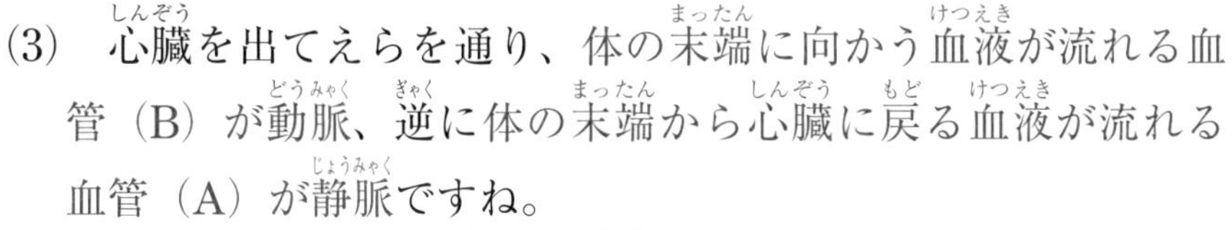

(3)　心臓を出てえらを通り、体の末端に向かう血液が流れる血管（B）が動脈、逆に体の末端から心臓に戻る血液が流れる血管（A）が静脈ですね。

(4)　血管の中を流れる粒は、酸素を運ぶ赤血球です。

答え　(1) メダカが呼吸できるようにするため。　(2) ア　(3) A
(4) 名前　赤血球　役割　酸素を運ぶ。

JUMP 自分の言葉で説明してみよう

メダカは魚類という生物の仲間で、卵を産んで増えていきます（卵生）。それに対して人はほ乳類で、子を産んで増えます（胎生）。

メダカの卵は母メダカの体内から出てしまうと、その卵の中の栄養分だけを使って子メダカにまで成長し、ふ化しなければなりません。
その栄養分を卵黄といいます。この卵黄は生まれたあとも「卵黄のう」という部分に残っていて、生まれて数日は何も食べなくても卵黄の栄養分を使って生活することができます。

それに対してほ乳類である人は、母親の体内で子どもが育って生まれてきます。生まれるまでの成長に必要な栄養分や必要な酸素などは、母親の体からたいばんを通して与えられるため、卵は小さくても構わないのです。

答え　魚類は卵の中の栄養分だけで子どもが成長してふ化するが、人は母親の体の中で栄養分を与えられ成長して生まれるため、卵の中の栄養分は最低限でよいから小さくてよい。

30 プランクトン

小4 小5 小6

このナゾがわかるかな？

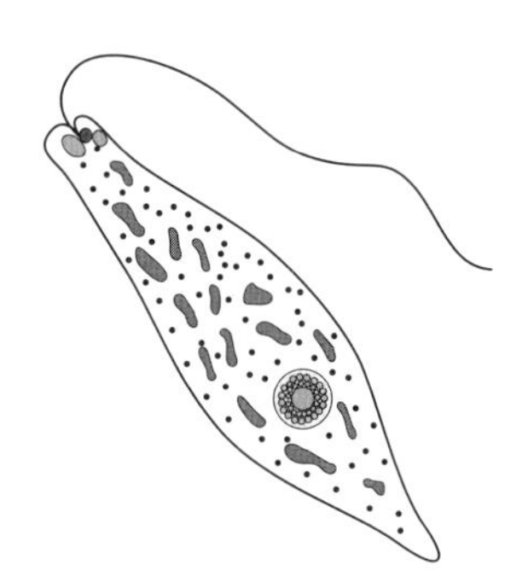

近年、あるプランクトンが注目されています。
そのプランクトンはビタミン、ミネラルをはじめとした59種類もの栄養素(えいようそ)をふくんでおり、すでにクッキーなどの食品にも利用され始めています。
さまざまな栄養素(えいようそ)をバランスよくふくむため、発展途上国(はってんとじょうこく)の飢餓対策(きがたいさく)としても期待されています。

このプランクトンは図のような体をしていて、べん毛という毛を動かして水中を泳ぎ回りますが、体の中には葉緑体も持っており、光合成によって自分で栄養分作り出すことができます。

動物プランクトン、植物プランクトンの両方の性質(せいしつ)をかねそなえた、まさに理想のプランクトンですね。

さて、このプランクトンの名前は？

このナゾを解く魔法ワザ

「葉緑体を持つ ＝ 植物」＋「自分で動き回る ＝ 動物」？

近年、大注目を集めているのが、ミドリムシです。
葉緑体を持ち光合成をするという植物プランクトンの性質(せいしつ)と、自分で動き回るという動物プランクトンの性質(せいしつ)を併(あわ)せ持つ、プランクトンの中でも珍(めずら)しいタイプ。
べん毛と呼(よ)ばれる毛を使って、光のある方向に動いていきます。
(図の赤い点が「眼点(がんてん)」という目にあたる部分で、光を感じます)

動物プランクトンであるミジンコは体長が1～1.5mm、ミドリムシは約0.1mmですから、右の図のような大きさの関係ですね。

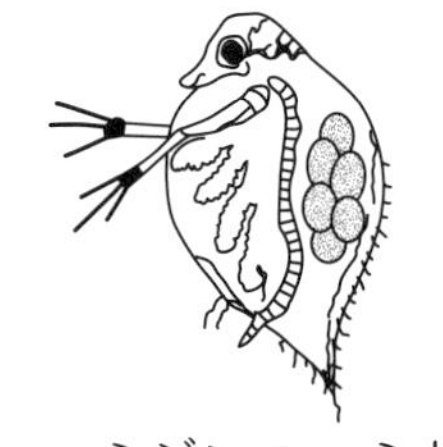

答え　ミドリムシ

ワンポイント　エビもカニも、もとはプランクトン？

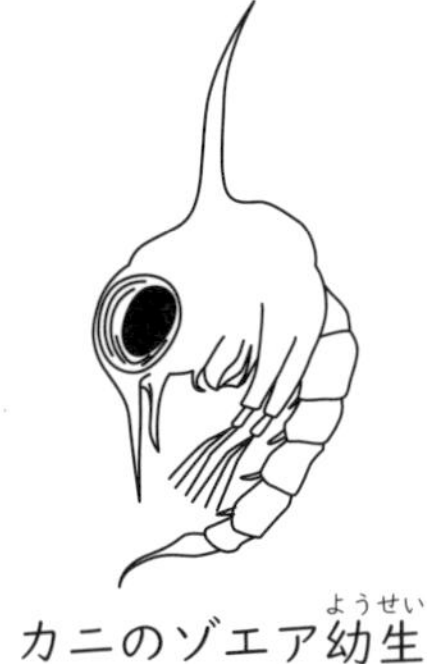
カニのゾエア幼生

海底や海岸の水際で生活するエビやカニの幼生は、卵からふ化しゾエア幼生、脱皮をくり返してメガロパ幼生と変化しますが、これらの幼生時期は親のように水の底で生活するのではなく、水中をただよって生活しています。つまりこの時期はプランクトンなんですね。

同じように成体は海底で生活しているウニやサンゴなども、幼生のときはプランクトンとして生活しています。

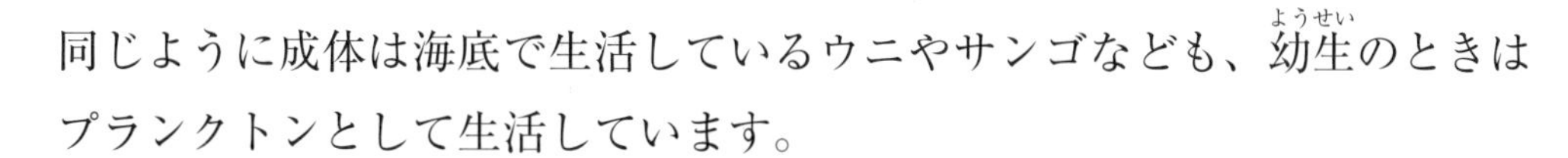

問題を解こう

HOP　プランクトンを整理して分類しよう

プランクトンを２つのグループに分類しました。

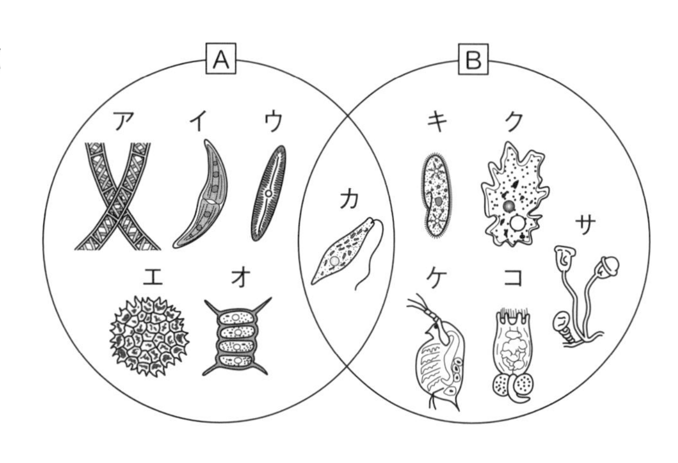

(1)　A、Bに入る言葉は？
　あ　自分で動く
　い　自分で動かない
　う　葉緑体を持つ
　え　他の生物を食べる
(2)　ア～サのプランクトンの名前は？

STEP　顕微鏡の性質をふまえて考えよう

顕微鏡で、あるプランクトンを観察しました。すると、図１のようにプランクトンが視野の右上に見えました。プランクトンを視野の真ん中で見たいのですが、プレパラートをどの方向に動かせばいい？（顕微鏡は、上下左右が逆に見えています）

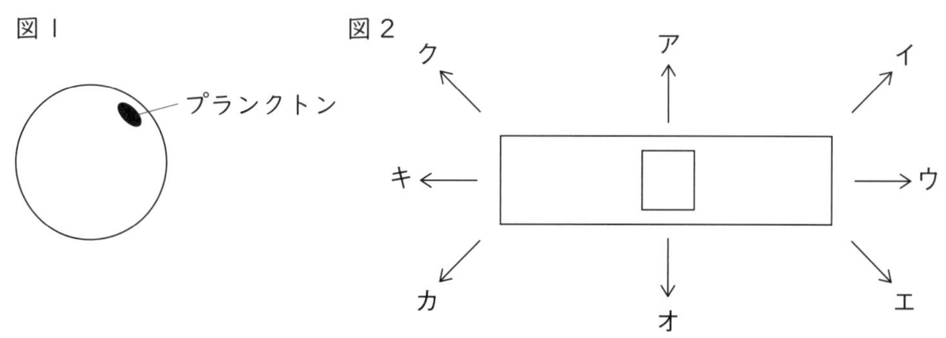

JUMP 自分の言葉で説明してみよう

この項目ではプランクトンを勉強してきましたが、このページの「HOP」で挙げたものだけでなく、P.145の「ワンポイント」で取り上げたような海にすむエビやカニ、ウニなどの幼生もプランクトンです。
また、プランクトンというと「とても小さな生物だけ」と考えている人もいるかもしれませんが、大きなクラゲなどもプランクトンといえます。

では「プランクトン」という言葉の意味を、「泳ぐ力」「水の流れ」という言葉を使って説明してみましょう。

問題の解説と答え

HOP プランクトンを整理して分類しよう

(1)　Aは植物プランクトン、Bは動物プランクトンの性質を持つものの集まりですね。動物プランクトンはおもに植物プランクトンを食べて生きていますが、両方にミドリムシがふくまれているので、注意して選びましょう。

答え　A　う　B　あ

(2)　プランクトンの名前は、あるものの形に似ているという理由でついたものが多く、覚えるときのヒントとして活用するといいですね。

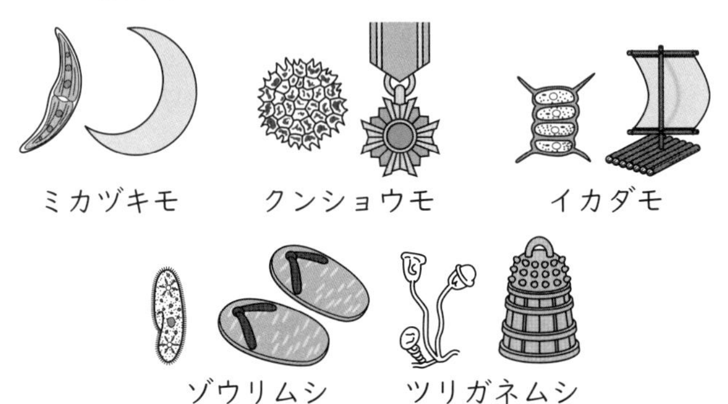

ミジンコはプランクトンですが、エビやカニと同じ甲かく類の仲間だということも覚えておきましょう。図で背中に見えている丸いものは卵で、卵を産んで増える生物だということもわかります（アメーバーやゾウリムシは分裂によって増える原生動物で、これらと比べて高等な生物です）。

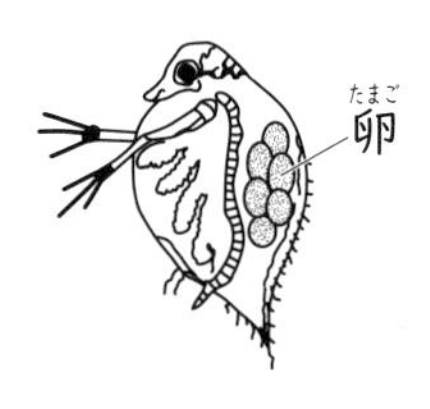

答え　ア　アオミドロ　イ　ミカヅキモ　ウ　ケイソウ（ハネケイソウ）
エ　クンショウモ　オ　イカダモ　カ　ミドリムシ　キ　ゾウリムシ
ク　アメーバー　ケ　ミジンコ　コ　ワムシ　サ　ツリガネムシ

STEP 顕微鏡の性質をふまえて考えよう

顕微鏡や天体望遠鏡などを使って見る視野は、上下左右が逆になっています。
図1ではプランクトンが視野の右上に見えていますが、実際にはその逆、左下にあるんですね。

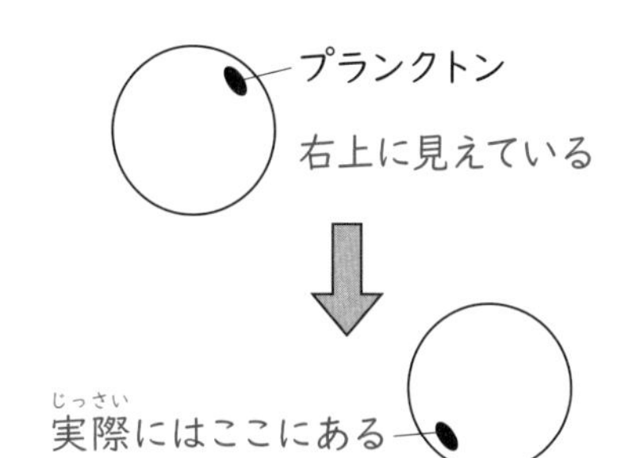

だからこれを視野の中央にもってくるには、プレパラートを左下の逆、右上に動かす必要があります。

つまり、上下左右が逆に見えているのですから、

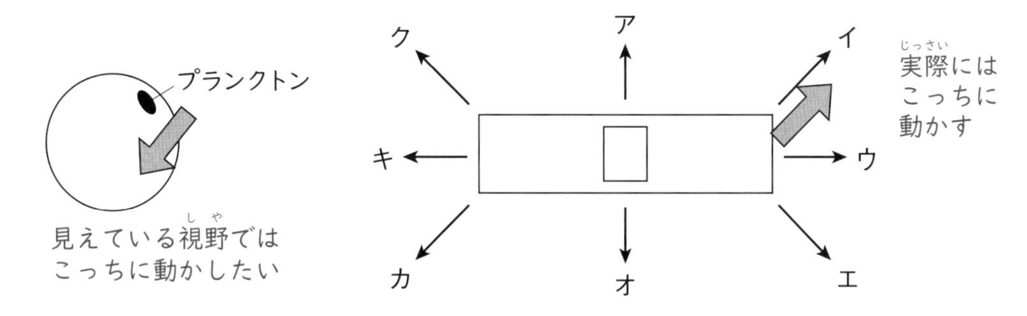

と考えるようにしましょう。

答え　イ

JUMP 自分の言葉で説明してみよう

プランクトンはよく「水中の小さな生物」と言われますが、実は小さな生物ばかりではありません。成長して成体になると海底で生活しているエビ、カニやサンゴなども幼生のうちはプランクトンだし、クラゲなどのように体は大きくてもプランクトンとされる生物もいます。

では「プランクトン」という言葉の意味はというと、自分の力で水の流れに逆らって泳ぐことができない生物、つまり「浮遊生物」をプランクトンというんですね。

だから魚の中にも稚魚のうちは泳ぐ力が小さすぎて、自分の力で流れに逆らって泳げないうちは「プランクトン」と呼べるものが多くいます。

プランクトンに対して、自由に流れに逆らって泳げる魚を「ネクトン」、エビやカニの成体、貝のように、流されず水底で生活できるものを「ベントス」といいます。

答え　水の流れに逆らって自由に泳ぐ力を持たない、浮遊生物。

31 いろいろなこん虫

小4　小5　小6

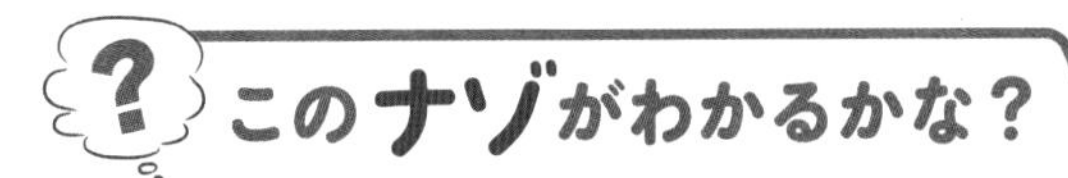

公園を散歩していると、セミの抜けがらをたくさん見つけました。

多くの抜けがらは、図1のように木の枝や葉などの下にぶら下がるようにくっついていて、図2のように上に乗っかっているものはあまりありませんでした。上に乗ったほうがぶら下がるよりも楽なのでは、と思ったのですが、なぜどの抜けがらも、ぶら下がっているのでしょうか。

図1

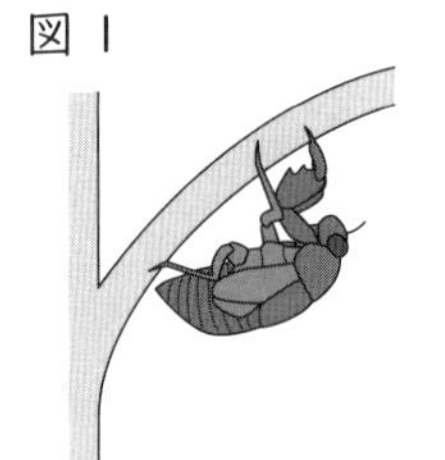

図2

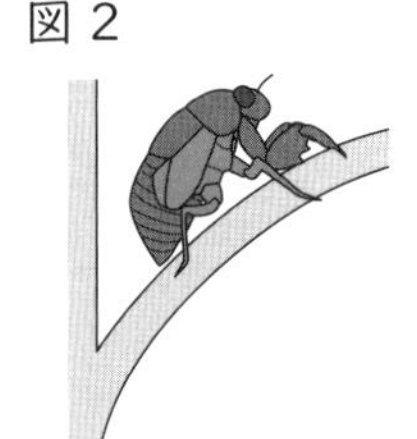

このナゾを解く魔法ワザ

セミの羽化の様子を考えよう！

セミは羽化するとき、幼虫の背中を破って成虫が出てきます。その後、図のように自分の抜けがらにぶら下がって、重力の力を利用して羽をのばし、中に体液を流し込んでいきます。その体液が固まって羽が固くなり、空を飛べるようになるのです。だからぶら下がれるほうが好都合なんですね。

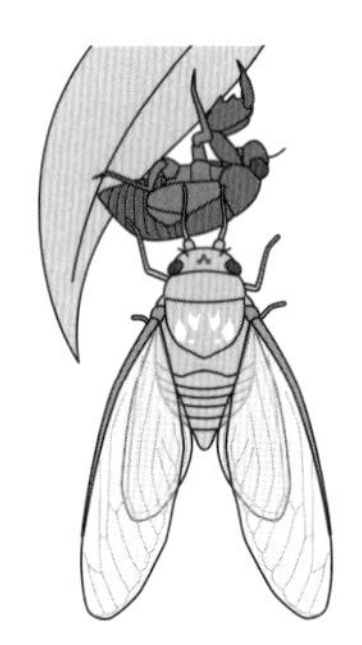

答え　羽化して羽をのばすとき、自分の抜けがらにぶら下がったほうが都合がいいから。

ワンポイント　ぶら下がっていなかった抜けがらは、なぜ？

木の幹や固い枝にとまった抜けがらはぶら下がっていたものが多かったのですが、やわらかい葉の上に乗った抜けがらも見られました。これは、羽化する前はセミの重みで葉が反り返っていてぶら下がっていたものが、セミの重みがなくなって戻ったと考えられますね。

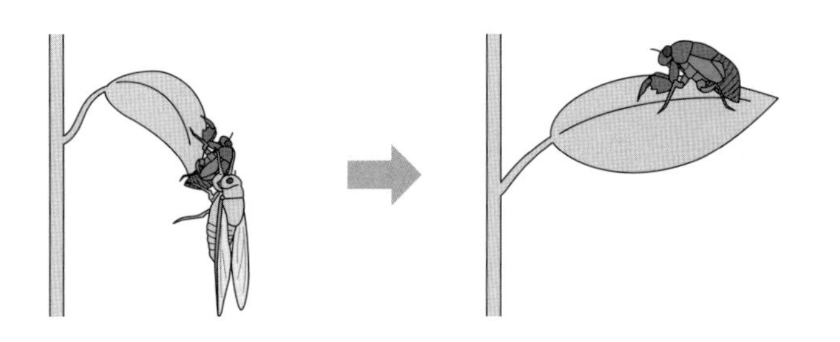

問題を解こう

HOP いろいろなこん虫を知ろう

(1)　次の生き物について、考えてみよう。

ア　トノサマバッタ　　イ　カブトムシ　　ウ　テントウムシ　　エ　オニグモ

オ　オオカマキリ　　カ　モンシロチョウ　　キ　シオカラトンボ　　ク　イエバエ

ケ　アカイエカ　　コ　スズメバチ　　サ　マダニ　　シ　オオクロアリ　　ス　ムカデ

①　こん虫でないのはどれ？（すべて）

②　さなぎになるこん虫はどれ（すべて）

③　羽が2枚のこん虫はどれ？（すべて）

④　幼虫の時期、水中で過ごすこん虫はどれ？（すべて）

(2)　次の説明のこん虫を、ア～オから選ぼう。

A　幼虫は、カワニナという貝を食べます。さなぎになるこん虫です。

B　幼虫は「アオムシ」と呼ばれ、コマツナやキャベツなどの葉を食べます。

C　幼虫の姿で数年間、地中で過ごします。成虫になると、オスは腹にあるまくをふるわせて鳴きます。

D　秋になると、オスは羽をこすり合わせて鳴きます。その音は「リーン　リーン」と聞こえます。

E　幼虫はアリジゴクと呼ばれ、砂をすりばちのように掘って、中に落ちてきた他の虫をつかまえて食べます。

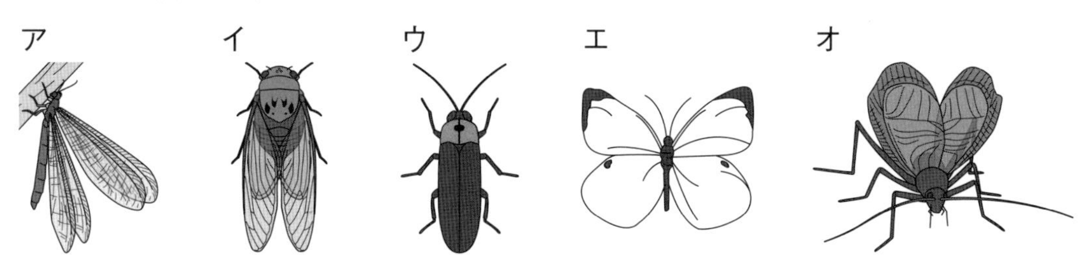

STEP 図を見て考えよう

次の図は、カブトムシの体の様子をスケッチしたものです。カブトムシの「胸」はどの部分？

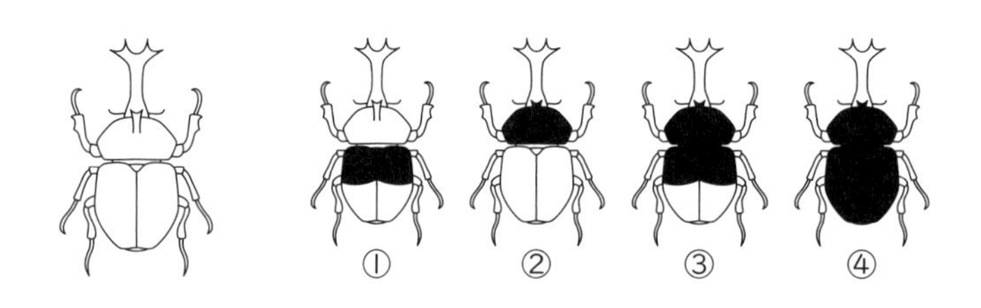

JUMP 自分の言葉で説明してみよう

図の左はアゲハの4令幼虫、右が5令幼虫です。それぞれ、姿を何かに似せる（擬態といいます）ことで、自分の身を守っています。何に似せて身を守っている？

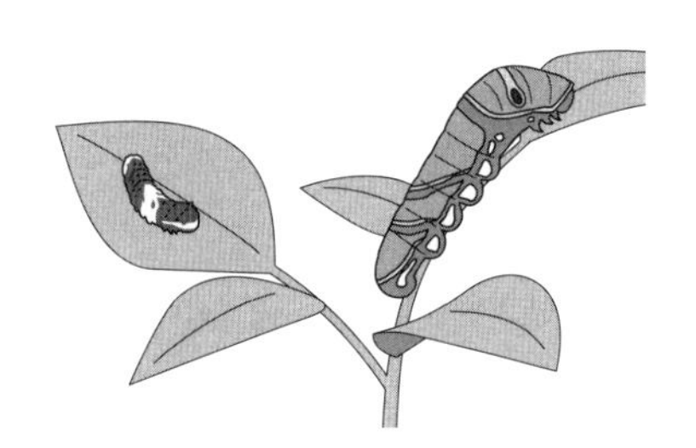

問題の解説と答え

HOP いろいろなこん虫を知ろう

(1)

① こん虫は、からだが頭・胸・腹に分かれていて、足が6本、羽が4枚（2枚のものや、ないものもある）などの特徴があります。オニグモやマダニは足が8本あるダニ類・クモ類、ムカデは足がたくさんある多足類の仲間です。

② さなぎになるこん虫の仲間を「完全変態」といいます。完全変態と不完全変態（さなぎにならない）のこん虫には、次のようなものがあります。

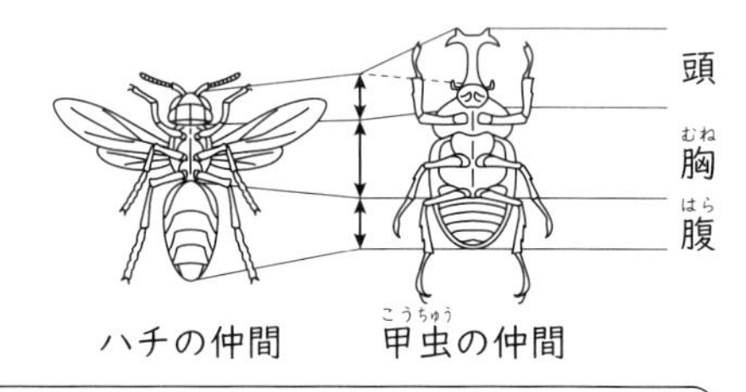

完全変態のこん虫の覚え方

かぶと山	八	兆円の	あり	か	が	危ない	テントを	張る	のみ
カブトムシ	ハチ	チョウ	アリ	カ	ガ	アブ	テントウムシ	ハエ	ノミ

不完全変態のこん虫の覚え方

かっ	と	ば	せ	ぶりっ	子
カマキリ	トンボ	バッタ	セミ	ゴキブリ	コオロギ

羽が2枚のこん虫の覚え方

速え〜	カ	ー	ブ
ハエ	カ		アブ

③ 羽が2枚のこん虫は、ハエやカ、アブなどですね。

④　トンボの幼虫はヤゴ、カの幼虫はボウフラ（さなぎはオニボウフラ）と呼ばれ、水中で生活しています。

答え　①　エ　サ　ス　②　イ　ウ　カ　ク　ケ　コ　シ　③　ク　ケ
④　キ　ケ

(2)

A　成虫になると光を発することで有名なこん虫ですね。

B　アオムシは、コマツナやキャベツなどのアブラナ科を食草としています。

C　セミの腹は空洞になっていて、よく音がひびくつくりになっています。

D　「リーン　リーン」と鳴くのはスズムシですね。その他の秋の虫の鳴き声はP.36参照。

E　アリジゴクはウスバカゲロウの幼虫ですね。ウスバカゲロウは、カゲロウとは別の仲間のこん虫です。

答え　A　ウ　B　エ　C　イ　D　オ　E　ア

STEP 図を見て考えよう

右の図からもわかるように、カブトムシの胸は6本の足がついている部分です。
図のような「裏側」を知らないとつい②と考えてしまいがちですが、正解は③ですね。

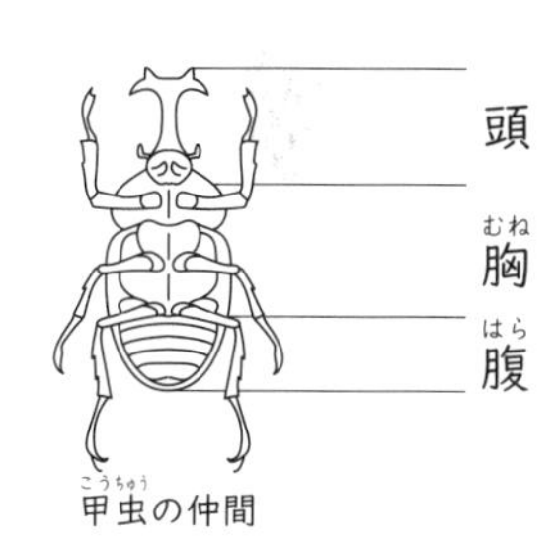

甲虫の仲間

答え　③

JUMP 自分の言葉で説明してみよう

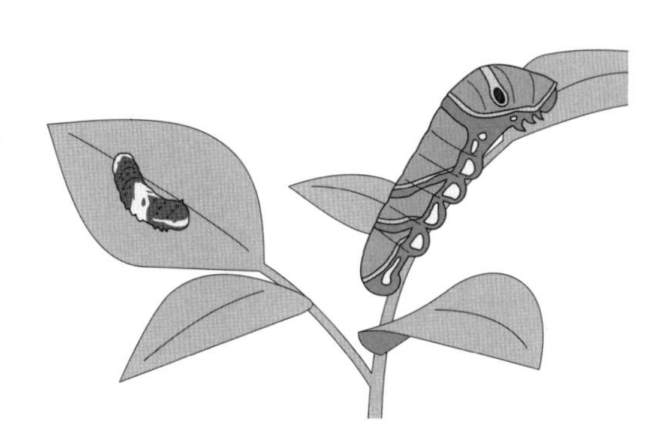

アゲハの幼虫は、4令幼虫から脱皮によって5令幼虫になったときに、見た目が大きく変わります。左の4令幼虫は白と黒が不規則に混じり合ったような模様なのに対し、右の5令幼虫はあざやかな緑色になっています。もちろん5令幼虫の緑色は、アゲハの幼虫が食べる柑橘系（ミカンやカラタチ）の木の、葉やくきの色に似せているのですが、4令幼虫の色は何に似せているのでしょうか。道ばたで、このような色の「ふん」を見かけたことがあるかもしれませんね。4令幼虫は、鳥のふんに擬態することで、外敵から身を守っているんです。

アゲハに限らず、こん虫には擬態の名人がたくさんいます。

カイコガ

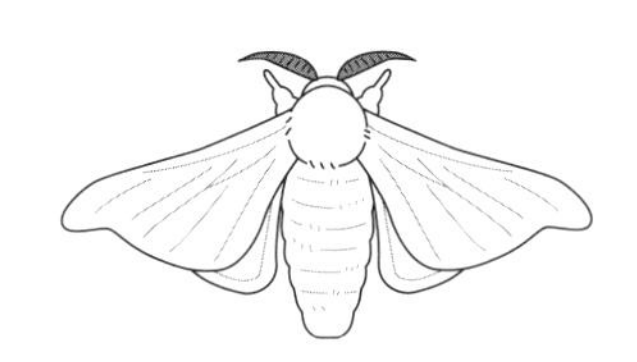

クワコ

カイコガは、人間が家畜として育てているこん虫（さなぎになるときにはき出す糸が、絹糸の原料になる）ですが、その祖先と考えられている「クワコ」はカイコガと違い、自然界で身を守る必要があります。カイコガが真っ白（胴体も太く、飛ぶこともできません）なのに対し、クワコは幼虫、成虫とも色がついていて、自然にとけこみ擬態できるようになっています。

答え　4令幼虫は鳥のふんに、5令幼虫は柑橘系の木の葉や枝に擬態して、外敵から身を守っている。

Chapter

10

生物の仲間分け・つながり

32 生物の分類

小4　小5　小6

フナ・カエル・トカゲ・ニワトリ・イヌの５種類の動物を、特徴によって仲間分けしようと思います。下記A～Cの質問に答えることで分けると、これだけでは区別することができない動物があります。それはどれとどれ？　またその２つの動物を区別するには、どのような質問をすればいい？

【質問】

A　一生えら呼吸？

B　体温が気温とともに変化する？

C　卵で増える？

このナゾを解く魔法ワザ

図に整理すると「一目瞭然」です。

３つの質問それぞれに「はい」である動物を図で囲んでみましょう。

A　一生えら呼吸…フナ（魚類）

B　変温動物…フナ（魚類）、カエル（両生類）、トカゲ（は虫類）

C　卵で増える…フナ（魚類）、カエル（両生類）、トカゲ（は虫類）、ニワトリ（鳥類）

ですから、次のような図になります。

図

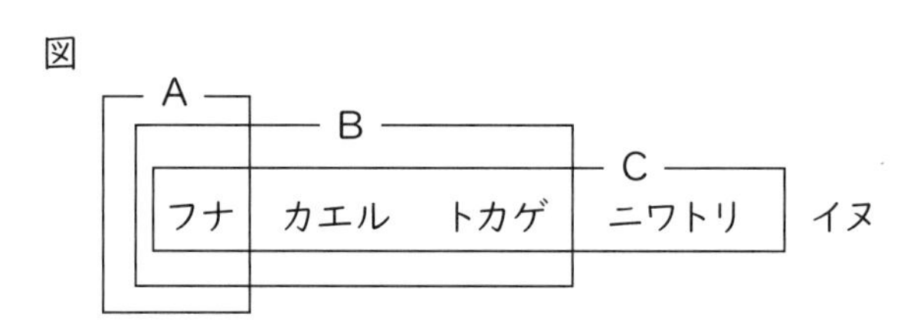

カエルとトカゲが同じくわく内にあるので、この２つの違いを考えます。カエル（両生類）は幼生（オタマジャクシ）のときはえら呼吸ですが、トカゲは（は虫類）一生肺呼吸ですね。

答え　区別できない　カエルとトカゲ

区別するための質問　（例）一生、肺呼吸で生きる？　卵にからがある？　など

ワンポイント　セキツイ動物の区別のポイントは３つ

魚類、両生類、は虫類、鳥類、ほ乳類の５つの生物をまとめて「セキツイ動物」（背骨がある動物という意味）といいます。

分類のポイントは、

・体温（一定に保つことができるかどうか）
・増え方（子を産むか、卵で増えるか）
・呼吸のしかた（肺呼吸か、えら呼吸か）

です。

	魚類	両生類	は虫類	鳥類	ほ乳類
生活場所	水中	幼生：水中 成体：水中と陸上	おもに陸上		
呼吸	えら呼吸	幼生：えら呼吸 成体：肺呼吸と皮膚呼吸	肺呼吸		
生まれ方	卵生（卵にからがない）		卵生（卵にからがある）		子を産む
体温	変温			一定	
例	サケ・コイ・フナ・サメ	カエル・イモリ	カメ・ヘビ・ワニ・ヤモリ	スズメ・ハト・ペンギン	ヒト・クジラ・イヌ・イルカ・コウモリ

問題を解こう

HOP　無セキツイ動物を仲間分けしよう

無セキツイ動物のおもなものを調べて、下の図を完成させましょう。

(1)　ア～エに入る言葉は？
(2)　カタツムリ、ミジンコ、ノミはそれぞれ、ア～エのどこにあてはまる？

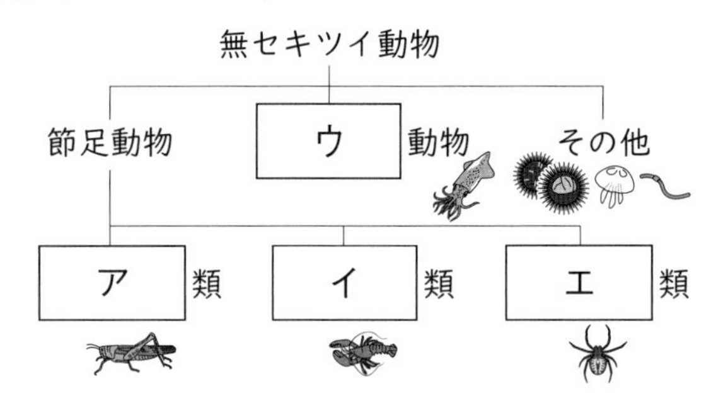

STEP　図を見て共通点と違いについて考えよう

右の図は、ネコとヒトの骨格模型です。２つの図をよく見比べてみよう。ヒトのかかとにあたる部分はネコの足のア～ウのどこ？

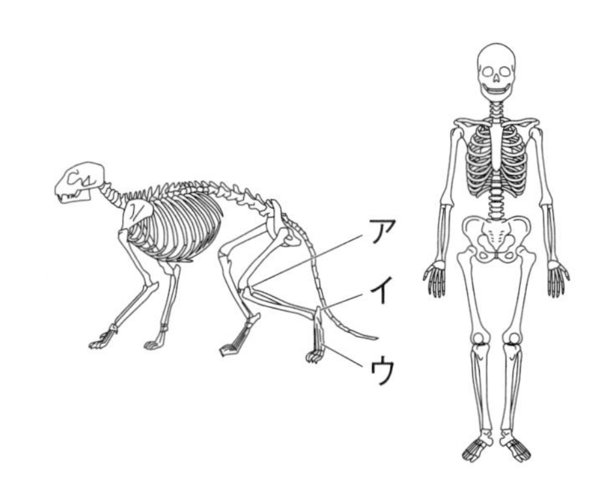

JUMP 自分の言葉で説明してみよう

「STEP」のネコとヒトの骨格模型を見比べると、ヒトの骨の中にはネコの骨に比べて体に対して大きい骨が3つあります。そのうちの2つは、かかとと骨ばんです。
ではもう1つはどこの骨？　またそれらが大きくなったのは、人がネコと違う、どんな性質を持っているから？
説明してみよう。

問題の解説と答え

HOP 無セキツイ動物を仲間分けしよう

(1)　動物のうち、セキツイ動物以外を無セキツイ動物といいます。無セキツイ動物の中には、足に節を持つ節足動物、体がやわらかい軟体動物などがあります。節足動物をさらに細かく分けるとこん虫類、クモ類、甲かく類などがあります。

(2)　カタツムリやナメクジ、貝の仲間は、すべてイカやタコと同じ軟体動物です。イカの体内にある骨のようなもの（軟甲といいます）を見たことがありますか？　これが、退化した貝がらのなごりなのです。イカやタコはもともとはオウムガイのような形だったのではと考えられています。化石で有名なアンモナイトも、イカやタコの先祖にあたる生物ですね。

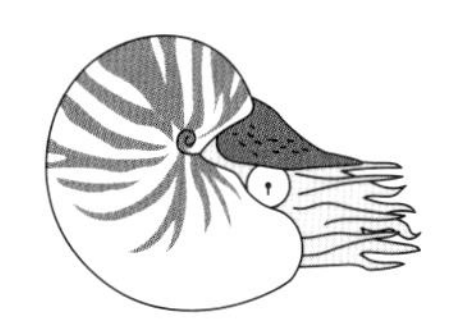
オウムガイ

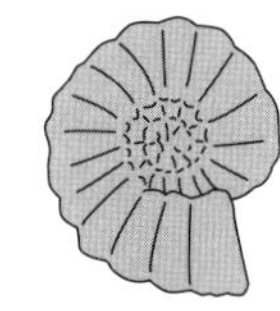
アンモナイトの化石

ミジンコはプランクトンですが、エビやカニと同じ甲かく類、ノミも2〜5mmと小さな生き物ですが、こん虫の仲間で、さなぎになる完全変態のこん虫です。

答え　(1) ア　こん虫　　イ　甲かく　　ウ　軟体　　エ　クモ
(2) カタツムリ　ウ　　ミジンコ　イ　　ノミ　ア

STEP 図を見て共通点と違いについて考えよう

イヌやネコなど、ヒト以外のほ乳類の動物のほとんどが、4本足で歩いたり走ったりして生活しています。体重を4本の足で支えればいいので、ヒトに比べて足1本あたりにかかる重量がとても小さいのが特徴です。
イヌやネコなどを飼っている人は、後ろ足をよく観察してみてください。ヒトは足の裏全体（つま先からかかとまで）を地面につけていて、背のびしたいときだけかかとを地面から持ち上げますが、イヌやネコはいつでもかかとを地面につけずにいます。足1本あたりにかかる重量が小さいからですね。
また、これがイヌやネコがヒトよりも速く走ったり、素早く動くのが得意な理由の1つでもあります。

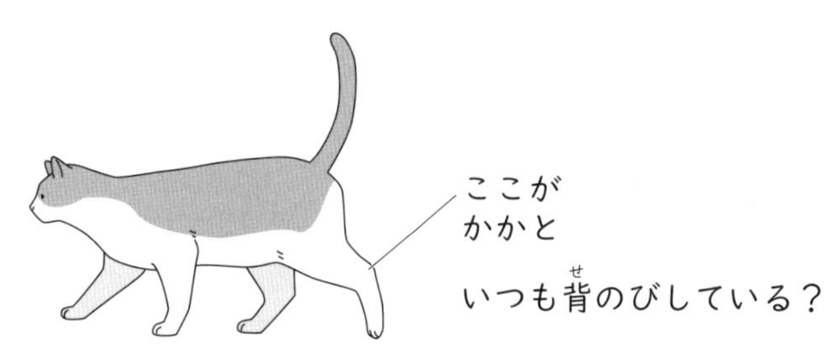

答え　イ

JUMP 自分の言葉で説明してみよう

ヒト以外にも、2本足で歩くことができる動物はいますが、地面に対して完全に垂直に立って歩く「直立二足歩行」はヒトだけです。人類は300万年前に直立二足歩行を始めたと言われていて、重い荷物を運ぶのに便利だったからではないか、と考えられています。

4本足で歩く動物は速く走れますが、手で物を持ったり運んだりすることができません。人類は手が使えるようになったからこそ、道具を使って大きく進化したと言われています。

またみなさんは、長い時間「四つんばい」になっていると、首がつかれませんか？　これは頭の重さを首の骨だけで支えなければならないためで、直立二足歩行なら頭の重さを背骨、骨ばん、そして足の骨と、体全体で支えることができますね。このことが人類の脳を大きく発達させたとも考えられています。

ヒトが直立二足歩行をするようになり、大きく重くなった頭や内臓を支えるために大きくなったのが骨ばん、そしてその真下にあるかかとの骨です。

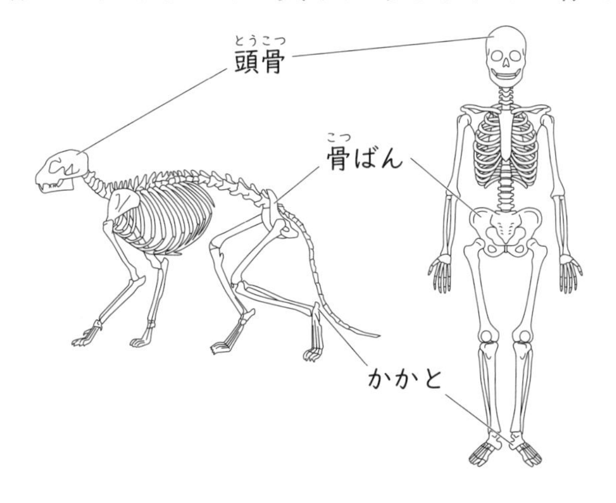

答え　頭の骨（頭骨）　ヒトが直立二足歩行をするようになったため。

33 生物のつながり

小4 小5 小6

このナゾがわかるかな？

ニホンジカの生息数（北海道を除く）は1989年に31万頭、2017年には244万頭と、大幅に増えています。この理由として正しいものは、次の中のどれ？

ア　天敵である生物が絶滅し、食べられることが少なくなったから
イ　鹿を狩る猟師の数が減ったから
ウ　人間が作り出した森林の環境が、ニホンジカの生息に都合のいいものだったから

このナゾを解く魔法ワザ

生物界は「バランス」によって成り立っています。

ニホンジカの生息数の増加は、中学入試でもたびたび出題される話題です。生物界のバランスを人間が崩してしまったために、さまざまな生物に大きな影響を与えてしまった例として、知っておくといいですね。

ア　ヒトが家畜を守るという目的で絶滅させてしまったのが、ニホンオオカミ。このニホンオオカミは、ニホンジカだけを食べていたわけではありませんが、ニホンジカの数が増えすぎないようにおさえる役割も担っていました。ニホンオオカミが絶滅してしまったことが、ニホンジカの数が増えすぎる原因の1つになっています。
イ　大日本猟友会によると、1980年の狩猟免許交付数は40万件以上だったのが、2016年には約20万件と大きく数が減っています。また、シカは1900年代初頭まで乱獲によって絶滅の危機にあったため、長く狩猟禁止とされていました。このことも数が増えた原因の1つと言われています。
ウ　日本は太平洋戦争からの復興のため、自然の森林を伐採して建築資材となるスギやヒノキの幼木を植える「拡大造林政策」を取りました。伐採されて日当たりが良くなった森林は、シカのえさとなる草木が豊富になり、シカの数が増える原因の1つとなりました。

ということで、3つすべてが正しいんですね。

答え　ア　イ　ウ

ワンポイント　自然はバランスを取り戻す

ニホンジカの例は、人間が自然界のバランスを崩してしまったために、ある生物だけが極端に増えてしまったものですが、多くの場合一時的にバランスが崩れても、自然にはもとに戻

ろうとするはたらきがあります。一部の生物が増えれば、その生物を食べる「天敵」である生物にとっては「えさが増えた」状態になり、天敵の生物が増えます。そうするとどんどん食べられ、またえさにしていた生物が減り、「えさが減った」状態になると、やがて増えた天敵の生物の数も減ってもとのバランスに戻るんですね。このように生物どうしが「食べる・食べられる」の関係でつながり合っていることを食物連鎖といいます。

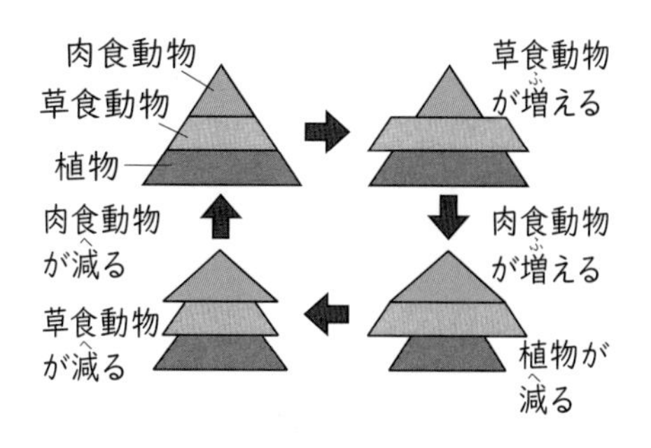

問題を解こう

HOP 食物連鎖を整理しよう

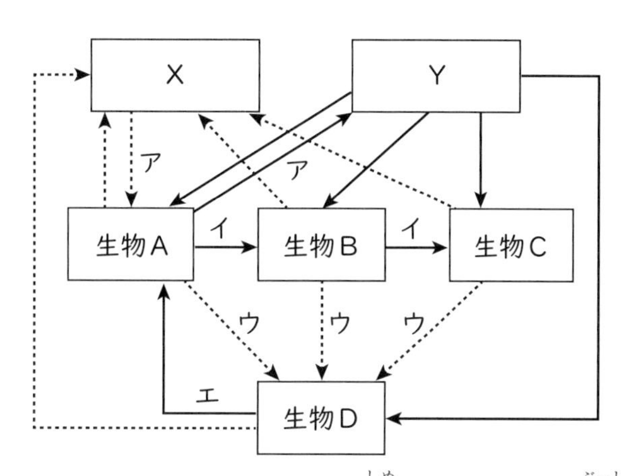

上の図は、ある森林内の生物どうしのつながりを示しています。物質X、Yはそれぞれ気体を、イの矢印は、生物Aが生物Bに、生物Bが生物Cに食べられるということを表しています。

(1)　気体X、Yはそれぞれ何？

(2)　アの矢印は、生物Aの何というはたらきによるもの？

(3)　ウの矢印は、生物A〜Cのふんや○○○を表しています。○○○にあてはまる言葉は何？

(4)　エの矢印が表しているものをひらがな4文字でいうと？

STEP 身近な生物のつながりについて考えよう

ある里山の生物について「食べられる→食べる」の関係になっているものはどれ？

ア　イネ　→　ウンカ　→　バッタ

イ　ヤゴ　→　ボウフラ　→　カエル

ウ　ススキ　→　ウサギ　→　キツネ

エ　コオロギ　→　ヘビ　→　クモ

JUMP 自分の言葉で説明してみよう

クマノミとイソギンチャク、ミツバチとコスモス、それぞれの関係で共通することは？
説明してみよう。

問題の解説と答え

HOP 食物連鎖を整理しよう

(1) 気体X、Yと関係する矢印をよく見てみよう。XはA～Dすべての生物がはき出す気体、そしてYは生物A～Dすべてがとり入れている気体、つまりすべての生物の呼吸に関係する気体だとわかりますね。

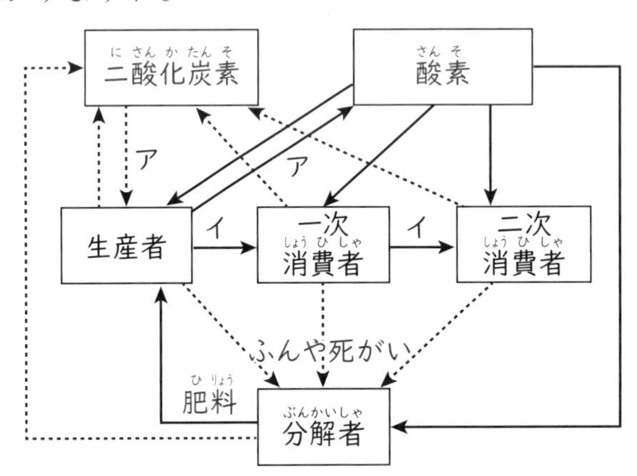

(2) アの矢印は(1)とは逆に、気体Xをとり入れて気体Yをはき出す向きになっています。つまり呼吸と全く逆のはたらき（光合成）ということになります。光合成によって酸素やでんぷんを作り出すはたらきを持つ生物Aは「生産者」と呼ばれます。植物ですね。これに対して植物を食べる生物B（草食動物）、その生物Bを食べる生物C（肉食動物）などを「消費者」と呼びます。

【光合成と呼吸】

光合成　光のエネルギー↓
水 ＋ 二酸化炭素 → 栄養分（でんぷん） ＋ 酸素

栄養分（おもに糖分） ＋ 酸素 → 水 ＋ 二酸化炭素
呼吸　↓生きるためのエネルギー

(3)(4) 生物Dは、生物A～Cから排出されるもの（ふんなど）や死がいなどを分解する菌類や細菌類などで「分解者」と呼ばれます。分解者のはたらきで

自然界ではいろいろな物質がリサイクルされているんだね！

生物のふんや死がいは分解され、植物の成長に必要な肥料になります。

答え (1) X：二酸化炭素　Y：酸素
(2) 光合成　(3) 死がい　(4) ひりょう

STEP 身近な生物のつながりについて考えよう

ア　ウンカはイネ科の植物を食べるこん虫、バッタも同じようにイネ科の植物を食べます。

イ　ヤゴはトンボの幼虫で肉食です。ボウフラはカの幼虫ですね。

ウ　野生のウサギは野草、木の実などさまざまなものを食べますが、ススキなどイネ科の植物の葉やくきも食べます。

エ　クモはおもに巣にかかる小さなこん虫などを食べています。

答え　ウ

JUMP 自分の言葉で説明してみよう

P.158のニホンジカとニホンオオカミのように、一方がもう一方を食べる関係において、食べる側を食べられる側の「天敵」といいます。クマノミにとっての天敵は自分より大型の魚で、丸のみにされてしまっては、ひとたまりもありません。クマノミはイソギンチャクの毒のある触手を隠れ家にして大型の魚から身を守り、イソギンチャクはクマノミのえさのおこぼれをもらうという共生の関係（P.29のアリとアブラムシと同じ）です。クマノミがいることで、イソギンチャクの触手に酸素をふくんだ新鮮な海水が行き渡り、同じように共生している植物プランクトンの成長も促していると言われています。このように、生物どうしがおたがいに利益を与え合う関係を「共生」といいます。

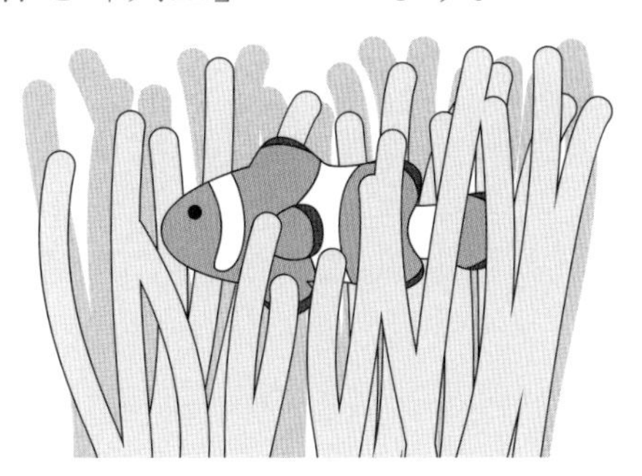

ミツバチをはじめ、ハチやチョウなどの多くのこん虫と植物の場合も同じで、植物はミツや花粉を与える代わりに受粉を手伝ってもらう、という「持ちつ持たれつ」の関係ですね。花びらのある花をさかせる植物は、こん虫を呼びよせるために花びらという目立つものを持つよう進化したんですね。

答え　クマノミはイソギンチャクにえさのおこぼれを与(あた)える代わりに守ってもらう、ミツバチはミツや花粉(かふん)をもらう代わりにコスモスの受粉(じゅふん)を手伝うという、どちらも共生の関係であることが共通している。

Chapter

11

地質・気象

34 流水のはたらき

小4 小5 小6

このナゾがわかるかな？

図は、滋賀県高島市の地図の一部を切り取ったものです。◯で囲んだ部分の地域では、果樹園などが多くあります。このような地形を何という？　また果樹園が多い理由は？

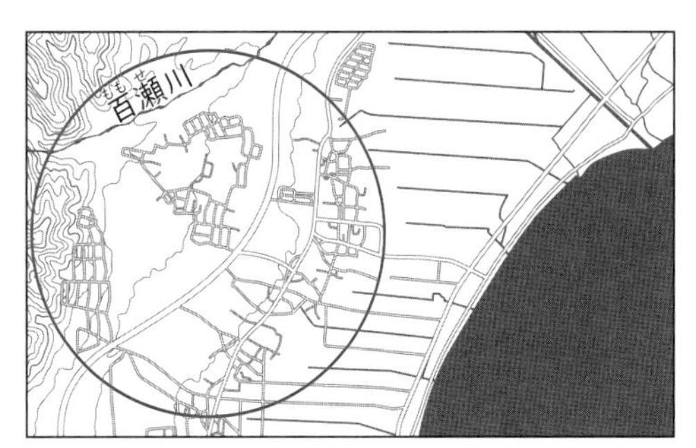

このナゾを解く魔法ワザ

地図左側の等高線の「密」に注目！

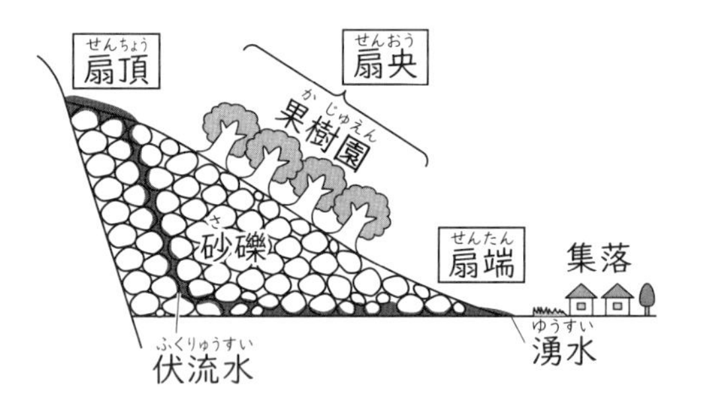

地図の左側部分の等高線が、非常に「密」であることに注目しましょう。等高線が密であるということは、傾斜が激しい、つまり山地ということです。そして右に行くと急に等高線がまばらになっています。百瀬川という川もえがかれていますね。川が山地から平野に注ぐ場所にできるのが、扇状地です。扇状地では川の流れによって運ばれてきた粒の大きな砂などがたい積するため、水はけがよく果樹園などに適した土地になります。

答え　地形の名前　扇状地　　果樹園が多い理由　川の流れによって運ばれてきた粒の大きな砂などがたい積し、水はけがよい果樹園に適した地形となるため。

ワンポイント　扇状地と三角州のちがい

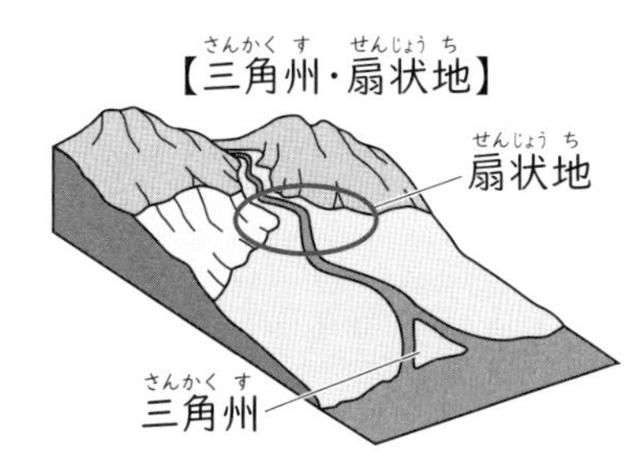

扇状地と三角州、どちらも三角形で似ていますが、全然ちがいます。扇状地は川が山地から平地に流れ出すところ（上流と中流の境目）、三角州は川が海などに流れ出すところ（下流）にでき、たい積している粒の大きさも、扇状地は大きな粒（→水はけがよく果樹園に向いている）、三角州は小さな粒（→水はけが悪く水田などに向いている）となっています。

問題を解こう

HOP 知識を整理しよう

(1) 流水の三作用とは？

(2) 河口でA～Cにはおもにどんなものがたい積する？

ア 砂　イ れき（小石）　ウ どろ（ねん土）

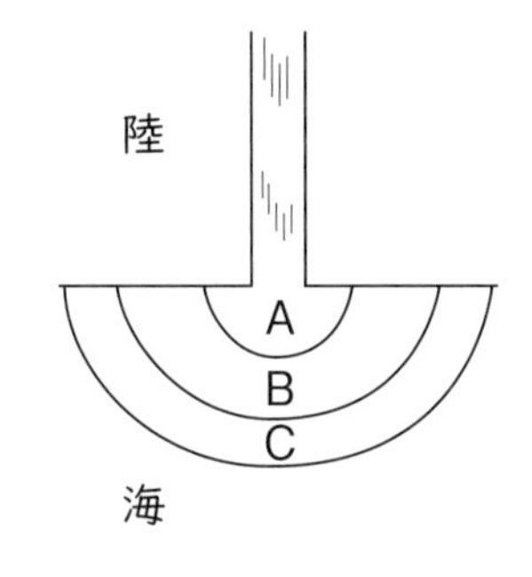

(3) 流水によって流されたい積したものによってできた岩石を何という？

(4) 表の（ア）～（オ）にたい積したものの名前を入れよう。

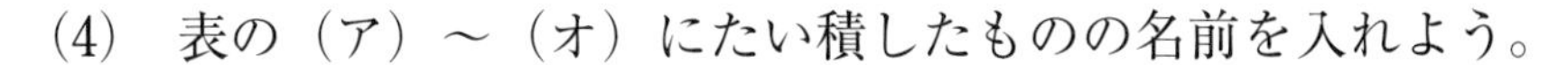

たい積岩	たい積物
レキ岩	（ア）
砂岩	（イ）
泥岩	（ウ）
ギョウカイ岩	（エ）
石灰岩	（オ）やフズリナの死がい（カルシウム分）

(5) 図1・2を何という？

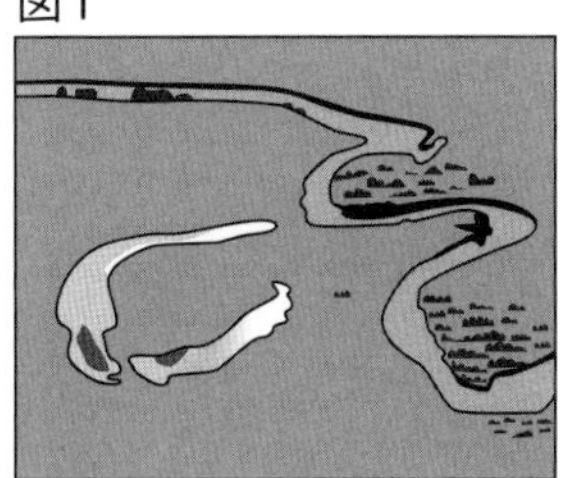
図1

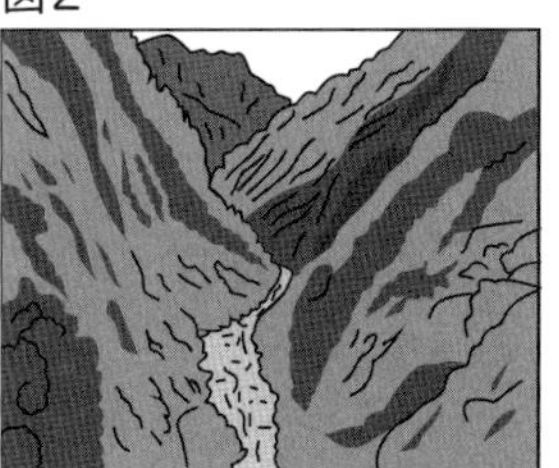
図2

STEP 図に書き込もう

川がまっすぐ流れているところと曲がって流れているところの川底を、下流から見た断面図に、しずんでいる粒の大きさがわかるように書き込もう。

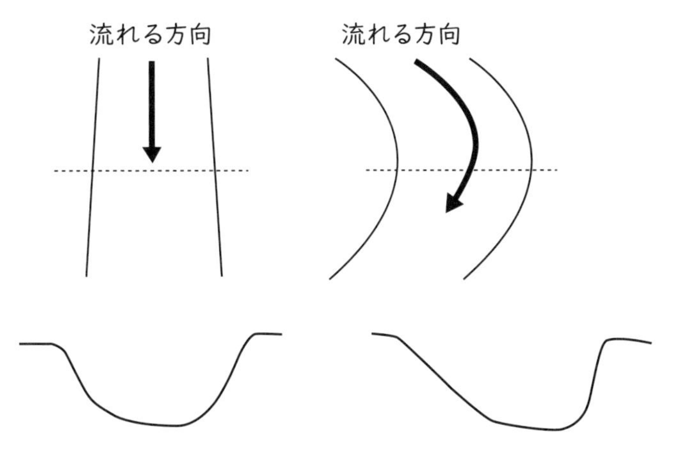

JUMP 自分の言葉で説明してみよう

図はレキ岩の粒をルーペで拡大したものです。粒が丸みをおびているのはなぜ？

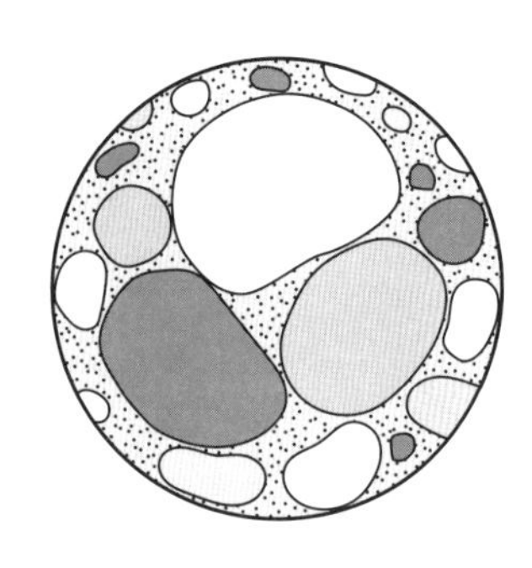

問題の解説と答え

HOP 知識を整理しよう

(1)　流水には、川底や川岸などをけずりとるはたらき（浸食作用）、けずりとったものを流して運ぶはたらき（運ぱん作用）、運んできたものを積もらせるはたらき（たい積作用）があります。

※「たい積」を「体積」と書かないように注意しよう！　小学校で習わない漢字なのでひらがなで書かれることが多いですが、正しい漢字は「堆積」です。難しい字ではないので、漢字で書くようにしてもいいね。

(2)　河口近くには大きくて重い粒がたい積し、小さく軽い粒は河口からはなれたところまで運ばれます。

(3)　流水によって運ぱんされ、たい積したものが押し固められてできた岩石を、まとめてたい積岩といいます。

(4)　レキ岩の「レキ」は「礫」という字で、小石のことです。ギョウカイ岩も漢字で書くと「凝灰岩」で「凝」の訓読みは「こ（る）」です。「こり固まる」といった使い方をしますね。「かたまる」という意味で、火山灰が固まってできた岩石であることを表しています。石灰岩はP.62で学習した「炭酸カルシウム」を主成分とした岩石で、この岩石のかけらを石灰石と呼んでいます。

(5)　図1の三日月湖は川の中流、上流よりも流速がゆっくりになってきて、川が蛇行するような場所にできます。図2のV字谷は速い流れが川底をけずってできる深い谷。川の上流にできます。

三日月湖のでき方

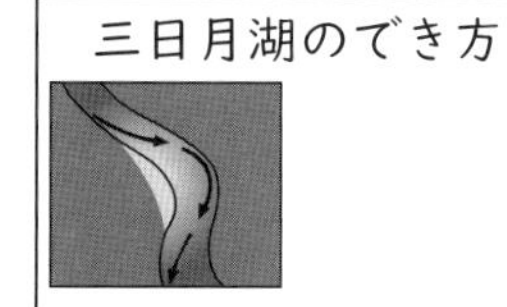

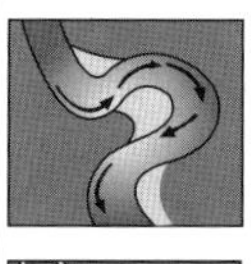

川の蛇行が大きくなると…

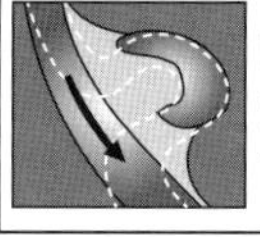

曲がった部分が取り残される

答え (1) 浸食作用 運ぱん作用 たい積作用 (2) A イ B ア C ウ
(3) たい積岩 (4) (ア) 小石 (イ) 砂 (ウ) どろ (エ) 火山灰
(オ) サンゴ (5) 図1 三日月湖 図2 V字谷

STEP 図に書き込もう

川の流速は、川がまっすぐに流れている部分では中央が、曲がって流れている部分では外側が速くなります。流速の速い部分に大きな粒がたい積することを意識して、粒を書き入れてみましょう。

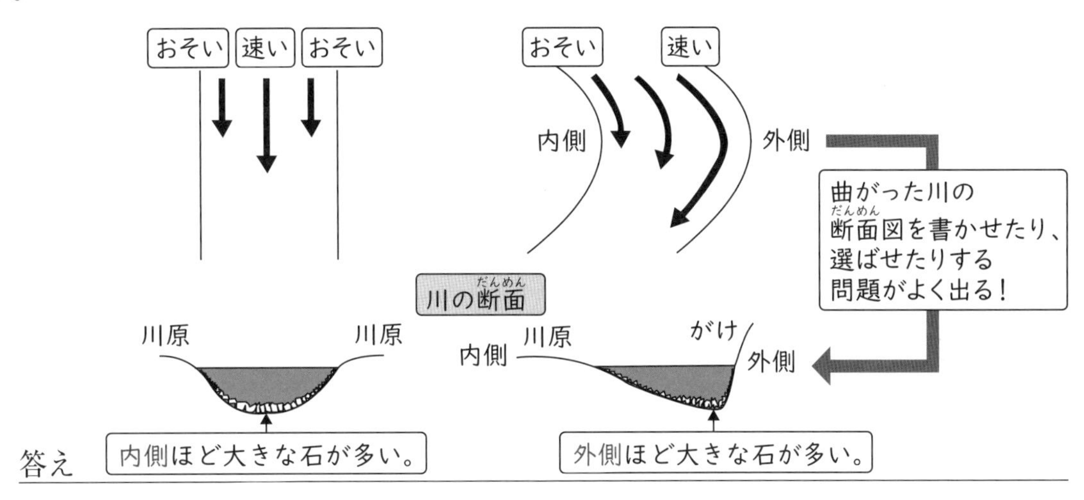

JUMP 自分の言葉で説明してみよう

たい積岩のほとんどは、流水のはたらき（運ぱん作用）によって運ばれたもの（砂・小石・どろなど）がやがてたい積して地層となり、何層にも重なって押し固められてできています。
レキ岩のたい積物である小石の粒は、流されている粒どうし、また川底などにぶつかるため角が取れて丸くなっています。
川などに遊びに行ったときには、川原の小石を観察してみましょう。小石も丸いものが多いことに気づくと思います。

この小石よりもっと細かくなった粒がたい積して再び岩石になるんだね

答え 流水に流されている間にぶつかり合って、角がけずられて丸くなるため。

35 地層と岩石

小4　小5　小6

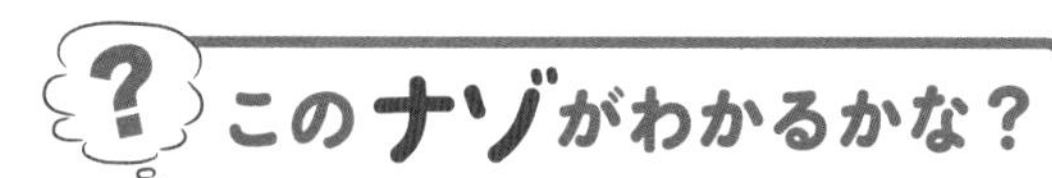

地球の表面は、プレートと呼ばれる十数枚の大きな岩盤でおおわれています。日本の周囲には、太平洋プレート、北アメリカプレート、ユーラシアプレート、フィリピン海プレートの4枚のプレートがあり、それらが常に押し合っています。アメリカのハワイ諸島は太平洋プレート上にあり、太平洋プレートは1年あたり8cmずつ日本のほうに移動しています。日本からハワイまでは約6600kmの距離がありますが、ハワイが日本に衝突するまで何年かかる？

ア　約80万年　　イ　約800万年　　ウ　約8000万年

このナゾを解く魔法ワザ

桁数の大きな計算は「集中力勝負」！

この問題、実はぜんぜん難しくないですね。ハワイまでの距離が6600km、1年に8cmずつ近づいてくるから、6600kmを8cmで割れば、何年かかるか計算できます。

…そんなことはわかっているのに、間違ってしまう人が多いんです。それは、桁数がやたらと多い計算だから。6600kmをcmの単位に直すと、非常に大きな数になります。だから計算ミスしてしまう人が多いんですね。でも逆に考えれば、計算ミスさえしなければ絶対に正解できる問題でもあります。

このような問題の最大の攻略法は「集中して計算すること」につきます。ぜひ「全集中」で計算してみてください。

こういう計算は「マシン」になったつもりで集中して！

6600km＝6600000m＝660000000cm

660000000÷8＝82500000（年）

答え　ウ

ワンポイント　実際には衝突しない!?

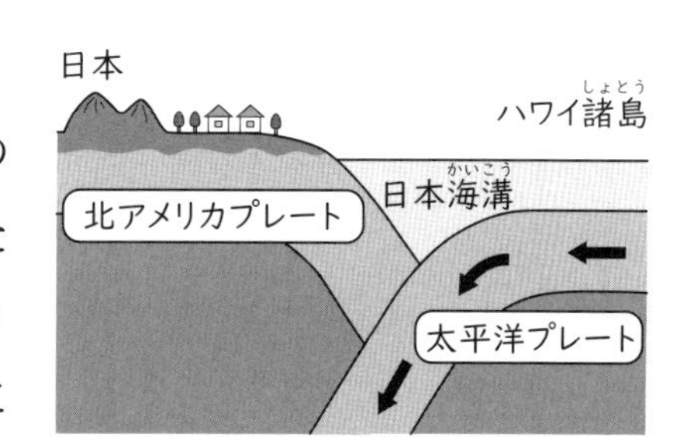

ハワイ州をのせた太平洋プレートは、実際に少しずつ日本のほうに移動していますが、図のように日本から少しはなれたところに北アメリカプレートとの境目である日本海溝がありますね。ここで太平洋プレートは北アメリカプレートの下にもぐりこんでしまうため、実際に衝突することはなさそうですね。

問題を解こう

HOP 火成岩と地震について整理しよう

図1

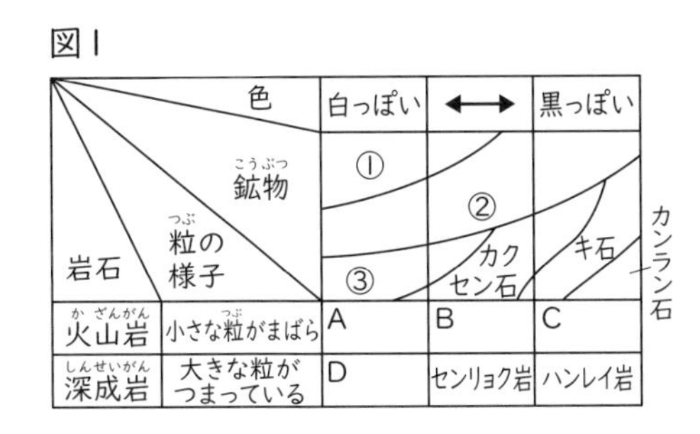

図2

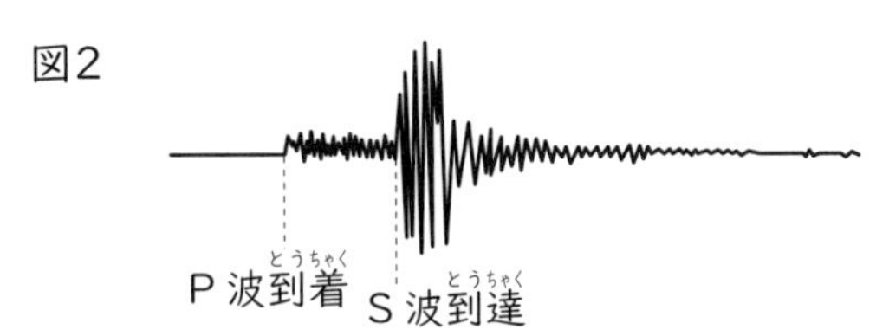

	震源からの距離	P波到着時刻	S波到着時刻
A	24km	10時12分31秒	（ア）
B	72km	10時12分37秒	10時12分46秒
C	（イ）	（ウ）	10時12分58秒

(1)　火成岩と鉱物についてまとめた、図1の①～③の鉱物名、A～Dの岩石名は何？

(2)　地震が発生すると、震源から小さなゆれを伝えるP波、大きなゆれを伝えるS波が伝わります。先に到着するのがP波で、おくれてS波が伝わります。ある地点での地震のゆれを記録したのが図2です。表は、この地震のP波、S波がA、B、C地点に到着した時刻を表しています。P波、S波の伝わる速さを考えて（ア）～（ウ）を求め、表を完成させよう。

(3)　地震の「震度」と「マグニチュード」の違いは何？

STEP 地層の新旧を見分けよう

図は、あるがけに見られた地層を示しています。

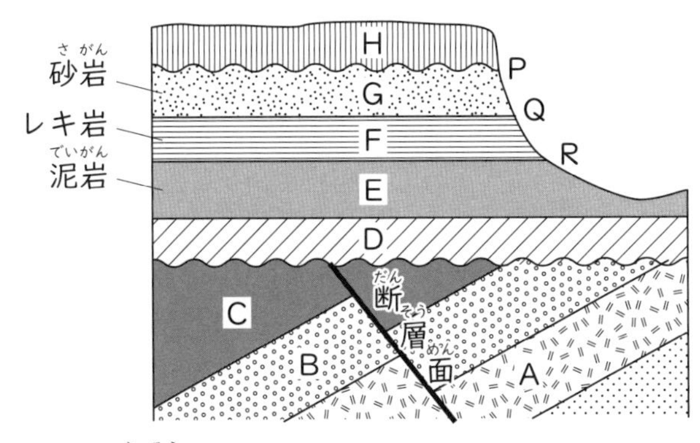

ア　地層D～Hがたい積した
イ　断層面ができた
ウ　地層A～Cがたい積した
エ　土地が持ち上がり、地層が陸上に出た
オ　土地が下がり、地層が海中にしずんだ

(1)　この地層ができるまでに起こったことア～オを、起こった順に並べると？

(2)　E、F、Gの地層がたい積した場所では、海面の高さが変化していました。どう変化した？

あ　だんだん高くなった　　い　だんだん低くなった

う　高くなったあと、低くなった　　え　低くなったあと、高くなった

(3)　地下水がしみ出ているのはP、Q、Rのどの境目？

(4)　Dの地層から、シジミの化石が発見されました。Dの地層がたい積した場所の環境は？

JUMP 自分の言葉で説明してみよう

地震の震度は0から7まで10段階に分かれています。なぜ7までなのに10段階なの？

問題の解説と答え

HOP 火成岩と地震について整理しよう

(1)　火成岩とは、マグマが冷えて固まってできた岩石です。マグマが地上近くで急に冷えてできたのが火山岩、地下深くでゆっくり冷えてできたのが深成岩です。岩石をルーペで観察すると、急に冷えてできた火山岩は鉱物の粒がまばらなのに対して、ゆっくりと時間をかけて冷えた深成岩は、粒が大きくぎっしりとつまっています。白っぽい岩石に多くふくまれる石英はガラスの原料で、長石は白色で割れ口が平らになる鉱物です。有色鉱物である黒ウンモは、うすくはがれる性質があります。

火山岩

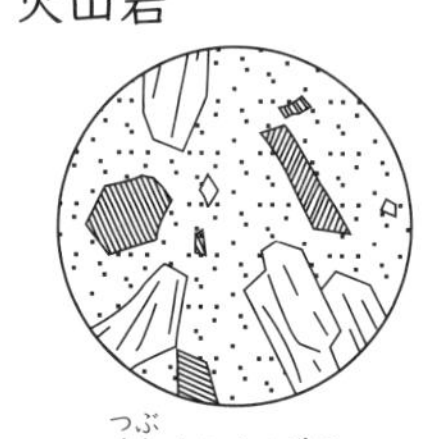

粒がまばら

深成岩

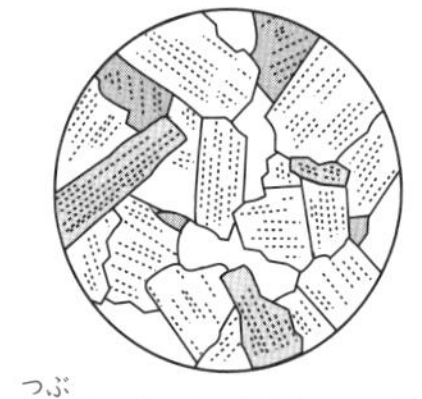

粒が大きくぎっしり

(2)　A地点とB地点を比べることで、まずはP波の速さを計算できますね。

72－24＝48km　を、37－31＝6秒　で進んでいます。

48÷6＝8km／秒

ここから、地震の発生時刻を求めることができます。

24÷8＝3　31－3＝28　地震の発生時刻：10時12分28秒

B地点の結果を使って、S波の速さを計算します。

46－28＝18秒　　72÷18＝4km／秒

24÷4＝6　10時12分28秒 +6秒 =10時12分34秒…（ア）

S波の速さがわかれば（イ）（ウ）も計算できますね。

10時12分58秒 －10時12分28秒 =30秒　　4×30＝120km…（イ）

120÷8＝15　　10時12分28秒 +15秒 =10時12分43秒…（ウ）

(3)　震度は、地震によるゆれの大きさのこと。震度0~7と分かれています。一般に、震源に近いほど震度は大きく、震源からはなれると小さくなる傾向があります。マグニチュードは、地震そのものの規模の大きさのこと。マグニチュードが1大きくなると、地震のエネルギーの大きさは約30倍になります。

答え (1) ① 石英 ② 長石 ③ 黒ウンモ A リュウモン岩 B 安山岩 C ゲンブ岩 D カコウ岩 (2)(ア) 10時12分34秒 (イ) 120km (ウ) 10時12分43秒 (3) 震度はある場所での地震のゆれの大きさ、マグニチュードは地震そのものの規模の大きさ。

STEP 地層の新旧を見分けよう

(1) A~Cの地層がたい積してから断層ができ、不整合面ができたあと、その上にD~Hの地層がたい積した、という順になるように並べるといいですね。不整合面ができる原因は、地層（基本的に水中でたい積してできる）が隆起するなどして地上に出て侵食されることだから、「隆起→（侵食）→沈降」の順で並べよう。

(2) たい積しているものの粒の大きさと海水面の高さ（深さ）の変化は、次のようになっています。

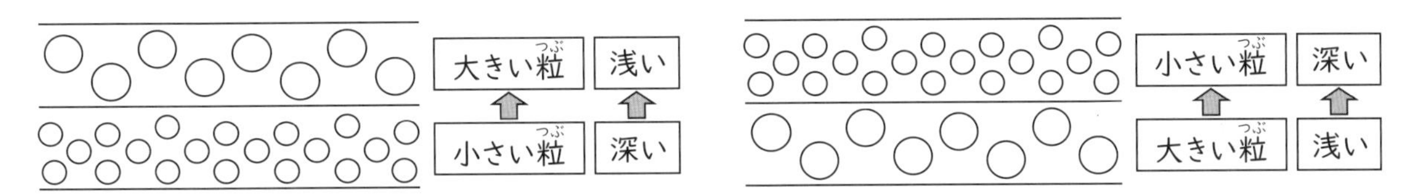

深い（海水面が高い）ところほど小さな粒がたい積し、浅い（海水面が低い）ところほど大きな粒がたい積する、ということから考えよう。

(3) どろ（ねん土）は粒が小さく水がしみ込みにくいので、地下水が流れるのは泥岩の層の上ですね。

(4) 化石から、その地層がたい積した当時の年代がわかるものを示準化石（標準化石）、当時の環境がわかるものを示相化石といいます。示準化石、示相化石のおもなものは右のとおりです。

時代	古生代	中生代	新生代
示準化石	三葉虫	アンモナイト	ナウマンゾウ

環境	浅い海	河口や湖	温暖で遠浅な海
示相化石	アサリ	シジミ	サンゴ

答え (1) ウ・イ・エ・オ・ア (2) え (3) R (4) 河口や汽水湖

JUMP 自分の言葉で説明してみよう

もともと、震度は0~7の8段階しかありませんでした。
1995年の兵庫県南部地震（阪神・淡路大震災）の時に、同じ震度5や6だった地域でも、被害に違いがあったことがわかり、さらに細かく「5強・5弱」「6強・6弱」と分けられました。これで2段階増えて10段階となったんですね。

答え 震度5と震度6にはそれぞれ強と弱があるため、「震度0・1・2・3・4・5弱・5強・6弱・6強・7」の10段階となっている。

36 天気の変化

小4　小5　小6

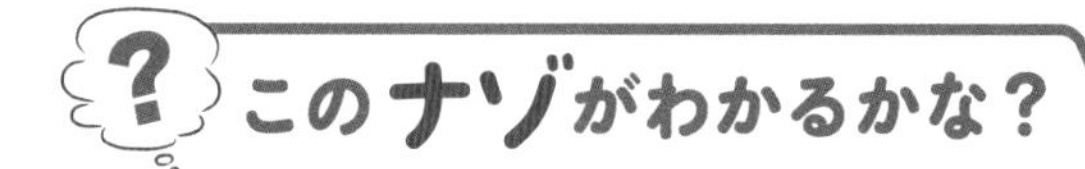

このナゾがわかるかな？

図は、日本の本州付近を台風が通過しようとしている様子を示しています。一般的に考えると、この進路を台風が通った場合、東京と大阪ではどちらが風が強くふく？

このナゾを解く魔法ワザ

ポイントは「台風にふき込む風」と「台風の進行方向」！

一般に、日本付近を通過する台風の場合、台風の中心よりも進行方向に向かって右のほうが風が強くなる傾向があります。これは、台風の中心に向かって反時計回りにふき込む風の向きと、台風自身の進行方向が同じになるためです。逆に台風の中心より左側の地域では、台風にふき込む風の向きと台風の進行方向が逆になるため、風は弱くなります。

図のように台風が北に向かって進んでいる場合、台風の中心より東側にある東京のほうが、西にある大阪よりも風は強くなります。

答え　東京

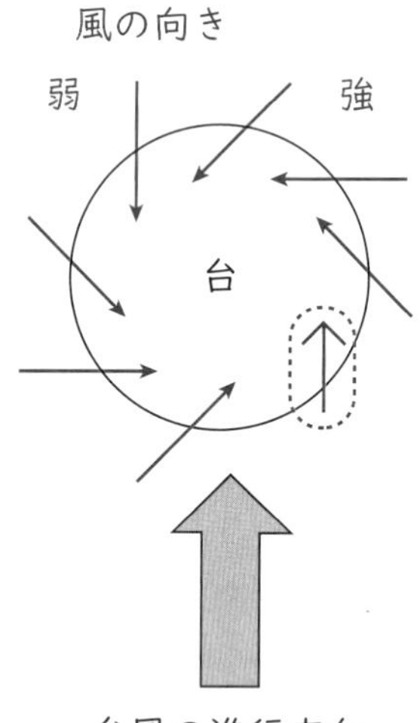

ワンポイント　台風の実際の形は？

あたたかい南の海上で、水蒸気を大量にふくんだ空気が太陽にあたためられ、上昇気流となって大きな雲のうずになったものが熱帯低気圧です。

台風は海上で発達した熱帯低気圧が、最大風速が17.2m／秒（風力8）に達したものをいいます。

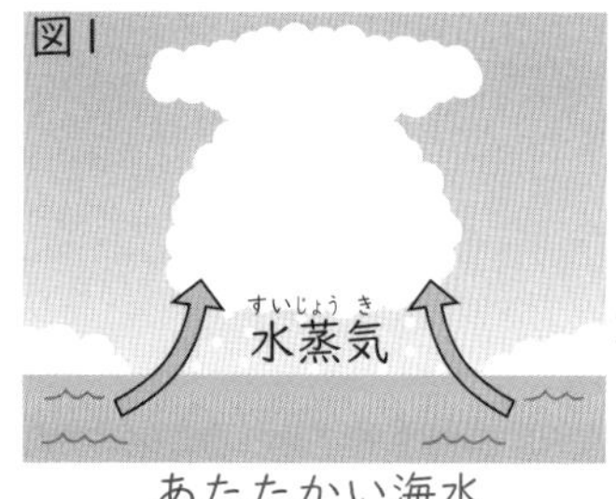

図1では縦長の円柱のように見えますが、実際の台風はうすい円板のような形（図2）をしています。

熱帯低気圧はあたたかい空気だけでできていますが、日本付近まで北上してくると冷たい空気も中に入るようになり、だんだん勢力はおとろえていきます。こうなると、もう熱帯低気圧とは言えません。「台風は温帯低気圧に変化しました」というニュースを聞いたことがあるかもしれませんね。

問題を解こう

HOP 日本の四季について整理しよう

図1〜3は、ある季節の日本上空の雲の様子を気象衛星から撮影したものです。また図4は、図1〜3のいずれかの日の天気を示した天気図です。

図1

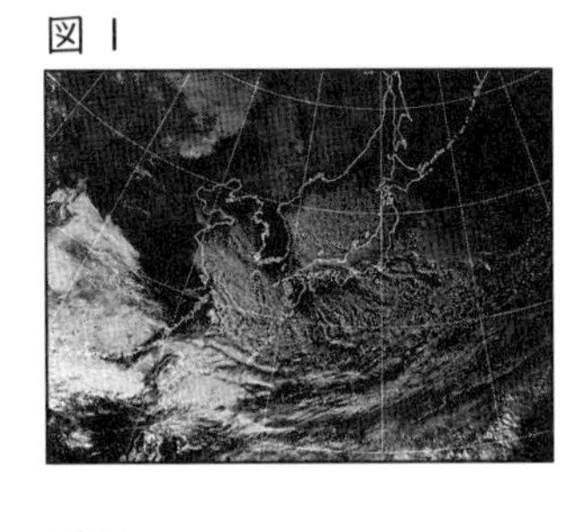

図2

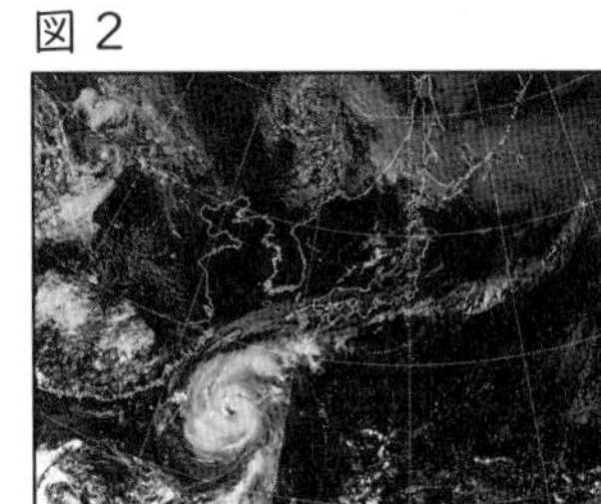

図3

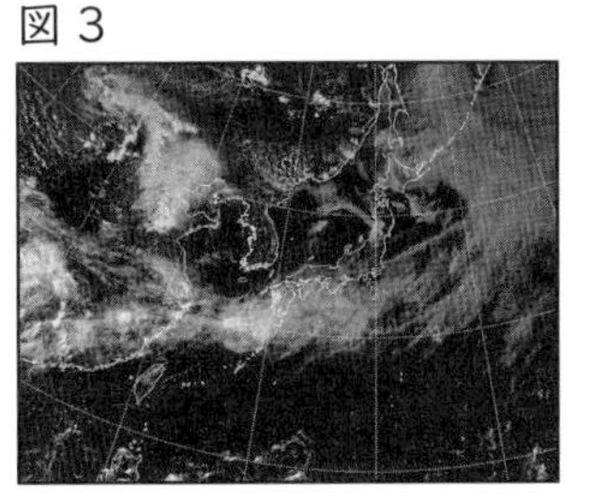

図4

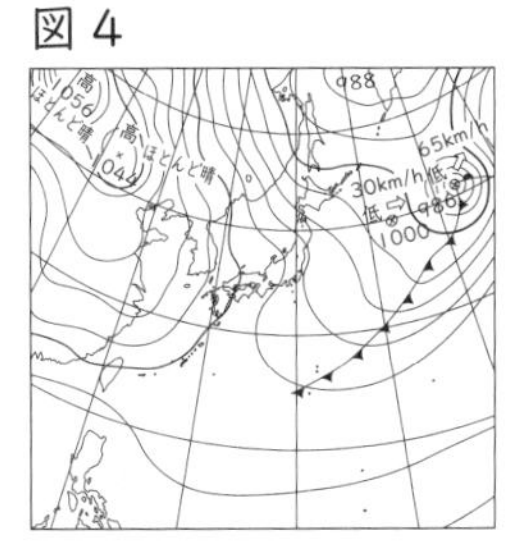

(1)　図1〜3は、それぞれ何月の写真？

ア　1月　　イ　6月　　ウ　9月

(2)　図1のとき、大陸上に発達している気団の名前は？　また本州の日本海側、太平洋側はそれぞれどんな天気？

(3)　図3で発達している細長い雲の帯の名前は？

(4)　図4は、図1〜3のどの日のもの？

(5)　図4のとき、東京の天気を表す天気図記号が図5です。このときの東京の天気と風向、風力は？

図5

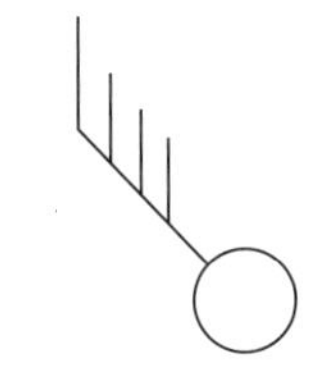

STEP グラフを見て考えよう

グラフは、大阪（北緯35°）のある日の気温、地温、太陽高度を示しています。

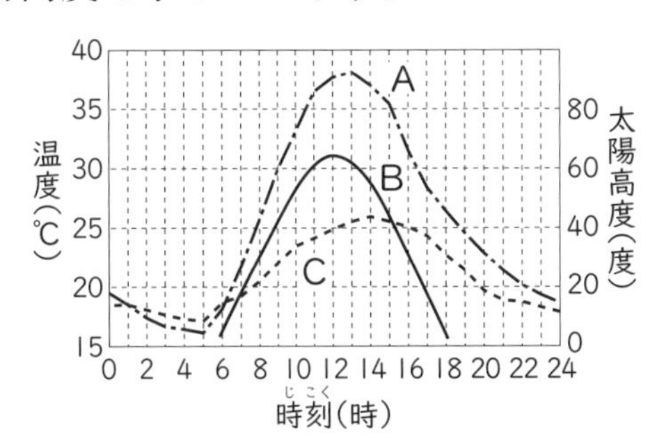

(1)　A、B、Cはそれぞれ何を示している？

(2)　観測した日は何月？

ア　1月　　イ　4月　　ウ　8月　　エ　11月

(3)　A、Cグラフの値が最も大きくなっているのはそれぞれ何時？

(4)　(3)の時刻がずれている理由は何？

JUMP 自分の言葉で説明してみよう

ピキくんが高原に旅行に行ったとき、前の日には晴れていたのに、次の日の朝には霧が立ち込めていました。そして朝9時頃になると、すっかり霧が晴れていました。霧が出て、晴れたのはどうして？
説明してみよう。

問題の解説と答え

HOP 日本の四季について整理しよう

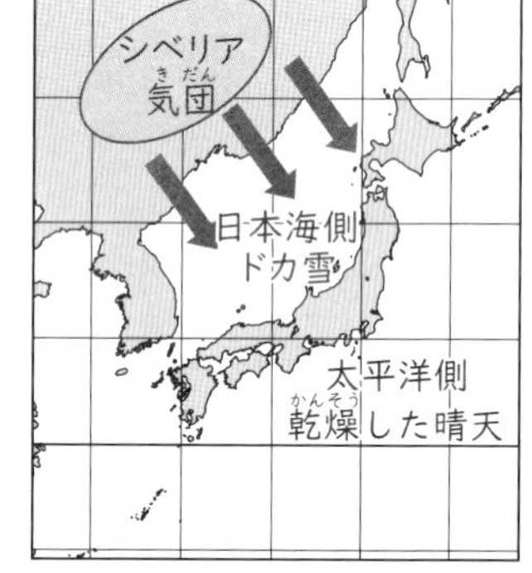

(1) (2)　冬になると、大陸の北にあるシベリア気団が発達し、北西の季節風が強くふくようになります。日本海で大量の水蒸気を吸い上げるため、筋状の雲が日本海上にできる図1が冬の衛星写真の特徴です。図2は台風が近づいているので、8月～9月ですね。図3の時季は日本は長く雨の天気が続きます。

(3)　この時季は、オホーツク海気団と小笠原気団の勢力がつり合い、あたたかい空気と冷たい空気がふれあう「前線」ができます。これが梅雨前線ですね。湿った空気を持つ2つの気団がふれあうため雲ができ、日本付近は雨やくもりの日が続きます。

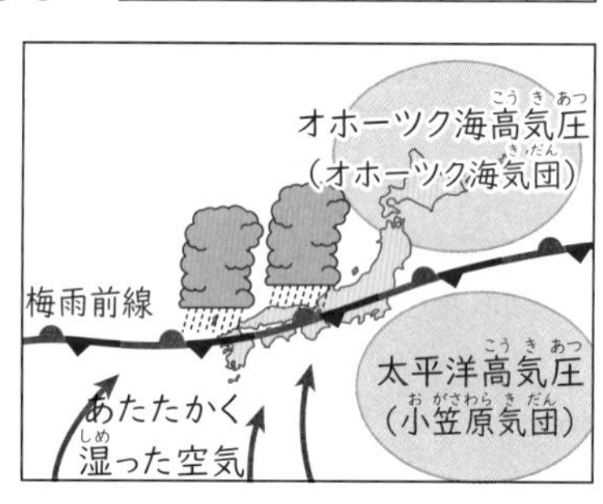

(4)　日本の北西に高気圧（シベリア気団）が発達し、西の気圧が低くなるため北西からの季節風が強くふく、冬の典型的な気圧配置です。これを「西高東低」といいます。
天気図の判別ポイントは、等圧線が縦に並んでいることですね。

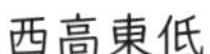

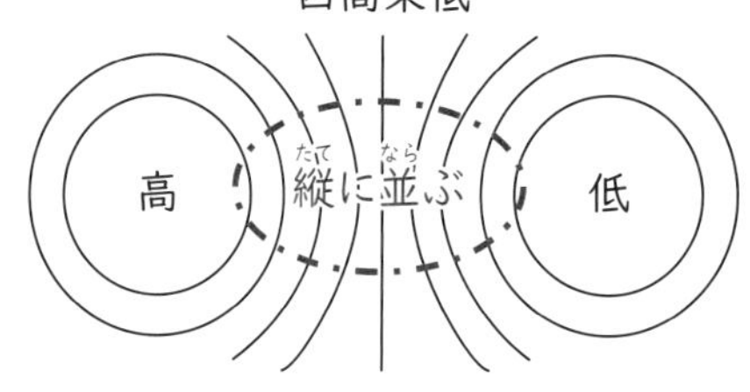

等圧線が縦にぎっしり並んだら冬だ！

(5)　おもな天気図記号は覚えておくようにしましょう。

空全体を10とした場合、雲の量が「0～1＝快晴」「2～8＝晴れ」「9～10＝くもり」の「雲の量のイメージ」で図を覚えるのがポイント。雪やあられ、ひょうなどは降ってくるものの形や様子ですね。みぞれは雪まじりの雨なので、記号も雨＋雪となっています。

覚えておきたい天気図の記号

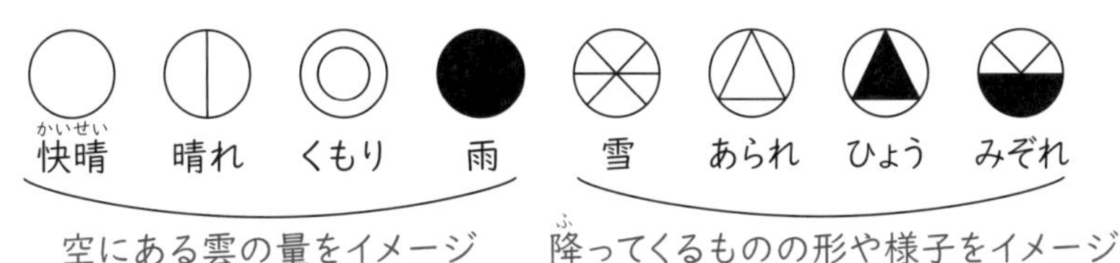

風向は（特に天気図記号の場合）「風がふいていく方法」と勘違い（かんちが）いする人が多いのですが、「風がふいてくる方向」ですね。（「北風」は北からふいてくる風ですね）

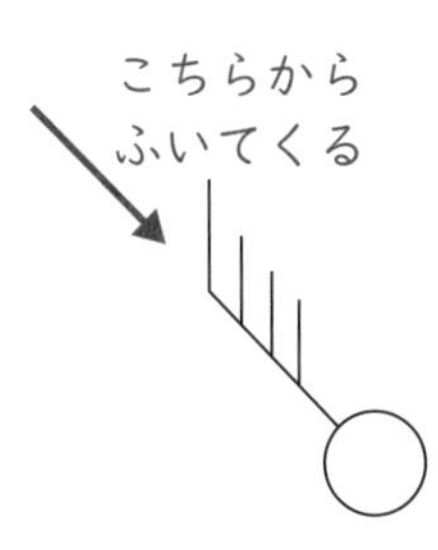

答え　(1) 図1　ア　　図2　ウ　　図3　イ
(2) シベリア気団（きだん）　日本海側　大雪　　太平洋側　乾燥（かんそう）した晴天
(3) 梅雨前線　　(4) 図1　　(5) 天気　快晴（かいせい）　　風向　北西　　風力　4

STEP グラフを見て考えよう

(1)　左右対称（たいしょう）で、12時付近に値（あたい）が最高になっているのが太陽高度、地温と気温は最高温度（地温のほうが高くなる）、値（あたい）が最高になる時刻（じこく）（地温のほうが早い）で判別（はんべつ）しましょう。
(2)　太陽の南中高度が大きなヒントになりますね。60度を超（こ）えています。大阪の北緯（ほくい）は35度ですから、春分、秋分の日の南中高度が、

90－35＝55度となります。
春分のあと、秋分の前（4月か8月）が正解（せいかい）ですが、8月だと気温が合いませんね。

(3)　しっかりとグラフを読み取るだけ！
(4)　太陽の放射熱（ほうしゃねつ）により地面があたためられ、その地面の熱によって空気があたためられるので、時間差が生まれるんですね。

答え　(1) A　地温　B　太陽高度　C　気温　　(2) イ　(3) A　13時　C　14時
(4) 太陽の熱により地面があたためられ、地面の熱によって空気があたためられるから。

JUMP 自分の言葉で説明してみよう

空気は、温度が高いほど多くの水蒸気をふくむことができます。空気 1m³ にふくむことができる水蒸気の最大量を飽和水蒸気量といい、グラフのようになります。いま、気温 30 度で空気 1m³ 中に水蒸気を 15g ふくむ空気があるとすると、まだまだ余裕がありますね。湿度は、空気に最大限ふくむことができる水蒸気量のうち、実際にどのくらいふくんでいるかを割合で表すので、このときの湿度は図に示したように 50% です。「買い物かごに、まだ商品が半分くらいしか入っていない状態」をイメージしましょう。

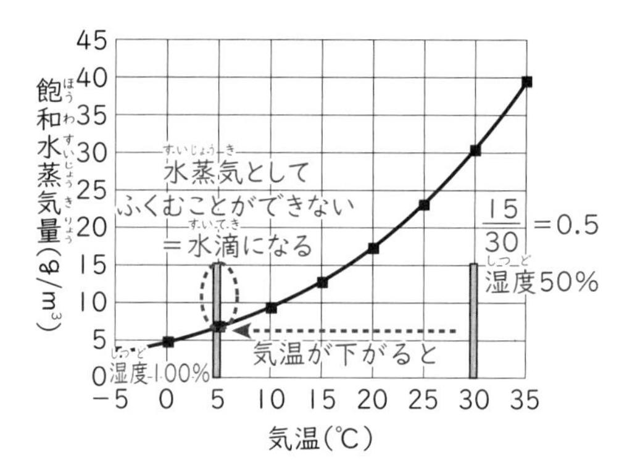

その後気温が下がっていくと、どんどん飽和水蒸気量が少なく、つまり買い物かごがどんどん小さくなってしまいます。5 度まで温度が下がると、買い物かごからあふれていますね。こうやって空気にふくむことができなくなった水蒸気が水の粒となって出てきたのが、霧や雲ということになります。

P.112 で学習した「冷凍庫を開けたときのけむり」も同じようにして出てきたんですね。

答え　夜の間に気温が下がったため、空気中の水蒸気が水滴になって霧ができた。また気温が上がってくると、再び蒸発して水蒸気に戻ったため霧が晴れた。

Chapter

12

人のからだ

37 人体（1）

小4 小5 小6

このナゾがわかるかな？

夕飯をたくさん食べて満腹になったピキくんが、「ああ食べすぎた。お腹がはち切れちゃうよ」と苦しそうにしています。
それを聞いたにゃん太郎くんが言いました。
「じゃあ、大根おろしを食べるといいよ。大根には○○にふくまれる□□□□□という消化酵素と同じ性質のものがふくまれているから、少しは楽になると思うよ」
さて、「○○」「□□□□□」に入る言葉を当ててみてください。

このナゾを解く魔法ワザ

食品にも消化を助けてくれるものがある。
ヒトのだ液にはアミラーゼという消化酵素がふくまれていて、デンプンを麦芽糖に消化しますが、野菜や果物にも、消化酵素をふくんでいるものがたくさんあります。ダイコンやキャベツなどにはデンプンを消化する酵素が、パイナップルやキウイにはタンパク質を消化する酵素がふくまれています。食物の助けを借りて消化することもできるんですね。

パイナップルを酢豚に入れるのも、ブタ肉のタンパク質をパイナップルの酵素で消化してやわらかくするためです。消化酵素は熱に弱いので、調理の際に熱しすぎないようにしましょう。

答え　だ液　アミラーゼ

ワンポイント　口の中がとけている!?

パイナップルを食べているとき、口の中がピリピリするような感じがしたことはないでしょうか。これは、パイナップルにふくまれている「ブロメライン」という消化酵素のはたらきで、口の中の（舌の表面などの）タンパク質が分解されているためピリピリするんです。ほんのわずかですが、体の表面が「とけている」ということになります。
もちろん表面のほんのわずかなので、たいしたことはありませんから、安心して食べてください。
一方で、かんづめのパイナップルは加熱処理をしているため、ピリピリすることはありません。消化酵素が熱に弱いということが、このことからもわかりますね。

問題を解こう

HOP 消化と吸収について整理しよう

右の図は、ヒトの消化器官を示しています。

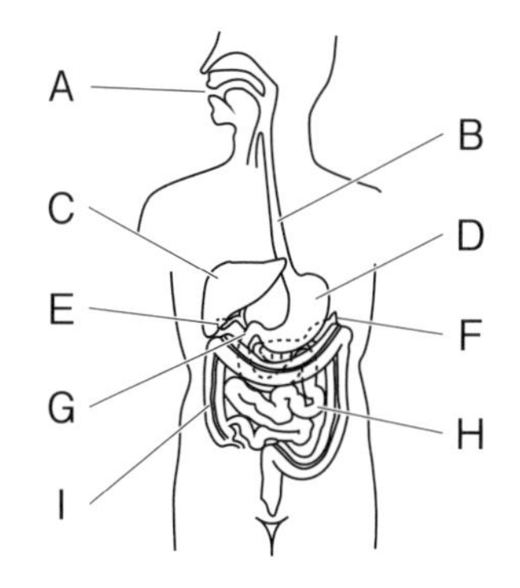

(1) A~Iの器官の名前は？

(2) ヒトが何かを食べたとき、食物が通る器官を順番に並べるとどうなる？

(3) Dで分泌される消化液にふくまれる消化酵素の名前は？ また何という栄養素を分解する？

(4) Cで作られ、Eにたくわえられる消化液の名前は？ またどんなはたらきをする？

(5) Hの内側のかべに細かいひだがある理由は？

(6) Iのおもな役割は？

STEP 実験の内容をよく考えよう

だ液にふくまれる消化酵素に関して、次のような実験をしました。

【実験】

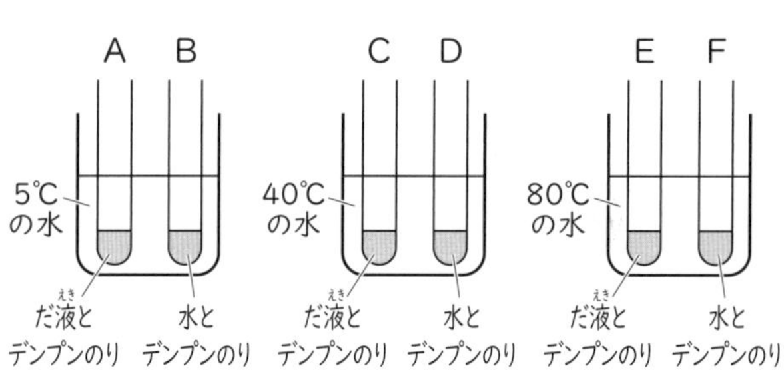

1 試験管A~Fを用意し、A、C、Eにはだ液とデンプンのり、B、D、Fには水とデンプンのりを入れました。

2 試験管A、Bは5℃の水に、C、Dは40℃の水に、E、Fは80℃の水に30分入れ、それぞれの液にある試薬を入れて色の変化を観察しました。

3 試験管A、Bの入っているビーカーと、E、Fの入っているビーカーの温度を40℃にした30分後、色の変化を観察しました。

(1) 実験2の「ある試薬」の名前は？

(2) 実験2で試薬の色が変化しなかった試験管はどれ？

(3) 実験3で色が変化した試験管はどれ？ また何色から何色に変化した？

(4) 実験3からどんなことがわかる？

JUMP 自分の言葉で説明してみよう

ヒトが食べ物として口からとり入れたものを、さまざまな消化液を使って消化するのはどうして？

問題の解説と答え

HOP 消化と吸収について整理しよう

(1)　A〜Iは食物の消化に関わる「消化器官」で、直接食物が通らなくても消化液を作る、たくわえるなど消化に関わるものすべてをふくみます。

(2)　直接食物が通る器官を「消化管」といいます。消化管を口から順にたどっていけばいいですね。

(3)　胃で分泌される胃液にふくまれる消化酵素を「ペプシン」といい、タンパク質をペプトンという物質に消化します。ペプトンはすい臓から分泌されるすい液、小腸から分泌される腸液などのはたらきで、最終的にアミノ酸にまで分解されます。
もともとは胃薬として作られ、胃液の消化酵素「ペプシン」から名前をとってできたのが「ペプシコーラ」ですね。

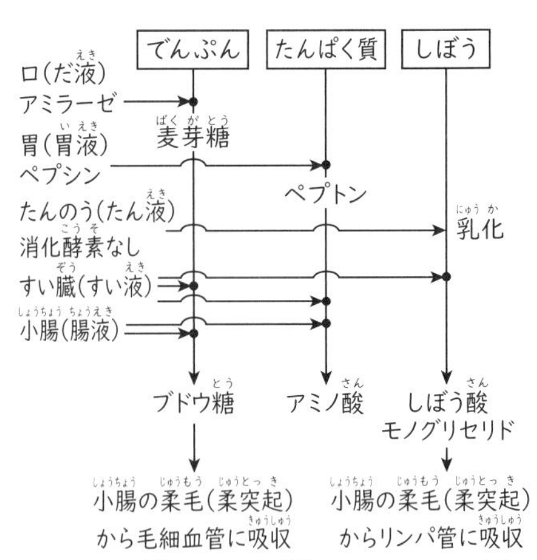

●は、消化酵素による消化(分解)が行われることを示す

(4)　肝臓で作られ、たんのうにたくわえられるのが、右の図にも登場する「たん液」です。たん液には消化酵素がなく、しぼうを直接消化することはありませんが、しぼうをさらさらにして（これを「乳化」といいます)、消化しやすい形に変えるはたらきがあります。

(5)　小腸は、それまで細かく消化してきた食物の中から、栄養分を血管やリンパ管にとり入れる場所です。その効率をよくするため、内部のかべは細かいひだになっており、さらに細かい「柔毛（柔突起)」という毛のような突起でおおわれ、栄養分とふれる面積が非常に大きくなっています。柔毛（柔突起）の中には毛細血管、リンパ管が通っていて、ここから栄養分をとり入れています。
小腸のかべを広げると、およそテニスコートと同じ面積になるというのは有名な話ですね。

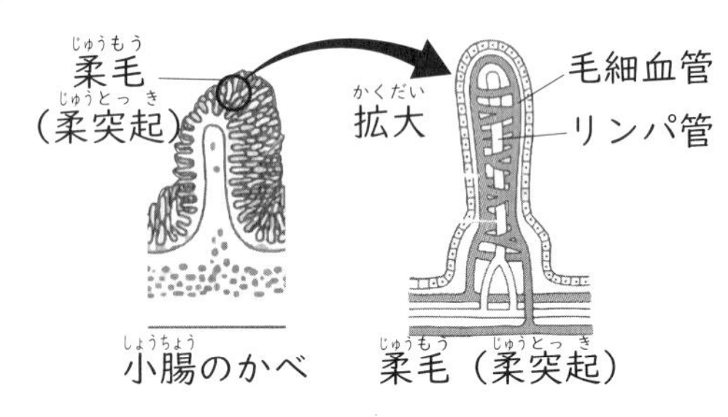

(6)　大腸では、おもに流れてきたものから水分を吸収しています。

答え　(1) A　口（口腔)　B　食道　C　肝臓　D　胃　E　たんのう
F　すい臓　G　十二指腸　H　小腸　I　大腸
(2) A、B、D、G、H、I　(3) ペプシン　タンパク質
(4) たん液　しぼうを乳化する。

(5) 表面積を大きくすることで、栄養分の吸収を効率よくできるようにしている。
(6) 運ばれてきたものから、おもに水分を吸収している。

STEP 実験の内容をよく考えよう

(1) デンプンが分解されずに残っているかどうかを、ヨウ素液を使って確認します。同様の実験を自分で行う場合、ヨウ素をふくんだうがい薬で代用することができますね。

(2) 「色が変化しなかった = デンプンがだ液によって分解された」ということです。
デンプンが消化される（だ液が正常にはたらく）試験管の条件は、
・だ液が入っている
・温度がヒトの体温に近い
です。満たしているのはCだけです。

(3) 試験管A、Bの入っているビーカーと、E、Fの入っているビーカーの中身は実験2で青むらさき色になっていますが、温度を下げていた試験管Aのアミラーゼははたらきが止まっているだけの状態なのに対して、高温にした試験管Eのアミラーゼはもうはたらくことはありません（消化酵素もタンパク質でできているため、高温になると変質してしまいもとに戻らなくなります）。
実験3で色が変わる（青むらさき色からヨウ素液のもともとの色である茶かっ色になる）のは試験管Aです。

(4) (3) からわかるように、消化酵素はいったん高温にすると、温度を下げてももうはたらきを取り戻すことはありません。

答え (1) ヨウ素液 (2) C (3) A 青むらさき色から茶かっ色
(4) 消化酵素は高温にするとはたらきを失い、温度を下げてもはたらきを取り戻さない。

JUMP 自分の言葉で説明してみよう

ヒトが食物を「食べた」だけでは、体の中にほんとうに「とり入れた」ことにはなりません。食べたものにふくまれる栄養分を、体にはりめぐらされた血管やリンパ管にとり入れて、はじめてその栄養分を体のいろいろな場所に運んでいくことができるんですね。
血管やリンパ管のかべを通り抜けられるような小ささになるまで、消化液、消化酵素を使って食物を細かくくだくのです。

答え 食べ物としてとり入れたものを細かく分解し、血管やリンパ管からとり入れられるようにするため。

口に入れて飲みこんだだけでは「体にとり入れた」ことにはならないよ！

38 人体（2）

小4 小5 小6

このナゾがわかるかな？

ある日、お腹がすいたピキくんは、夕飯をたくさんたべて満腹になりました。そして「ああ食べすぎた。苦しい。これだけ食べたら、しばらく何も食べなくても大丈夫だぞ。もう寝よう」と言って寝てしまいました。さて、次の朝起きたピキくんは「あれ？昨日あんなに食べたのに、またお腹がすいているぞ。くやしいなぁ。寝ていただけなのに！」とくやしがっています。

それを聞いたにゃん太郎くんが言いました。

「そりゃそうだよ。寝ている間も◯◯しているんだから、寝ててもお腹はすくのさ」

さて、◯◯に入る言葉はいろいろ考えられますが、人が起きていても寝ていても、何をしているときでも絶対にしていること、それは何だと思いますか？

このナゾを解く魔法ワザ

何のためにご飯を食べるんだろう？

みなさんもピキくんと同じように、夕飯をお腹いっぱい食べたのに朝お腹がすいているのを、不思議に思ったことはないでしょうか。

学校に行ったり運動したり、勉強して頭を使ったりしたわけでもないのに、夜寝ているだけでお腹はすくんですね。

では、そもそも何のためにご飯を食べるんでしょう？

「栄養をとってどんどん成長していくため」と考える人もいるかもしれません。でも大人は、みなさんのように毎年身長がどんどんのびていくわけじゃないけど、やっぱり毎日ご飯を食べます。

「寝てたって、脳や心臓はずっとはたらき続けるんだから、それでお腹がすくんだよ」と考えた人、するどいです。脳や心臓は、みなさんの意思とは関係なく、寝ている間も常にはたらき続けています。その脳や心臓を（もちろん心臓以外の内臓もはたらいています）動かすためのエネルギーが必要です。そのエネルギーを生み出すためのはたらきは？

実はそれが「呼吸」なん

光合成

光のエネルギー
↓
水 ＋ 二酸化炭素 → 栄養分（でんぷん） ＋ 酸素

栄養分（おもに糖分） ＋ 酸素 → 水 ＋ 二酸化炭素
↓
生きるためのエネルギー

呼吸

ですね。P.160で学習したとおり、植物が行う光合成とまったく逆のはたらきです。
食物としてとり入れた栄養分と肺からとり入れた酸素をもとに、エネルギーを作り出すはたらきが呼吸で、生物は生きるために常に呼吸し続けなければならないんですね。

答え　呼吸

ワンポイント　植物も呼吸をしているの？

植物も生物であり、動物と同じように呼吸しています。ただ、光が当たると呼吸しながら全く逆のはたらきである光合成もしているんです。1日を通してだと、呼吸でとり入れる酸素の量よりも、光合成ではき出す酸素のほうが多くなります（そうでないと植物は光合成で作った栄養分をたくわえられないので枯れてしまいます)。この酸素をとり入れて、わたしたちは呼吸しているんですね。

問題を解こう

HOP　呼吸と血液のじゅんかんについて整理しよう

右の図は、ヒトの血液のじゅんかんを模式的に表したものです。

(1)　ア～エの血管の名前は？

(2)　心臓の4つの部屋a～dで、最も筋肉のかべが厚いのはどこ？　それはどうして？

(3)　血液が流れる向きはP、Q、そしてR、Sそれぞれどっち？

(4)　最も多く二酸化炭素をふくむ血液が流れている血管はア～クのどれ？

(5)　食後最も栄養分が多く流れている血管はア～クのどれ？　またその血管の名前は？

(6)　最も多く二酸化炭素以外の不要物をふくむ血液が流れている血管はア～クのどれ？

(7)　肺が、右の図のような小さなふくろがたくさん集まってできている理由は？　またXの血管を何という？

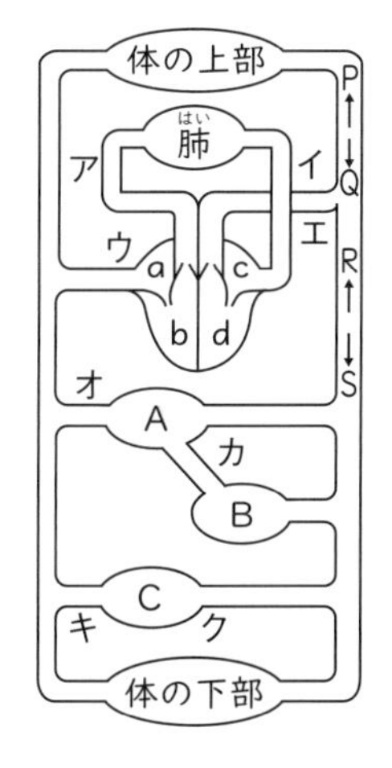

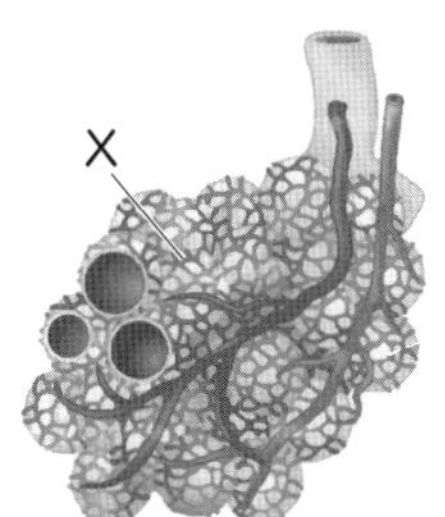

STEP　表を読み取ろう

表は、人が呼吸によって吸う息とはく息、それぞれにふくまれる気体の割合を示しています。

	気体X	気体Y	気体Z
吸う息（%）	0.04	21	78
はく息（%）	5	16	78

(1)　気体X、Y、Zはそれぞれ何？

(2)　ヒトが1回の呼吸で吸い込む空気が500cm³、1分間の呼吸数が20回の場合、1分あたり体内にとり入れられる酸素は何cm³？

(3)　表の気体Yの他に、吸う息よりもはく息に多くふくまれる気体（ふつうは空気の成分として入れられない気体）は何？

JUMP 自分の言葉で説明してみよう

激しい運動をすると、呼吸の回数が多くなり心臓の脈拍も速くなります。これはどうして？説明してみよう。

問題の解説と答え

HOP 呼吸と血液のじゅんかんについて整理しよう

(1)　心臓から出ていく血液が流れる血管 ＝ 動脈
心臓に戻る血液が流れる血管 ＝ 静脈
と整理しておくといいですね。
心臓から肺へ送る ＝ 肺動脈
肺から心臓へ戻す ＝ 肺静脈
心臓から全身に出ていく ＝ 大動脈
全身から心臓へ戻る ＝ 大静脈

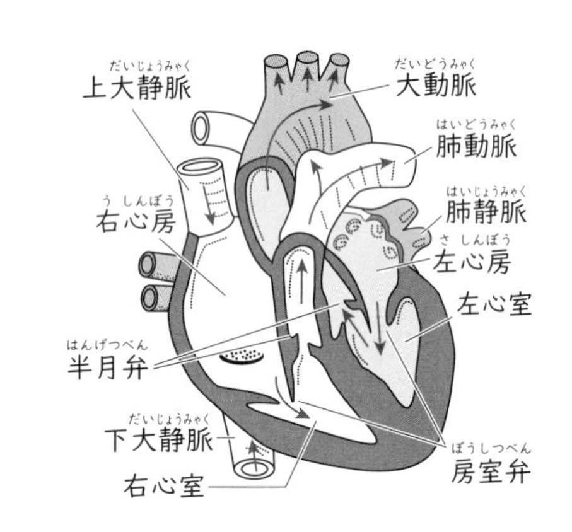

> 動脈血・静脈血との違いに注意！
> 動脈血 ＝ 酸素を多くふくむ血液　　静脈血 ＝ 二酸化炭素を多くふくむ血液
> 右上の図の右心房・右心室に流れるのが静脈血　　左心房・左心室に流れるのが動脈血

(2)　大動脈で全身に血液を送り出す部屋、つまり左心室の筋肉のかべが最もぶ厚くなっています。

(3)　右心室からは肺へ、左心室からは全身に血液が送り出され、肺からは左心房へ、全身からは右心房へ血液が戻ってきます。全身の血液の流れは次の図のようになっています。

(4)　血液は肺で二酸化炭素を捨て、酸素をたくさんふくんだ状態で心臓（左心房）に戻ってきます。つまり血液中に最も二酸化炭素が多いのは、肺の直前です。

(5)　食物の栄養分は消化され、おもに小腸の柔毛（柔突起）から吸収されます。おもに運動や呼吸のエネルギー源となるブドウ糖は、小腸から肝臓に運ばれ（このとき流れる血管を「肝門脈」といいます）「グリコーゲン」という物質にしてたくわえられます。つまりBが小腸、Aが肝臓で肝門脈はカですね。肝臓にたくわえられたグリコーゲンは、空腹時にはブドウ糖に戻されて血液中に放出されます。

お菓子のブランドの「グリコ」は、このグリコーゲンからとった名前なんですね。

(6)　タンパク質を消化すると、アンモニアという有害な物質ができます。これを肝臓で尿素という無害な物質に作りかえ、じん臓で血液からこし取って尿として排出します。Cがじん臓を表しているんですね。

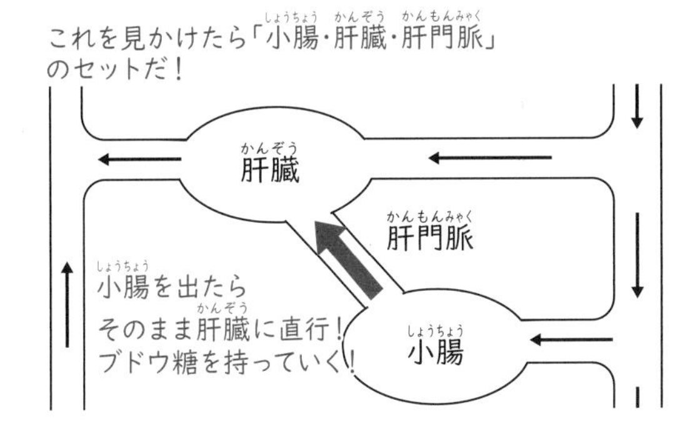

(7)　肺は1つの大きなふくろではなく、直径0.1～0.2mmほどの「肺胞」という小さなふくろが数億個集まってできています。小さなふくろが集まっている理由はP.180の柔毛（柔突起）と同じですね。表面積（必ずこの言葉を使って答えるのがポイント！）を大きくすることで、酸素と二酸化炭素の交換が効率よくできるようになっています。

答え　(1) ア　肺動脈　イ　肺静脈　ウ　大静脈　エ　大動脈
(2) d　理由　全身に血液を送り出すため。　(3) P、S　(4) ア
(5) カ　肝門脈　(6) ク　(7) 表面積を大きくすることで、酸素と二酸化炭素の交換を効率よくできるようにしている。　Xの血管の名前　毛細血管

STEP 表を読み取ろう

(1)　空気中におよそ0.03〜0.04％しかふくまれないのが、二酸化炭素。このわずかな量でも温暖化の原因の１つになっていると言われているんですね。酸素は空気のおよそ２割、残りの大部分はちっ素でしめられています。

(2)　はく息と吸う息にふくまれる酸素の割合の差は、

21−16＝5％

これが体内に取り入れられた分ですね。

１分間に肺に出し入れする空気の体積は、

$500 \times 20 = 10000\text{cm}^3$

ですから、体内にとり入れられる酸素の体積は、

10000cm^3 の5％にあたります。

$10000 \times 0.05 = 500\text{cm}^3$

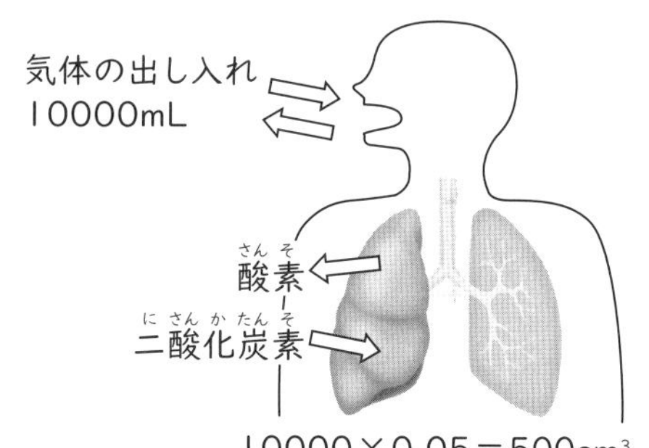

(3)　寒い日に息をはくと、息が白くくもりますね。はく息にふくまれていた水蒸気が冷やされて、小さな水の粒に戻ったためです（P.112で冷凍庫の前にできたけむりと同じものです）。

このように空気には常に一定量の水蒸気がふくまれていますが、場所や天気などによってふくまれる量が大きく違うため、空気の成分を考えるときには水蒸気はふくめません。

答え　(1) X　二酸化炭素　　Y　酸素　　Z　ちっ素　　(2) 500cm^3　　(3) 水蒸気

JUMP 自分の言葉で説明してみよう

P.182で、呼吸によってエネルギーを生み出すと学びました。もちろん激しい運動をするにはエネルギーが必要ですね。

そのエネルギーを生み出すために、酸素をたくさんとり入れなければなりませんが、上の「STEP」の問題のように、１回の呼吸で体内にとり入れられる酸素には限りがあります。だから呼吸回数を多くして、どんどん酸素をとり入れるんですね。

またその酸素や食物からとり入れた栄養分を、どんどん全身に運んでいかなければなりませんから、脈拍を速くしてどんどん血液を送り出す。

そのために呼吸数は多くなり、脈拍も速くなります。

答え　激しい運動にはエネルギーがたくさん必要になるので、酸素と栄養分をどんどん全身に運んでいくため呼吸数が多くなり、脈拍も速くなる。

フル回転で酸素と栄養分を全身に運ぶんだね！

Chapter 13

環境と新傾向問題

39 生物と環境

このナゾがわかるかな？

右のグラフは、地球上の北半球の大気にふくまれる二酸化炭素濃度の平均値を示しています。
グラフは全体として右上がり（大気中の二酸化炭素が増えている）ですが、2011年から2021年までの10年間で、ちょうど10回波打っています。
このようにグラフが波打っている原因は何？

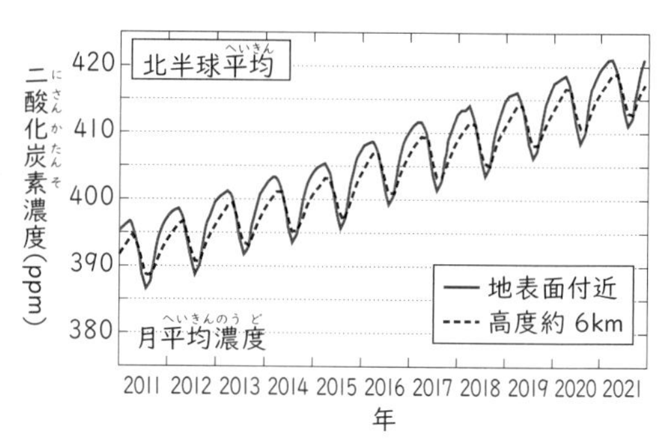

ヒント：植物は光合成の原料として二酸化炭素を使っています。

このナゾを解く魔法ワザ

わたしたちが吸っている酸素は、誰が作ったもの？
みなさんは、地球の大気中に二酸化炭素が増えていて、そのことが原因で地球温暖化などが問題になっていることを聞いたことがあると思います。
グラフは、地球の北半球の大気にふくまれる二酸化炭素の割合を示す気象庁のデータですが、北半球といえば日本をはじめアメリカ合衆国やヨーロッパ諸国、中国やロシアなど、さまざまな国がある、地球の赤道より北半分のことですね。
二酸化炭素が年々、だんだん増えているのがわかりますが、1年ごとに規則正しく波打っています。

ここで、P.160で学習した呼吸と光合成の関係を思い出してみましょう。
わたしたちは生きるために呼吸をしていますが（エネルギーを作り出すためですね）、その呼吸に必要な酸素を作り出せるのは、地球上の生物の中で植物の仲間だけです。
つまり植物がもしも絶滅してしまったら、わたしたちも生きていけないんですね。

光合成
光のエネルギー
水　＋　二酸化炭素　→　栄養分（でんぷん）　＋　酸素
栄養分（おもに糖分）　＋　酸素　→　水　＋　二酸化炭素
呼吸
生きるためのエネルギー

さて、ではなぜグラフが波打っているかですが、植物の光合成のはたらきが1年の中で強くなったり、弱くなったりしているからです。「1年ごと」でもうわかりましたか？

答え　冬になると植物が葉を落とすなど光合成の活動が弱まり、夏になると活発になるため。

ワンポイント　グラフの「ppm」って何？

グラフの縦軸の単位が「ppm」となっていますが、10000ppmが1%にあたります。2013年頃から二酸化炭素濃度が400ppmを超えるようになっていますが、400ppm＝0.04%ということになりますね。地球の大気中の二酸化炭素の割合は「約0.03%」と長い間言われてきましたが、もう今は「0.04%」なんです。わずかな違いと感じるかもしれませんが、この小さな違いが地球に大きな影響を与えているんですね。

問題を解こう

HOP　森林と樹木について整理しよう

(1)　右のグラフは、スギ林とクヌギ林のそれぞれの中の1年間の明るさの変化を示しています。クヌギ林のものは林A、林Bのどっち？　その理由は？

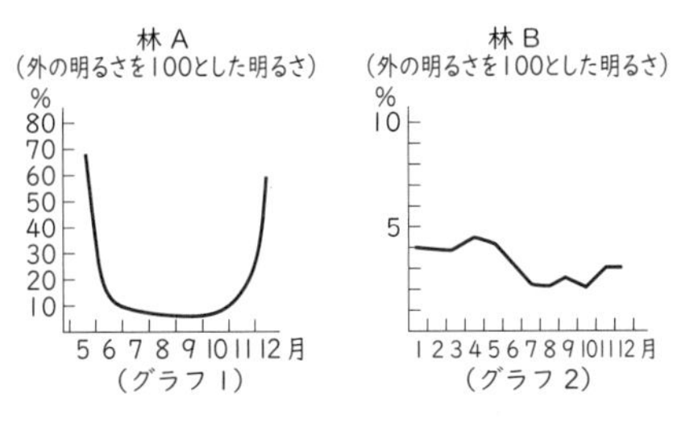

(2)　右のグラフはX、Yの2種類の植物について、明るさと二酸化炭素の放出量・吸収量を表しています。（「ルクス」は明るさの単位です）

①　陽生植物はどっち？

②　植物X、Yがギリギリ枯れずに生きられる明るさは、それぞれ何ルクス？

③　植物X、Yがともに枯れずに生きられる明るさの範囲は、何ルクスから何ルクスまで？

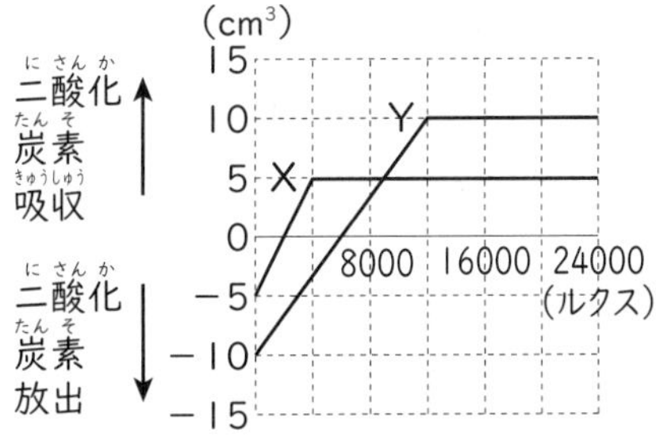

STEP　グラフをよく見て考えよう

同じ大きさの容器に同じ量の水を入れ、それぞれにウキクサを同じ数だけ浮かべました。一方には肥料を与え、もう一方には与えずに日光を当てて数日間育てた結果をグラフにしました。

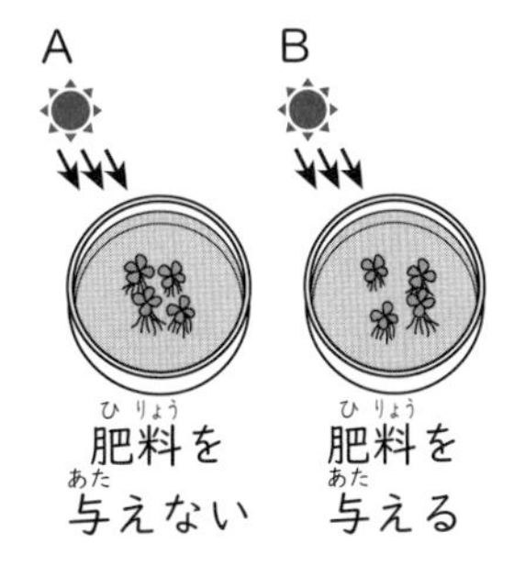

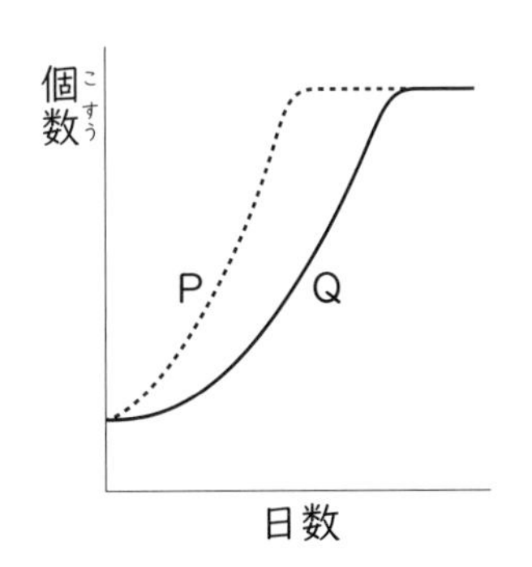

(1)　Aの結果はP、Qのどちら？

(2)　数日後には、P、Qの個数がほとんど同じになるのはなぜ？

JUMP 自分の言葉で説明してみよう

ある森林ではコナラの高木の下でシイの幼木が多く育っていました。このあと長い年月がたつと、この森林はどのような様子になる？
説明してみよう。

問題の解説と答え

HOP 森林と樹木について整理しよう

(1)　スギは常緑樹、クヌギは落葉樹ですね。クヌギは冬になると葉が落ちて森林内が明るくなり、春から秋にかけては葉が茂って森林内がうっそうと暗くなります。スギは葉を落とさないため、森林内の明るさは年中あまり変わりません。

(2) ①②　育つのにより強い光を必要とするのが陽生植物ですね。

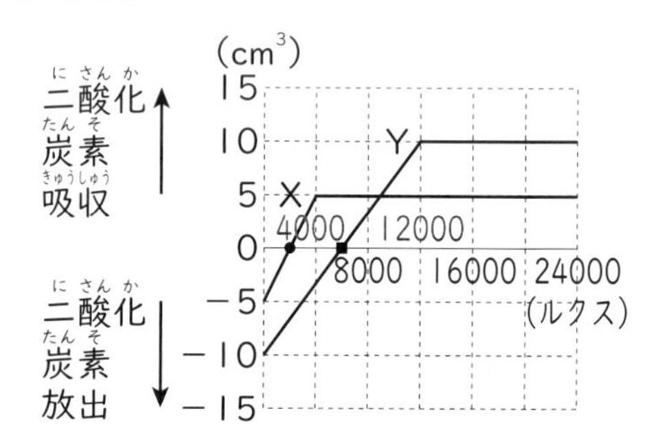

Xが枯れずに生きられる明るさ（●）
4000÷2＝2000 ルクス
Yが枯れずに生きられる明るさ（■）
12000÷2＝6000 ルクス

より、植物Yが陽生植物とわかります。

③　植物XとYがともに枯れずに生きられるのは、グラフの●から▲の範囲です。
▲は■（6000 ルクス）と 12000 ルクスのちょうど真ん中になりますね。
(6000＋12000)÷2＝9000 ルクス

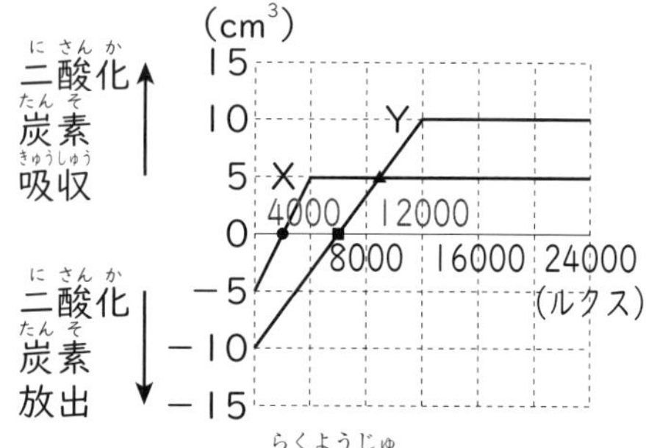

答え　(1) 林A　　春から秋は森林が暗く、冬に明るくなっているのは落葉樹であるクヌギの特徴だから。

(2) ①　Y　　②　X　2000 ルクス　　Y　6000 ルクス　　③ 2000 ルクスから 9000 ルクス

STEP グラフをよく見て考えよう

(1)　増えるのが早い（Pのグラフ）のは、肥料を与えたBですね。Aの結果はQです。

(2)　どんどん成長して数を増やしていくのは肥料を与えられたBですが、AもBも同じ大きさの容器で、同じ水の量で実験しています。やがてウキクサが水面をおおいつくしてしまって重なるようになると、日光が当たらずそれ以上増えることができなくなってしまいますね。

答え　(1) Q
(2) 肥料を与えたBはAよりも早くどんどんウキクサの数が増えるが、やがて容器の水面をおおいつくしてしまうと日光をうばい合うため、それ以上増えることができなくなるから。

JUMP 自分の言葉で説明してみよう

コナラは陽生植物（陽樹）、シイは陰生植物（陰樹）です。コナラの高木の森林にシイの幼木がある状態だと、コナラには日光が当たりシイはあまり日光が当たらない場所でも育つことができるので、どちらも育ちます。
ただしシイが大きく育つと、その森林ではコナラの幼木が育つことができず、やがて年月とともにシイだけの森林になっていきます。
この状態を「極相」といい、森林はやがてこの状態（陰樹の森林）になります。

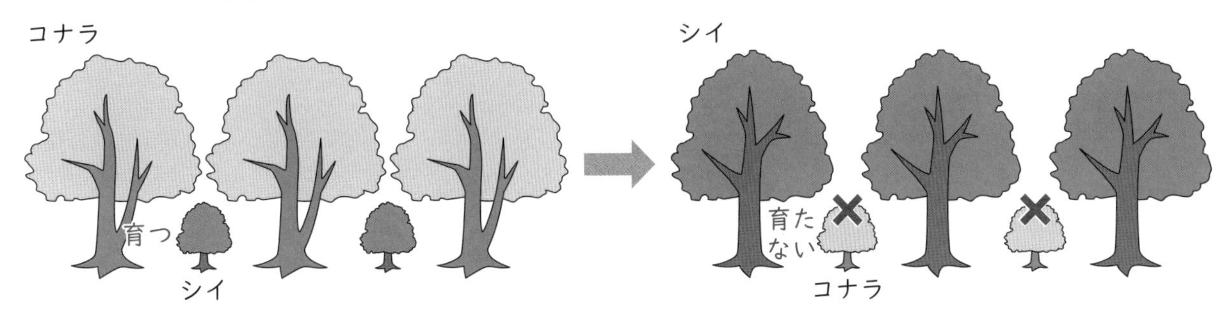

答え　シイが幼木のときはコナラもシイも育つが、シイが大きくなるとコナラの幼木が育たなくなるため、やがてシイだけの林になる。

森林は時間がたつとだんだん陰樹が多くなっていくんだね

40 新傾向問題

小4　小5　小6

このナゾがわかるかな？

右の写真はある川を撮影したものですが、川の幅はどこも同じはずなのに、近くのほうは広く、遠くのほうはせまく見えますね。このように、近くのものは大きく、遠くのものは小さく見えることを逆に利用することがあります。たとえば絵をかくときに、近くのものを大きくかき、遠くのものを小さくかけば、大きくかいたものは近くに、小さくかいたものは遠くに見せることができます。これを「遠近法」といいます。

このことを利用して、あるテーマパークでは、園内の建物（お城）を実際よりも高く見せるための工夫をしています。

さて、どんな工夫をしているでしょうか？

このナゾを解く魔法ワザ

遊園地の中は「遠近法」だらけ？
上の文で紹介したテーマパークは、誰もが知っている、東京ディズニーランドです。
東京ディズニーランドにある「シンデレラ城」という建物は、高さが51mあるのですが、実際よりも高く見せるための工夫がされています。
人が何かを見るとき、遠くのものは小さく見えると説明しましたね。そしてそれを逆手に取ると、小さければ遠くにあるように見えるとも説明しました。
だからシンデレラ城は、上にいくほどいろんなものを小さく作っているんです。
建物のつくりやかべのタイル1枚1枚まで、下にあるものは大きく、上にあるものは小さく作って、より高く見えるように工夫しているんですね。
実は東京ディズニーランドの園内には、シンデレラ城以外にも同じような工夫をしているところがいくつもあるそうです。
遊びに行ったら、せひ探してみてください！

答え　上にいくほど建物の各部を小さく作り、実際よりも高く見えるように工夫している。

満月は●●と同じ大きさ！?

みなさん、満月を見上げたことはありますね。月は地球のまわりを回っています（これを公転といいます）が、地球からの距離が常に一定というわけではなく、少し近づいたりはなれたりしながら回っています。距離が近くなったときの満月は少し大きく見えて「スーパームーン」と呼ばれていますね。

さて、それではその満月は、みなさんがあるものを持って、その手をまっすぐにのばして見たときの大きさとだいたい同じくらいの大きさに見えます。それはどれだと思いますか？ぜひためしてみてください！

ア　5円玉のあな　　イ　1円玉　　ウ　テニスボール

問題を解こう

HOP　身の回りの理科について整理しよう

(1)　使い捨てカイロを使い終わると、使う前に比べてどうなる？

ア　重くなり、磁石につきやすくなる

イ　重くなり、磁石につきにくくなる

ウ　軽くなり、磁石につきやすくなる

エ　軽くなり、磁石につきにくくなる

(2)　夏の暑い日、打ち水をするとすずしくなる理由は？

(3)　右の写真は、アポロ11号で初めて人類が月面に降り立ったときのものです。地面には太陽の光が当たっているのに空は真っ黒で、地球の夜みたいです。どうして昼なのに空が真っ黒なの？

(4)　(3)のアポロ11号の乗組員たちは、月面に鏡を設置しました。何に使ったの？

(5)　植物の「ひっつき虫」を参考に作られた製品は何？

(6)　おかし作りに使う「ベーキングパウダー」の成分を見ると「炭酸水素ナトリウム（重そう）」とありました。なぜ重そうが入っているの？

STEP　作図して考えよう

自転車などの後ろについている反射板の内部には、鏡が垂直に合わさったものが入っています。

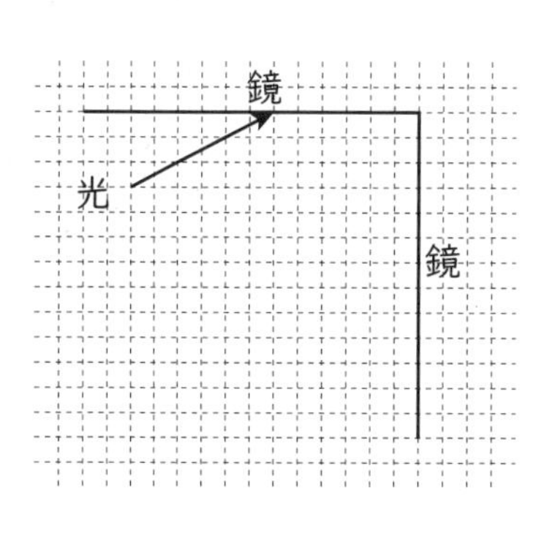

反射板

垂直に合わさった鏡に光を当てた場合の反射光を作図して、どうして反射板に垂直に合わさった鏡を利用するのかを考えよう。

JUMP 自分の言葉で説明してみよう

みなさんは電車や自動車で移動中「月がついてくる」と感じたことはありますか？　町や家の風景はどんどん後ろに移動していくのに、月だけがずっと同じ場所に見えていて「ついてくる」と感じたことがあるかもしれません。
右の図を参考に、その理由を説明しよう。

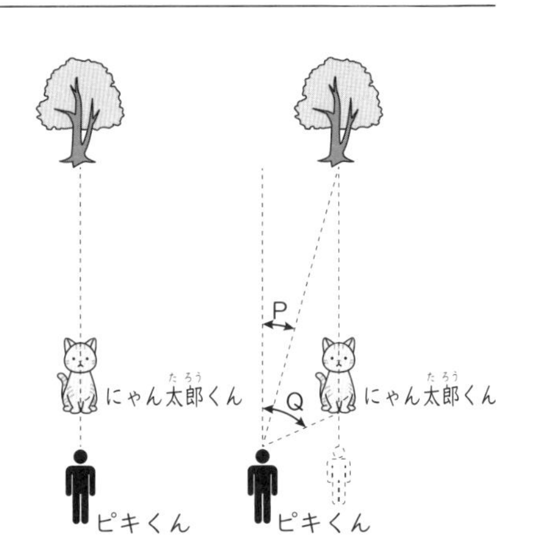

問題の解説と答え

HOP 身の回りの理科について整理しよう

(1)　使い捨てカイロには、空気を通すふくろに鉄の粉・水・保水剤・活性炭・塩が入っています。開ふうすると、鉄の粉が空気にふれ、空気中の酸素と鉄が結合し始めます（酸化という化学反応です）。この化学反応によって熱が出るという仕組みなんですね。鉄は酸素と結合すると「酸化鉄」という、もとの鉄とは別の物質になってしまうため、磁石につかなくなります。また結合した酸素の重さだけ、もとの鉄よりも重くなります。

(2)　P.114 で、水を水蒸気にするのに熱が必要、と学習しましたね。打ち水をすると、その水が蒸発する際に熱が必要なため、まわりから熱をうばいます（気化熱といいます）。こうして温度を下げることができるんですね。
最近では、夏の暑い日にミスト（小さな水の粒）を放出している場所を見かけることがありますね。これも同じ理由です。人が汗をかくのも、汗が蒸発するときうばう気化熱で体温を下げる目的があるんですね。

(3)　みなさんも、アポロ計画で人類が月面に降り立ったときの写真を見たことがあるかもしれません。不思議なことに、太陽の光が地上を照らしている昼間なのに、青空がありません。
地球には大気があるため、太陽の光（にふくまれる青い光）が空気中のいろいろなものにぶつかって散乱し、青く見えているんです。月には大気がないため、昼間でも空は真っ黒です。

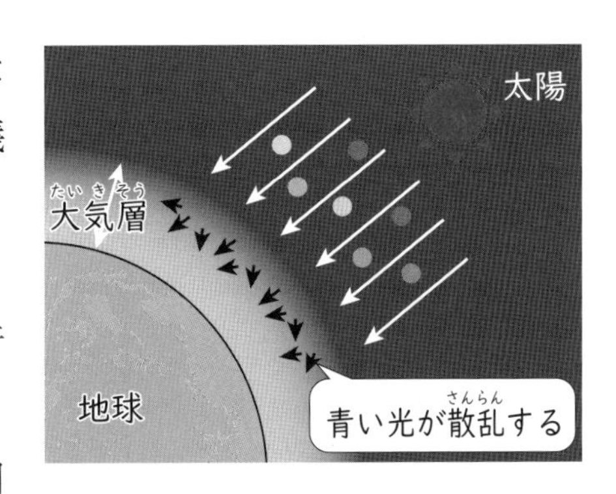

(4) 月面に鏡を設置することで、いつでも地球から月に光線を発射し、反射させることができるからです。では、何のためにそんなことをしたのでしょう？　それは月までの正確な距離を測ることができるからです。光の速さは秒速30万kmですから、月に向けて発射した光が反射して何秒後に返ってきたかで、月までの正確な距離が計算できるんですね。

(5) 生物をヒントに生まれたテクノロジーを「生物模倣技術（バイオミメティクス）」といい、さまざまなものができています。ある人が山に狩りに出たところ、ごぼうの実（ひっつき虫）がたくさん体についたのを見て、それをヒントに考案したのが「マジックテープ」です。

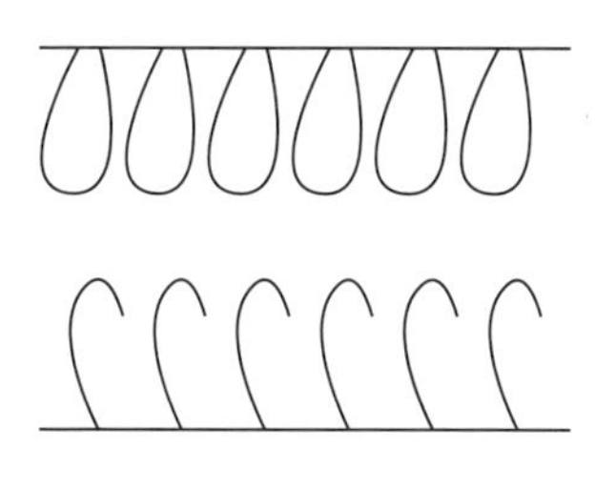

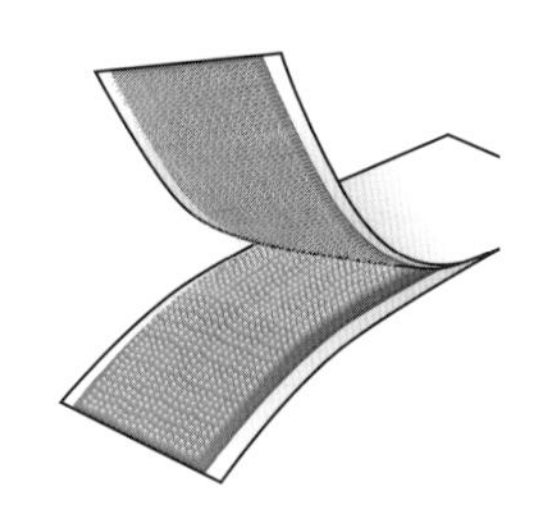

さわるとチクチクするほうがフック状に、ふわふわするほうがリング状になっていて、押しつけるとひっかかってくっつき、引っぱるとはがれます。

(6) 入浴剤にも重そうが使用されているものがあり、お湯に入れるとシュワーッと気体が発生しますね。ベーキングパウダーにも重そうがふくまれていて、熱すると気体（二酸化炭素）が発生します。気体が発生することで、おかしの生地がふくらみ、ふわふわ、サクサクの食感になります。

答え　(1) イ　(2) 打ち水が蒸発するときに熱（気化熱）をうばうから。
(3) 月には大気がないから。　(4) 地球から月までの正確な距離を測るため。
(5) マジックテープ
(6) 熱したときに発生する二酸化炭素で生地をふくらませるため。

STEP 作図して考えよう

作図すると、右のようになります。
この場合以外にも、いろいろな角度で鏡に光を当てた作図をするといいのですが、どのような角度で当てても、反射光がもとの光と平行になることがわかると思います。
つまりどの角度から自動車などのライトの光が当たっても、光が来た方向に反射するので、暗い夜でも見つけられやすく安全なんですね。

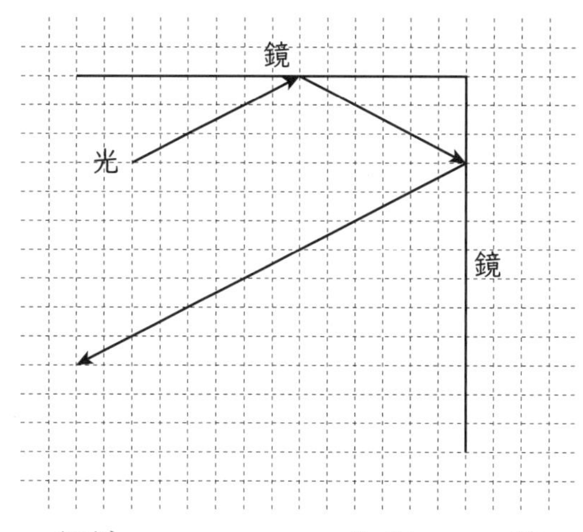

この垂直な合わせ鏡は、「HOP」(4) の月面上の鏡にも採用されています（実際には3枚の鏡を立方体のように組み合わせています）。

答え　どの角度から光が当たっても、光が来た方向に反射させるため。

JUMP 自分の言葉で説明してみよう

図1では、ピキくんの正面ににゃん太郎くん、そして一直線上の遠くはなれたところに大きな木があります。この状態からピキくんが少し左に移動したのが図2です。

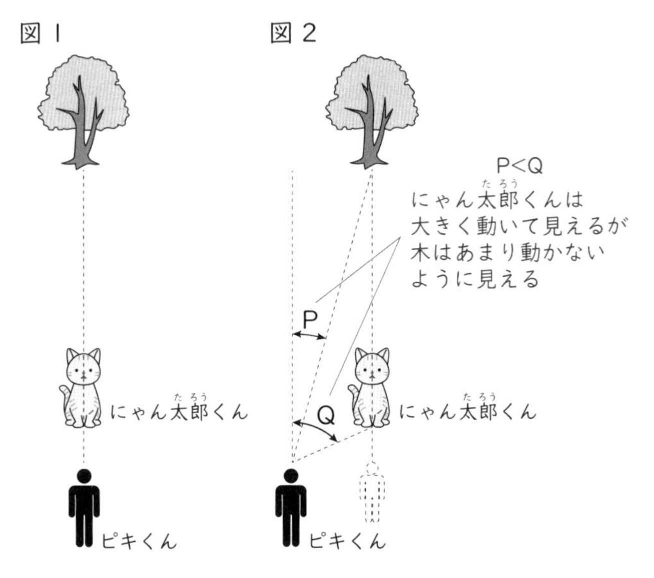

ピキくんから見て、にゃん太郎くんは大きく動いたように見えますが（Qの角度が大きい）、木はあまり位置が変わったように見えません（Pの角度が小さい）。

このように、位置を変えても遠くはなれたものはあまり位置が変わったように見えないので「動かない＝ついてくる」とさっ覚するんですね。

地球から月までの距離はおよそ38万kmあります。地球上で少しぐらい移動しても、場所が変わらないように見えるのも当然ですね。

答え　月は非常に遠いところにあるので、地球上で移動してもほとんど位置が変わらないように見えるから。

ついてくる月の秘密がわかったかな？

【ワンポイント】（P.193）の答え　ア

西村則康（にしむら　のりやす）

名門指導会代表　塾ソムリエ
教育・学習指導に35年以上の経験を持つ。現在は難関私立中学・高校受験のカリスマ家庭教師であり、プロ家庭教師集団である名門指導会を主宰。「鉛筆の持ち方で成績が上がる」「勉強は勉強部屋でなくリビングで」「リビングはいつも適度に散らかしておけ」などユニークな教育法を書籍・テレビ・ラジオなどで発信中。フジテレビをはじめ、テレビ出演多数。
著書に、「つまずきをなくす算数　計算」シリーズ（全7冊）、「つまずきをなくす算数　図形」シリーズ（全3冊）、「つまずきをなくす算数　文章題」シリーズ（全6冊）のほか、『自分から勉強する子の育て方』『勉強ができる子になる「1日10分」家庭の習慣』『中学受験の常識 ウソ？ホント？』（以上、実務教育出版）などがある。

「中学受験　魔法ワザくらぶ」のご案内はこちら→

辻義夫（つじ　よしお）

1968年生まれ。神戸市出身。
1988年から兵庫県を本拠地とする学習塾での指導を開始、特に理科の授業はわかりやすいと受験生の絶大な支持を得る。
1997年から、最難関中学合格者を毎年数多く輩出している授業と教材のエッセンスを吸収するため浜学園の講師となり、「塾の使い方」を見つめなおす機会を得る。
2000年、生徒一人を徹底的に伸ばす指導を行う中学受験専門プロ個別指導のSS - 1設立に尽力し、大阪谷町教室にて最難関中学受験生を指導。現在は副代表を務める。「ワクワク系中学受験」と評されるその指導は、楽しく学べて理科系科目が知らない間に好きになってしまうと好評。
「中学受験情報局　かしこい塾の使い方」主任相談員として執筆、講演活動なども行っている。
著書に『中学受験　すらすら解ける魔法ワザ　理科・計算問題』『中学受験　すらすら解ける魔法ワザ　理科・知識思考問題』『中学受験　すらすら解ける魔法ワザ　理科・表とグラフ問題』『中学受験　すらすら解ける魔法ワザ　理科・合否を分ける40問と超要点整理』（以上、実務教育出版）がある。

装丁／西垂水敦・市川さつき（krran）
カバーイラスト／佐藤おどり
本文デザイン・DTP／明昌堂
本文イラスト／広川達也
制作協力／加藤彩

中学受験
すらすら解ける魔法ワザ
理科・基本からはじめる超入門

2024年4月20日　初版第1刷発行

監修者　西村則康
著　者　辻義夫
発行者　淺井亨
発行所　株式会社 実務教育出版
〒163-8671　東京都新宿区新宿 1-1-12
電話　03-3355-1812（編集）　03-3355-1951（販売）
振替　00160-0-78270

印刷／精興社　　製本／東京美術紙工

ISBN978-4-7889-1998-3　C6040　Printed in Japan